应用泛函分析

楼旭阳◎编著

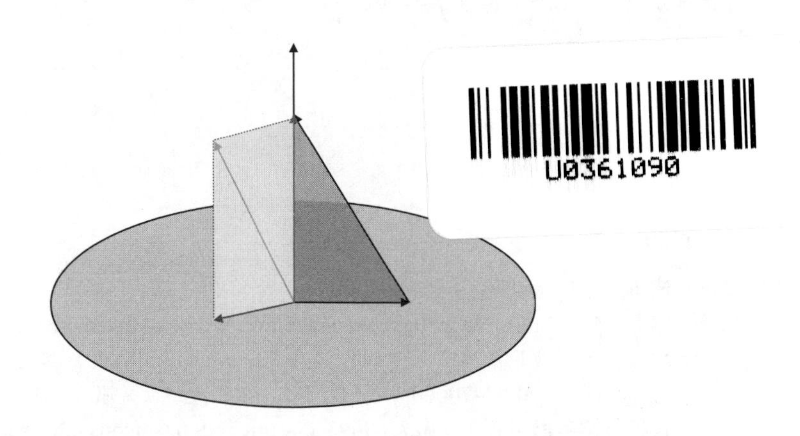

清華大学出版社
北京

内 容 简 介

本书是为工科类专业研究生编写的泛函分析基础教材，全书共分八章，内容包括：实分析基础、距离空间、Banach 空间、Hilbert 空间、有界线性算子、共轭空间与共轭算子、线性算子的谱理论、线性算子半群及其应用。本书注重介绍问题的来源和背景，内容丰富，列举了大量例题，叙述深入浅出，特别强调泛函分析理论和方法在控制论和微分方程中的应用。

本书可作为工科类专业研究生和应用数学专业本科生的教学用书，也可作为数学系学生学习泛函分析时的参考书，并可供相关科学技术人员学习参考。

图书在版编目(CIP)数据

应用泛函分析 / 楼旭阳编著. -- 北京 : 清华大学出版社, 2025. 2.

ISBN 978-7-302-68269-1

Ⅰ. O177

中国国家版本馆 CIP 数据核字第 2025GK1711 号

责任编辑：崔 彤
封面设计：李召霞
责任校对：时翠兰
责任印制：刘海龙

出版发行：清华大学出版社
　　网　　址：https://www.tup.com.cn，https://www.wqxuetang.com
　　地　　址：北京清华大学学研大厦 A 座　　邮　　编：100084
　　社 总 机：010-83470000　　邮　　购：010-62786544
　　投稿与读者服务：010-62776969，c-service@tup.tsinghua.edu.cn
　　质量反馈：010-62772015，zhiliang@tup.tsinghua.edu.cn
　　课件下载：https://www.tup.com.cn，010-83470236
印 装 者：涿州汇美亿浓印刷有限公司
经　　销：全国新华书店
开　　本：170mm×230mm　　印　　张：16.25　　字　　数：285 千字
版　　次：2025 年 4 月第 1 版　　印　　次：2025 年 4 月第 1 次印刷
印　　数：1~900
定　　价：59.00 元

产品编号：107930-01

前言

泛函分析是现代数学中的一门较新的数学分支，它综合运用分析、代数、几何的观点和方法研究无限维向量空间上的泛函、算子和极限理论。它在控制论、最优化理论、微分方程、概率论、流体力学、量子物理、计算数学等学科中有着重要的应用，是从事高水平科学研究的现代数学基础之一，强有力地推动着其他关联学科的发展。因此，许多大学已把应用泛函分析列为工科研究生的学位课程。

本书是面向综合性大学非数学专业（特别是控制科学与工程专业）研究生学习应用泛函分析方面的教材。本着强化基础、拓展应用的原则，本书系统地介绍了泛函分析基础知识，并着重列举泛函分析方法在实际问题中的应用实例，注重阐明基本概念、基本思想和基本方法，力图内容全面、重点突出、深入浅出。

泛函分析在当今控制理论诸分支的研究中占有重要地位。目前国内已有不少应用泛函分析教材，其中大多数教材非常优秀，给予作者很大的启发，但其中也有些过于简略，仅罗列了泛函分析中的基本概念和主要定理，没有完全展示泛函分析方法的实质和“威力”；还有一些完全根据数学专业的教学体系编写，所阐述的内容体现了数学的特点，过于注重定理证明的细枝末节，其高度的抽象性导致工科研究生在学习过程中感到其艰涩难懂，望而生畏。本书试图弥补这一缺陷，是针对工科类专业研究生和未修过实分析的数学类专业学生的泛函分析教材。

本书特色

（1）强调问题的来源，从问题背景出发引入有关抽象概念，注重泛函分析与高等数学、线性代数等课程的联系对比，努力做到深入浅出。

（2）给出大量具体例子，有助于读者理解抽象的概念，掌握重要的知识点，以及了解重要定理的应用。

（3）详尽又不失简洁地编写“线性算子半群及其应用”这一章内容，以适应工科类专业（特别是控制科学与工程专业）研究生的数学基础和专业需要，且保持泛函分析理论体系的严谨性和完整性。

（4）在有关章节中专门穿插给出了泛函分析在微分方程解的存在唯一性、最小二乘法、最优控制、热传导方程、Euler-Bernoulli 梁方程、柔性吊车系统等方面的应用，加强研究生应用能力和创新能力的培养。

通过本书的学习，应领悟泛函分析研究和处理问题的思想方法，掌握距离空间、Banach 空间和 Hilbert 空间以及定义在这些空间上的线性泛函和线性算子等基本概念、基本性质与重要定理，能运用全新的、现代数学的视角审视和处理控制工程中的一些问题，学会将控制工程中的具体问题抽象到一种更加纯粹的代数、拓扑形式中加以研究。书中各章最后都设有精选的习题，以便读者掌握解题方法，进而加深理解应用泛函分析的基本概念和方法。

崔宝同教授审阅了本书初稿，并提出了许多宝贵的意见。我的研究生对本书的初稿进行了初校工作，在这里向他们表示诚挚的感谢！本书的编写得到了江南大学研究生教材建设项目的支持，在此深表谢意。最后，本书的出版还得到了清华大学出版社和崔彤编辑的大力支持和帮助，在此表示由衷的感谢。

笔者学识浅陋，对博大精深的泛函分析理论仅略知皮毛，书中难免存在疏漏和不当之处，恳请专家和读者斧正。

楼旭阳
2024年12月于无锡

目录

符号说明

$\mathbb{R}$	实数集
$\mathbb{R}^n$	实 n 维欧氏空间
$\mathbb{C}$	复数集
$\mathbb{Q}$	有理数集
$\mathbb{Z}^+$	正整数集，即 $\mathbb{Z}^+ = \{1, 2, \cdots\}$
$\mathbb{K}$	数域 ($\mathbb{C}$ 或 $\mathbb{R}$)
$\mathbb{C}^n$	复 n 维欧氏空间
$\mathbb{R}^{n\times m}$	$n \times m$ 阶实矩阵全体构成的集合
$B_r(x)$	开球
$\overline{B}_r(x)$	闭球
$\sup M$	集合 M 的上确界
$\inf M$	集合 M 的下确界
$M\backslash A$	差集
$\overline{M}$	集合 M 的闭包
∂M	集合 M 的边界
$M^\perp$	集合 M 的正交补
$\mathrm{span}\ M$	集合 M 生成的子空间
$\overline{\mathrm{span}\ M}$	集合 M 生成的闭子空间
$\emptyset$	空集
$B(X, Y)$	从 X 到 Y 的有界线性算子空间
X^*	空间 X 的共轭空间
$C[a, b]$	闭区间 $[a, b]$ 上连续函数空间
$C^m(\Omega)$	区域 Ω 上所有 m 阶连续可微函数的集合
$C^\infty(\Omega)$	区域 Ω 上所有任意阶连续可微的光滑函数集合
$C_c(\Omega)$	区域 Ω 上具有紧支集的连续函数空间
$C_0^\infty(\Omega)$	$C^\infty(\Omega) \cap C_c(\Omega)$

$C_0'(\Omega)$	$C'(\Omega)\cap C_c(\Omega)$
l^p	p 次幂可和数列空间 $(1\leqslant p<\infty)$
$L^p(\Omega)$	区域 Ω 上 p 次幂可积函数空间 $(1\leqslant p<\infty)$
l^∞	有界数列空间
$L^\infty(\Omega)$	区域 Ω 上几乎处处有界可测函数空间 $(1\leqslant p<\infty)$
$H^m(\Omega)$	区域 Ω 上 m 阶的 Sobolev 空间
$C(\Omega;X)$	从 Ω 到 X 的连续函数空间
$C^1(\Omega;X)$	从 Ω 到 X 所有具有 1 阶连续可微函数的集合
$L^p(\Omega;X)$	从 Ω 到 X 所有 p 次幂可积函数空间
I	恒等算子
θ	零元素或零算子
$D(T)$	算子 T 的定义域
$R(T)$	算子 T 的值域
$G(T)$	算子 T 的图像
$R_\lambda(T)$	算子 T 预解式 $(\lambda I-T)^{-1}$
$\rho(T)$	算子 T 的正则集或预解集
$r_\sigma(T)$	算子 T 的谱半径
$\sigma(T)$	算子 T 的谱
$\sigma_c(T)$	算子 T 的连续谱
$\sigma_p(T)$	算子 T 的点谱
$\sigma_r(T)$	算子 T 的剩余谱
$N(T)$	算子 T 的零空间
$\overline{x}$	复数 x 的共轭复数
$\forall$	任意
$\exists$	存在
$\triangleq$	定义为
$\Leftrightarrow$	当且仅当
$(\cdot)^\top$	转置
$\perp$	正交
$\lvert\cdot\rvert$	绝对值
$\lVert\cdot\rVert$	范数
$\langle\cdot,\cdot\rangle$	内积
♦	一题解毕
■	一题证毕

第1章

实分析基础

泛函分析是现代数学的重要分支之一，它起源于经典数学物理中的一些边值问题和变分问题，其主要内容是研究函数空间。研究函数空间的收敛性和连续性依赖于范数的定义，而其范数定义又依赖于积分理论，所以为了学好泛函分析，了解实数空间及其上函数的有关积分理论是十分必要的。本章简要介绍实分析的一些基础知识，内容包括实数的完备性、函数列的收敛、勒贝格（H. Lebesque）测度与可测函数、Lebesque 积分等。

1.1 数列的收敛

极限是高等数学中的一个重要概念，由极限可以刻画定义在实数集上函数的一些性质。收敛、连续、微分、积分、无穷级数等都是由极限定义的。本节简单介绍高等数学中数列的收敛及其性质，并利用 Cauchy 数列来理解实数空间的完备化。第 2 章会将这一概念“类比”推广到更一般的空间。

定义 1.1 ($\varepsilon-\delta$ **定义**) 设 $\{x_n\}$ 为实数集 $\mathbb{R}$ 中的数列，常数 $a\in\mathbb{R}$。如果 $\forall\varepsilon>0$，$\exists N\in\mathbb{Z}^+$，使得当 $n>N$ 时，都有

$$|x_n-a|<\varepsilon$$

那么称数列 $\{x_n\}$ 为收敛数列且**收敛**于 a (或者极限为 a)；记为 $x_n\to a\ (n\to\infty)$，或者

$$\lim_{n\to+\infty}x_n=a$$

定义 1.2 对于 $\mathbb{R}$ 中的数列 $\{x_n\}$，若存在常数 $M>0$ 使得

$$|x_n|<M,\quad \forall n\in\mathbb{Z}^+$$

则称数列 $\{x_n\}$ **有界**。

注记 1.1 收敛数列的极限必唯一；若数列收敛，则数列有界。这些性质的证明留为课后作业。

定义 1.3 设有 $\mathbb{R}$ 中的数列 $\{x_n\}$，若 $\forall\varepsilon>0$，$\exists N\in\mathbb{Z}^+$，使得当 $n,m>N$ 时有

$$|x_n-x_m|<\varepsilon$$

则称数列 $\{x_n\}$ 为**柯西** (Cauchy) **数列**，也称为 **Cauchy 列 (基本列)**。

例 1.1 证明 $\mathbb{R}$ 中的收敛数列是 Cauchy 数列。

证明 若在 $\mathbb{R}$ 中 $x_n\to x\ (n\to\infty)$，则 $\forall\varepsilon>0,\exists N\in\mathbb{Z}^+$，使得当 $n,m>N$ 时有

$$|x_n-x|<\frac{\varepsilon}{2},\quad |x_m-x|<\frac{\varepsilon}{2}$$

根据绝对值的三角不等式，当 $n,m>N$ 时有

$$|x_n-x_m|\leqslant|x_n-x|+|x_m-x|<\frac{\varepsilon}{2}+\frac{\varepsilon}{2}=\varepsilon$$

所以 $\{x_n\}$ 是 Cauchy 数列。 ■

注记 1.2 虽然收敛数列一定是 Cauchy 数列，但在一般的集合中 Cauchy 数列不一定收敛，这主要是由数列所在的集合决定的。

比如，数列

$$\left\{\left(1+\frac{1}{n}\right)^n\right\}$$

作为实数列是一个 Cauchy 数列，并且在实数集 $\mathbb{R}$ 中收敛到 e。但在有理数集 $\mathbb{Q}$ 范围内，虽然也是一个 Cauchy 数列，却没有极限，因为 $\mathrm{e}\notin\mathbb{Q}$。

下面的定理表明“集合或者空间的完备化”：有理数集 $\mathbb{Q}$ 不具有完备性 (收敛点列不在有理数集 $\mathbb{Q}$ 中)，通过引入无理数集，将研究范围扩展到完备的实数集。

定理 1.1 (**Cauchy 收敛准则**) 实数集 $\mathbb{R}$ 中任意 Cauchy 数列都收敛。

注记 1.3 此定理称为实数集的**完备性**。根据上面的例子，有理数集不具有完备性，为此可以引入无理数并把研究范围扩展到实数集。通俗地说，人们在研究有理数收敛的过程中，发现有些收敛点不是有理数，为了研究的方便与严谨，人们把那些不是有理数的收敛点 (即无理数) 与有理数集合并，构成新的集合，新的

集合称为实数集。这个过程就是集合或者空间的完备化。

另外，在一般的集合中对 Cauchy 数列附加一定条件后就可证明其收敛。

定理 1.2　任意有收敛子列的 Cauchy 实数列一定收敛。

证明　设数列 $\{x_n\}$ 为集合 $X \subset \mathbb{R}$ 中的 Cauchy 数列，即 $\forall \varepsilon > 0$，$\exists N_1 \in \mathbb{Z}^+$，使得当 $m, n > N_1$ 时有

$$|x_m - x_n| < \frac{\varepsilon}{2}$$

设 $\{x_n\}$ 的子列 $x_{n_k} \to a \in X (n_k \to \infty)$，则 $\forall \varepsilon > 0$，$\exists N_2 \in \mathbb{Z}^+$，使得当 $n_k > N_2$ 时有

$$|x_{n_k} - a| < \frac{\varepsilon}{2}$$

因此，当 $n, n_k > \max\{N_1, N_2\}$ 时，得到

$$|x_n - a| \leqslant |x_n - x_{n_k}| + |x_{n_k} - a| < \frac{\varepsilon}{2} + \frac{\varepsilon}{2} = \varepsilon$$

所以数列 $\{x_n\}$ 收敛于 $a \in X$。 ■

1.2　函数列的收敛

为了研究函数列的收敛性，下面先介绍函数的连续性定义。

定义 1.4　(**函数连续性**) 设函数 f 的定义域为区间 $D \subset \mathbb{R}$，$x_0 \in D$。如果 $\forall \varepsilon > 0$，$\exists \delta = \delta(\varepsilon, x_0) > 0$，使得 $\forall x \in D$ 满足

$$|x - x_0| < \delta \Rightarrow |f(x) - f(x_0)| < \varepsilon$$

那么称函数 f 在 x_0 处**连续**，记为

$$\lim_{x \to x_0} f(x) = f(x_0)$$

若函数 f 在定义域 D 上的每个点处都连续，则称 f 在 D 上**连续**。

定义 1.5　(**函数一致连续性**) 设函数 f 的定义域为区间 $D \subset \mathbb{R}$，若 $\forall \varepsilon > 0$，$\exists \delta = \delta(\varepsilon) > 0$，使得 $\forall x, y \in D$ 满足

$$|x - y| < \delta \Rightarrow |f(x) - f(y)| < \varepsilon$$

则称 f 在 D 上**一致连续**。

注记 1.4　函数的连续性与一致连续性有什么区别呢？函数的连续性是一个

局部概念，而**一致连续性具有整体性质**。比如，连续性描述的是 f 在 x_0 点的局部性态，其中的 δ 不仅与 ε 有关，还与 D 中的点 x_0 有关，但一致连续性中的 δ 仅与 ε 有关。下面通过一个例子来说明两者的异同。

例 1.2 函数 $f(x)=\dfrac{1}{x}$ 在区间 $(0,1)$ 上连续但不一致连续。

证明 (1) 为了证明函数 f 的连续性，任取 $x_0\in(0,1)$。对 $\forall\varepsilon\in(0,1)$，需要找到一个 $\delta>0$，使得

$$|x-x_0|<\delta\Rightarrow|f(x)-f(x_0)|<\varepsilon$$

为此，分析如下：对 $\forall x\in(0,1)$，因为

$$\begin{aligned}&|f(x)-f(x_0)|=\left|\frac{1}{x}-\frac{1}{x_0}\right|<\varepsilon\\&\Leftrightarrow\frac{x_0}{1+\varepsilon x_0}<x<\frac{x_0}{1-\varepsilon x_0}\\&\Leftrightarrow-\frac{\varepsilon x_0^2}{1+\varepsilon x_0}<x-x_0<\frac{\varepsilon x_0^2}{1-\varepsilon x_0}\end{aligned}$$

故取

$$\delta=\delta(\varepsilon,x_0)=\frac{\varepsilon x_0^2}{1+\varepsilon x_0}>0$$

则有

$$|x-x_0|<\delta\Rightarrow|f(x)-f(x_0)|=\left|\frac{1}{x}-\frac{1}{x_0}\right|<\varepsilon,\ \forall x\in(0,1)\tag{1.1}$$

即 $f(x)$ 在 x_0 处连续。由 $x_0\in(0,1)$ 的任意性，知 $f(x)=\dfrac{1}{x}$ 在 $(0,1)$ 上连续。

(2) 证明函数 f 不一致连续，即证明 $\exists\varepsilon_0>0$，$\forall\delta>0$，可以找到 $x_0,x_1\in(0,1)$ 满足

$$|x_0-x_1|<\delta\Rightarrow|f(x_0)-f(x_1)|\geqslant\varepsilon_0$$

因此，取 $\varepsilon_0=1$，$x_0=\dfrac{1}{n}$，$x_1=\dfrac{1}{2n}$，并要求正整数 n 充分大使得 $\delta>\dfrac{1}{2n}$，则

$$|x_0-x_1|=\left|\frac{1}{n}-\frac{1}{2n}\right|=\frac{1}{2n}<\delta$$

但是

$$|f(x_0)-f(x_1)|=|n-2n|=n\geqslant\varepsilon_0=1$$

所以函数 $f(x)=\dfrac{1}{x}$ 在区间 $(0,1)$ 上不一致连续。 ■

注记 1.5 根据

$$\lim_{x_0\to 0^+}\delta(\varepsilon,x_0)=\lim_{x_0\to 0^+}\frac{\varepsilon x_0^2}{1+\varepsilon x_0}=0$$

也可以看出不存在与 x_0 无关的 $\delta>0$ 使得不等式 (1.1) 对所有的 $|x-x_0|<\delta$ 都成立。

由上例可知，开区间上的连续函数不一定一致连续，但闭区间上的连续函数是一致连续的。

函数列在许多实际问题中都有重要应用，因此研究其极限函数的性质具有十分重要的意义。一致收敛的函数列最重要的性质就是能把函数列所具有的性质 (如连续、可微、可积等) 保留给它们的极限函数。

定义 1.6 设 $\{f_n\}$ 是定义在区间 $D\subset\mathbb{R}$ 上的函数序列，f 是 D 上的一个函数。如果 $\forall x\in D$，$\forall\varepsilon>0$，$\exists N=N(\varepsilon,x)\in\mathbb{Z}^+$，当 $n>N$ 时有

$$|f_n(x)-f(x)|<\varepsilon$$

则称 $\{f_n\}$ **收敛**于 f，记为 $f_n\to f(n\to\infty)$。此时 f 称为函数列 $\{f_n\}$ 的极限函数。

定义 1.7 设 $\{f_n\}$ 是定义在区间 $D\subset\mathbb{R}$ 上的函数序列，f 是它的极限函数。如果 $\forall x\in D$，$\forall\varepsilon>0$，$\exists N=N(\varepsilon)\in\mathbb{Z}^+$，当 $n>N$ 时有

$$|f_n(x)-f(x)|<\varepsilon$$

则称 $\{f_n\}$ 在 D 上**一致收敛**于 f。

注记 1.6 类似于函数的连续与一致连续，从定义来看，函数列的一致收敛就是把收敛中描述局部性态的 $N(\varepsilon,x)$ 换成描述整体性态的 $N(\varepsilon)$。下面用一个例子来帮助理解它们的异同。

例 1.3 函数列 $f_n(x)=x^n$ 在 $[0,1]$ 上收敛于 f，但不是一致收敛，其中

$$f(x)=\begin{cases}0, & 0\leqslant x<1\\ 1, & x=1\end{cases}$$

证明 (1) 任取 $x_0\in[0,1]$，根据函数 $f_n(x_0)=x_0^n$ 的性质，得到

$$f_n(x_0)\to f(x_0)\ (n\to\infty)$$

即函数列 $f_n(x)=x^n$ 在 $[0,1]$ 上收敛于 f。

(2) 要证不一致收敛，即证明 $\forall N\in\mathbb{Z}^+$，$\exists x_0\in[0,1]$，$\exists\varepsilon_0>0$，以及存在 $n>N$ 使得

$$|f_n(x_0)-f(x_0)|\geqslant\varepsilon_0$$

因此，$\forall N\in\mathbb{Z}^+$，取 $\varepsilon_0=\dfrac{1}{3}>0$ 及

$$x_0=\left(\frac{1}{2}\right)^{\frac{1}{N+1}}\in(0,1)$$

只要取 $n=N+1>N$ 就有

$$|f_n(x_0)-f(x_0)|=|f_{N+1}(x_0)|=\frac{1}{2}\geqslant\varepsilon_0$$

所以 $f_n(x_0)=x_0^n$ 在 $[0,1]$ 上不一致收敛于 f。 ■

注记 1.7 上例也说明即使对于连续函数列，也不能保证它的极限函数是连续的。引入函数列一致连续性概念的原因之一就是它具有下面的性质。

定理 1.3 设 $\{f_n\}$ 是区间 $D\subset\mathbb{R}$ 上的连续函数序列，且在 D 上一致收敛于函数 f，则 f 在 D 上连续。

证明 因为在 D 上 $\{f_n\}$ 一致收敛于函数 f，所以 $\forall\varepsilon>0,\forall x\in D,\exists N\in\mathbb{Z}^+$，当 $n>N$ 时有

$$|f_n(x)-f(x)|<\frac{\varepsilon}{3}$$

$\forall x_0\in D$，由 f_{N+1} 在 x_0 处连续，$\exists\delta>0$，当 $|x-x_0|<\delta$ 时有

$$|f_{N+1}(x)-f_{N+1}(x_0)|<\frac{\varepsilon}{3}$$

此时，当 $|x-x_0|<\delta$ 时得到

$$\begin{aligned}|f(x)-f(x_0)|\leqslant&|f(x)-f_{N+1}(x)|+|f_{N+1}(x)-f_{N+1}(x_0)|+\\&|f_{N+1}(x_0)-f(x_0)|<\frac{\varepsilon}{3}+\frac{\varepsilon}{3}+\frac{\varepsilon}{3}=\varepsilon\end{aligned}$$

所以函数 f 在 x_0 处连续，再由 x_0 的任意性知，f 在 D 上连续。 ■

关于一致收敛，我们再列举闭区间上连续函数的两个性质。

定理 1.4 设 $\{f_n\}$ 是 $[a,b]$ 上的连续函数列，且在 $[a,b]$ 上一致收敛于 f，

则 f 在 $[a,b]$ 上可积，并且

$$\lim_{n\to\infty}\int_a^b f_n(x)\mathrm{d}x=\int_a^b \lim_{n\to\infty} f_n(x)\mathrm{d}x=\int_a^b f(x)\mathrm{d}x \tag{1.2}$$

证明 由定理 1.3 知，f 在 $[a,b]$ 上连续，故 f 在 $[a,b]$ 上可积。再由函数列一致收敛的定义知，$\forall\varepsilon>0$，$\exists N\in\mathbb{Z}^+$，使得对 $\forall x\in[a,b]$，当 $n>N$ 时有

$$|f_n(x)-f(x)|<\frac{\varepsilon}{b-a}$$

从而有

$$\begin{aligned}\left|\int_a^b f_n(x)\mathrm{d}x-\int_a^b f(x)\mathrm{d}x\right| &\leqslant \int_a^b |f_n(x)-f(x)|\,\mathrm{d}x\\ &<\int_a^b \frac{\varepsilon}{b-a}\,\mathrm{d}x=\varepsilon\end{aligned}$$

故由收敛性定义知，式 (1.2) 成立。证毕。 ■

定理 1.4 的意义在于极限与积分可以交换次序。

一般来说，闭区间 $[a,b]$ 上的连续函数不一定可以表示为一个幂级数，但是却可以找到多项式函数列来逼近，其误差可以充分小，这就是著名的魏尔斯特拉斯 (Weierstrass) 多项式逼近定理。

定理 1.5 (**Weierstrass 多项式逼近定理**) 闭区间 $[a,b]$ 上的任意一个连续函数 $f(x)$ 都可以表示成系数为实数的多项式列的一致收敛极限。

1.3 可测集与可测函数

本节把实数集中区间长度的概念推广到任意的实数集，即将所考虑的实数集中所有线段的长度求和，但某个实数集中可能不包含任何的线段 (例如可数集)，因此简单的线段长度求和的想法不可行。下面考虑用线段的长度之和取下确界的思想来实现。

定义 1.8 设集合 $E\subset\mathbb{R}$ 为有界集，我们称

$$m^*(E)=\inf\left\{\sum_{i=1}^{\infty}(b_i-a_i):E\subset\bigcup_{i=1}^{\infty}(a_i,b_i)\right\}$$

为 E 的**外测度**。

定义 1.9 设集合 $E\subset\mathbb{R}$ 为有界集，$m^*(E)$ 为 E 的外测度。如果外测度满

足可加性：

$$m^*(A \cup B) = m^*(A) + m^*(B), \quad \forall A \subset E, \quad \forall B \subset \mathbb{R} \backslash E$$

那么称 E 为**可测集**，并称 $m(E) = m^*(E)$ 为 E 的**勒贝格** (Lebesgue) **测度**，简称为**测度**。

定义 1.10 设集合 $E \subset \mathbb{R}$ 为无界集，如果 $\forall a > 0, E \cap (-a, a)$ 都可测，那么称 E 为可测集，并定义测度为

$$m(E) = \lim_{a \to +\infty} m(E \cap (-a, a))$$

定义 1.11 设集合 $E \subset \mathbb{R}$，如果 $\forall \varepsilon > 0$，存在开区间 (a_i, b_i)，使得

$$E \subset \bigcup_{i=1}^{\infty} (a_i, b_i)$$

并且

$$\sum_{i=1}^{\infty} (b_i - a_i) < \varepsilon$$

那么称集合 E 是**零测集**，记为 $m(E) = 0$。

明显地，元素个数有限的集合是零测集。

定义 1.12 如果集合 X 的元素与正整数集 $\mathbb{Z}^+ = \{1, 2, \cdots\}$ 之间存在一一对应关系，那么称集合 X 为**可数集**。

例 1.4 可数集是零测集。

证明 不妨设可数集 $E = \{a_1, a_2, \cdots\}$，则 $\forall \varepsilon > 0$，有

$$E \subset \bigcup_{n=1}^{\infty} \left(a_n - \frac{\varepsilon}{2^{n+2}}, a_n + \frac{\varepsilon}{2^{n+2}}\right)$$

进一步地

$$\sum_{n=1}^{\infty} \left[\left(a_n + \frac{\varepsilon}{2^{n+2}}\right) - \left(a_n - \frac{\varepsilon}{2^{n+2}}\right)\right] = \sum_{n=1}^{\infty} \frac{\varepsilon}{2^{n+1}} = \frac{\varepsilon}{2} < \varepsilon$$

所以可数集 E 是零测集。 ■

有理数集 $\mathbb{Q}$ 是可数集，而可数集是零测集，故 $m(\mathbb{Q}) = 0$。

定理 1.6 可测集有下面的性质：

(1) $\mathbb{R}$ 中的开集与闭集都是可测集；

(2) 可数个可测集的交集与并集都是可测集；

(3) 可测集的余集是可测集。

注记 1.8 根据定理 1.6 知，$\mathbb{R}$、$\mathbb{Q}$、无理数集、空集、$[0,1]$、$(0,1)$ 都是可测集。明显地，有

$$m([0,1]) = m((0,1]) = m([0,1)) = m((0,1)) = 1$$

定义 1.13 两个函数 f 与 g 的定义域均为 D，若这两个函数除了在一个零测集 $D_0 \subset D$ 上不相等外，其他地方都相等，则称 f 与 g **几乎处处** (almost everywhere) **相等**，记作

$$f = g, \quad \text{a.e.}$$

类似地，可以定义**几乎处处连续**、**几乎处处有界**、**几乎处处收敛**，等等。

如根据有理数集 $\mathbb{Q}$ 是可数集，而可数集是零测集，可知狄利克雷 (Dirichlet) 函数

$$D(x) = \begin{cases} 1, & x \in \mathbb{Q} \\ 0, & x \in \mathbb{R}\backslash\mathbb{Q} \end{cases}$$

在 $\mathbb{R}$ 上几乎处处等于 0：

$$D(x) = 0, \quad \text{a.e.}$$

我们已经学习了实数集中比开、闭区间更一般的集合的性质，下面通过可测集来学习比连续函数更一般的函数，即可测函数。我们将看到在可测函数中进行运算，如代数运算、取极限运算等是相当方便的，而且所得结果仍是可测函数。

定义 1.14 设 f 是可测集 E 上的广义实值函数 (它的值可以取 $\pm\infty$)，若 $\forall a \in \mathbb{R}$

$$E(f(x) \leqslant a) \triangleq \{x \in E : f(x) \leqslant a\}$$

为可测集，则称 f 为 E 上的**可测函数**。

注记 1.9 定义中的 $E(f(x) \leqslant a)$ 可以换成

$$E(f(x) \geqslant a), \quad E(f(x) > a), \quad E(f(x) < a), \quad E(a \leqslant f(x) < b)$$

中的任意一个，其中 $a, b \in \mathbb{R}$。

例 1.5 可测函数的和、差、积、商 (只要 a.e. 有意义) 仍是可测函数。

例 1.6 可测集上的连续函数都是可测函数 (证明留作练习)。

例 1.7 定义在实数集上的处处不连续、处处极限不存在的 Dirichlet 函数是可测函数。

证明 $\forall a \in \mathbb{R}$，因为

$$\{x \in \mathbb{R} : D(x) \leqslant a\} = \begin{cases} \mathbb{R}, & a \geqslant 1 \\ \mathbb{R} \backslash \mathbb{Q}, & 0 \leqslant a < 1 \\ \emptyset, & a < 0 \end{cases}$$

均为可测集，故 D 为可测函数。■

例 1.8 设 $\{f_n\}$ 是定义在可测集 E 上的可测函数列，若 $\forall x \in E$ 有

$$\lim_{n \to \infty} f_n(x) = f(x)$$

则 f 也是 E 上的可测函数。

1.4 勒贝格积分

本节介绍由法国数学家勒贝格 (Lebesgue, 1875—1941) 于 1902 年引入的一种积分，把高等数学中学习的 Riemann 积分概念推广到更广泛的函数上去。

1.4.1 黎曼积分

高等数学中的积分，是由德国数学家黎曼 (Bernhard Riemann, 1826—1866) 于 1854 年创立的。

定义 1.15 (**Riemann 积分**) 设 f 在 $[a, b]$ 上有界，对 $[a, b]$ 作分割

$$\Delta : a = x_0 < x_1 < \cdots < x_n = b$$

记

$$E_1 = [a, x_1], \quad E_k = (x_{k-1}, x_k], \quad k = 2, 3, \cdots, n$$

则 $[a, b] = \bigcup_{k=1}^{n} E_k$，令

$M_k = \sup\{f(x) : x \in E_k\}$，$m_k = \inf\{f(x) : x \in E_k\}$， $\Delta x_k = x_k - x_{k-1}$，

作达布 (Darboux) 大和与 Darboux 小和

$$S_{\Delta}=\sum_{k=1}^{n}M_k\Delta x_k,\quad s_{\Delta}=\sum_{k=1}^{n}m_k\Delta x_k$$

如果

$$\inf_{\Delta}\{S_{\Delta}\}=\sup_{\Delta}\{s_{\Delta}\}=I_{\mathrm{R}}<+\infty$$

那么称 f 在 $[a,b]$ 上 Riemann **可积**，记作 $I_{\mathrm{R}}=\displaystyle\int_a^b f(x)\mathrm{d}x$。

定理 1.7 设 f 是 $[a,b]$ 上的有界函数,则 f 为 Riemann 可积 $\Leftrightarrow$ f 在 $[a,b]$ 几乎处处连续。

我们知道，一个函数 Riemann 可积，则这个函数一定有界。但是，许多函数有界但不是 Riemann 可积的。

例 1.9 Dirichlet 函数

$$D(x)=\begin{cases}1, & x\ \text{为有理数}\\ 0, & x\ \text{为无理数}\end{cases}$$

在 $[a,b]$ 上不是 Riemann 可积的。

证明 对 $[a,b]$ 的任意分割 Δ，函数在每个小区间上的最大值为 1，最小值为 0，故其 Darboux 大和

$$S_{\Delta}=b-a$$

Darboux 小和

$$s_{\Delta}=0$$

则 $\inf_{\Delta}\{S_{\Delta}\}\neq\sup_{\Delta}\{s_{\Delta}\}$，故 $D(x)$ 在 $[a,b]$ 上不是 Riemann 可积。 ■

实际上，在 $[a,b]$ 上

$$D(x)=0,\quad \text{a.e.}$$

从几何上来看，函数 $D(x)$ 在 $[a,b]$ 上与 x 轴所围面积应为 0，而在 Riemann 意义下不可积。究其原因，在于 Dirichlet 函数是一个处处不连续的函数，是不满足 Riemann 可积条件的。

另外，Riemann 积分与极限交换次序要在很强的条件下才能做到。比如，

要使

$$\lim_{n\to\infty}\int_a^b f_n(x)\mathrm{d}x=\int_a^b\lim_{n\to\infty}f_n(x)\mathrm{d}x$$

成立，函数列 $\{f_n\}$ 需要在 $[a,b]$ 上一致收敛。这一条件非常苛刻并且检验起来也不方便，因此大大降低了 Riemann 积分的使用效果。为了弥补 Riemann 积分的缺陷，1902 年法国数学家 H. Lebesgue 完成了对 Riemann 积分的改造。

1.4.2 勒贝格积分的定义

1902年，H. Lebesgue 建立的新积分理论 (Lebesgue 积分理论) 对函数限制较少，适用范围更大。H. Lebesgue 自己曾经做过一个比喻，他说：假如我欠人家一笔钱，现在要还，此时按钞票面值的大小分类，然后计算每一类的面额总值，再相加，这就是 Lebesgue 积分思想；如不按面额大小分类，而是按从钱袋取出的先后次序来计算总数，那就是 Riemann 积分思想。具体来说，假设一堆乱七八糟的零钱需要汇总:

$$1\quad 2\quad 2\quad 1\quad 5\quad 5\quad 2\quad 5\quad 1\quad 2\quad 2\quad 1$$

则 Riemann 积分的计算方法是：$1+2+2+1+5+5+2+5+1+2+2+1=29$，而 Lebesgue 积分的计算方法是：$1\times 4+2\times 5+5\times 3=29$。

下面来看一下 Lebesgue 积分的严格定义。

定义 1.16 设 f 是可测集 $E\subset\mathbb{R}$ 上的可测函数，$m(E)<+\infty$，f 的值域为 $[\alpha,\beta]$。对 $[\alpha,\beta]$ 作分割

$$\Delta:\alpha=y_0<y_1<\cdots<y_n=\beta$$

设

$$E_k=\{y_{k-1}<f\leqslant y_k\}\,(k=1,2,\cdots,n)$$

显然 $E=\bigcup\limits_{k=1}^{n}E_k$。作 Lebesgue 大和与 Lebesgue 小和

$$S_{\mathrm{L}}=\sum_{k=1}^{n}y_k m\left(E_k\right),\quad s_{\mathrm{L}}=\sum_{k=1}^{n}y_{k-1}m\left(E_k\right)$$

若

$$\inf_{\Delta}\{S_{\mathrm{L}}\}=\sup_{\Delta}\{s_{\mathrm{L}}\}=I<+\infty$$

则称 f 在 E 上 Lebesgue **可积** (简称 L 可积)，记作 $f\in L(E)$；I 称为 f 在 E 上

的 Lebesgue **积分**，记作 $I=\int_E f(x)\mathrm{d}x$。当 $E=[a,b]$ 时，可将 f 的 Lebesgue 积分记为 $\int_a^b f(x)\mathrm{d}x$。

注记 1.10 从定义看，因为 Lebesgue 积分分割的是值域，所以在一些情况下避免了 Riemann 积分大小和不能趋同的毛病，使得许多不是 Riemann 可积的函数可以进行 Lebesgue 积分，从而扩大了可积函数类。比如，下面的例子表明，即使函数的性质不好，但只要性质不好的地方其测度为零，那么此函数还是 Lebesgue 可积的。

例 1.10 Dirichlet 函数 $D(x)$ 在任一区间 $E\subset\mathbb{R}$ 上是 L 可积的。

注记 1.11 简单地看，Dirichlet 函数 $D(x)$ 的积分可以这样理解：

$$\int_E D(x)\mathrm{d}x=1\times m(E\cap\mathbb{Q})+0\times m(E\backslash\mathbb{Q})=1\times 0+0\times m(E)=0$$

下面给出更一般的 Lebesgue 积分定义。

定义 1.17 设 f 为可测集 E 上的可测函数 (取值可能是 $\pm\infty$)。

(1) 假设 f 非负，$m(E)<+\infty$。令

$$f_n(x)=\min\{f(x),n\}$$

则 $\{f_n\}$ 为非负递增的有界可测函数列，且

$$f_n\to f$$

$\forall n\in Z^+$ ，若 $\int_E f_n(x)\mathrm{d}x$ 存在，则定义

$$\int_E f(x)\mathrm{d}x=\lim_{n\to\infty}\int_E f_n(x)\mathrm{d}x$$

(2) 假设 f 非负，$m(E)=+\infty$。若 $\forall A\subset E, m(A)<+\infty$，并且 $\int_A f(x)\mathrm{d}x$ 都存在，则定义

$$\int_E f(x)\mathrm{d}x=\lim_{n\to\infty}\int_{E\cap(-n,n)} f(x)\mathrm{d}x$$

(3) 假设 f 是一般可测函数。记 f 的正部为

$$f^+=\begin{cases}f, & f\geqslant 0\\ 0, & f<0\end{cases}$$

以及 f 的负部为

$$f^- = \begin{cases} -f, & f \leqslant 0 \\ 0, & f > 0 \end{cases}$$

则有

$$f = f^+ - f^-$$

若 $\int_E f^+(x)\mathrm{d}x, \int_E f^-(x)\mathrm{d}x$ 都存在，则定义

$$\int_E f(x)\mathrm{d}x = \int_E f^+(x)\mathrm{d}x - \int_E f^-(x)\mathrm{d}x$$

注记 1.12 这里给出的定义只是简单的情况，对于更一般的被积区域和被积函数的 Lebesgue 积分，比如 $\mathbb{R}^n$ 上的积分、不定积分、Lebesgue 积分的牛顿-莱布尼茨 (Newton-Leibniz) 公式等，读者可参考文献 [1, 5]。在后面的章节中，若无特别说明，所有积分都是 Lebesgue 积分。

1.4.3 勒贝格积分的性质

下面我们列举这种新型积分的几个常用性质，其证明可参考文献 [5, 11]。

定理 1.8 设 f 是定义在 $[a,b]$ 上的有界函数。若 f 在 $[a,b]$ 上 Riemann 可积，则 f 在 $[a,b]$ 上 Lebesgue 可积，并且积分值相同。

上述性质阐述了 Lebesgue 积分与 Riemann 积分的关系。

定理 1.9 设 f、g 是可测集 E 上的可测函数，$f \in L(E)$，$g \in L(E)$，且 $f(x) \leqslant g(x)$ $(x \in E)$，则

$$\int_E f(x)\mathrm{d}x \leqslant \int_E g(x)\mathrm{d}x$$

定理 1.10 设 f 是可测集 E 上的可测函数，则

$$f \in L(E) \Leftrightarrow |f| \in L(E)$$

并且

$$\left|\int_E f(x)\mathrm{d}x\right| \leqslant \int_E |f(x)|\mathrm{d}x$$

上面定理中的性质与 Riemann 积分结论是不同的，如

$$f(x)=\begin{cases}1, & x \text{ 为有理数}\\ -1, & x \text{ 为无理数}\end{cases}$$

在 $[0,1]$ 上不是 Riemann 可积的，但 $|f|$ 在 $[0,1]$ 上是 Lebesgue 可积的。

定理 1.11 (**唯一性**) 设 f 是可测集 E 上的可测函数，则

$$\int_E |f(x)|\mathrm{d}x = 0 \Leftrightarrow f(x)=0, \quad \text{a.e. } x\in E$$

定理 1.12 (**绝对连续性**) 设 f 是可测集 E 上的非负 Lebesgue 可积的函数，则 $\forall\varepsilon>0$，$\exists\delta>0$，对于可测子集 $F\subset E$ 有

$$m(F)<\delta \Rightarrow \int_F f(x)\mathrm{d}x<\varepsilon$$

定理 1.13 (**法图 (Fatou) 定理**) 设 $\{f_n\}$ 是可测集 E 上的非负可测函数列，且

$$\lim_{n\to\infty} f_n(x) = f(x), \quad \text{a.e. } x\in E$$

则

$$\int_E f(x)\mathrm{d}x \leqslant \sup_{n\in\mathbb{Z}^+}\left\{\int_E f_n(x)\mathrm{d}x\right\}$$

定理 1.14 (**莱维 (Levi) 单调收敛定理**) 设 $\{f_n\}$ 是可测集 E 上几乎处处非负递增的 Lebesgue 可积的函数列，且

$$\lim_{n\to\infty} f_n(x) = f(x), \quad \text{a.e. } x\in E$$

则 f 在 E 上几乎处处非负，且

$$\lim_{n\to\infty}\int_E f_n(x)\mathrm{d}x = \int_E f(x)\mathrm{d}x$$

定理 1.14 未假定 f 的可积性，但当极限 $\lim\limits_{n\to\infty}\displaystyle\int_E f_n(x)\mathrm{d}x$ 存在且有限时，则可断定 f 的 L 可积性，这一性质说明，可积函数的单调序列积分与极限可交换。这是 Lebesgue 积分比 Riemann 积分优越之处。

例 1.11 计算 $\displaystyle\sum_{n=1}^{\infty}\int_{-1}^{1}\frac{x^2}{(1+x^2)^n}\,\mathrm{d}x$。

解 令 $f_n(x)=\dfrac{x^2}{(1+x^2)^n}$ $(n\in\mathbb{Z}^+)$，则 f_n 在 $[-1,1]$ 上非负连续，从而非负

可测。又

$$S_n(x)=\sum_{k=1}^{n}\frac{x^2}{(1+x^2)^k}=\sum_{k=1}^{n}f_k(x)$$

在 $[-1,1]$ 上是单调递增的，且

$$S_n(x)\to f(x)=\begin{cases}1, & x\neq 0\\ 0, & x=0\end{cases}$$

由 Levi 单调收敛定理 1.14 知

$$\lim_{n\to\infty}(L)\int_{-1}^{1}S_n(x)\mathrm{d}x=(L)\int_{-1}^{1}f(x)\mathrm{d}x=(R)\int_{-1}^{1}1\ \mathrm{d}x=2$$

而

$$\begin{aligned}\lim_{n\to\infty}(L)\int_{-1}^{1}S_n(x)\mathrm{d}x&=\lim_{n\to\infty}(L)\int_{-1}^{1}\sum_{k=1}^{n}f_k(x)\mathrm{d}x\\&=\lim_{n\to\infty}\sum_{k=1}^{n}(L)\int_{-1}^{1}f_k(x)\mathrm{d}x\\&=\sum_{n=1}^{\infty}(L)\int_{-1}^{1}f_n(x)\mathrm{d}x\end{aligned}$$

所以

$$\begin{aligned}\sum_{n=1}^{\infty}\int_{-1}^{1}\frac{x^2}{(1+x^2)^n}\ \mathrm{d}x&=\lim_{n\to\infty}(L)\int_{-1}^{1}S_n(x)\mathrm{d}x\\&=(L)\int_{-1}^{1}f(x)\mathrm{d}x=2\end{aligned}$$

♦

下面的性质在函数论、微分方程与概率论中是一个常用的工具。

定理 1.15 (**Lebesgue 控制收敛定理**) 设 $\{f_n\}$ 是可测集 E 上的 Lebesgue 可积的函数列，若 $\exists F\in L(E)$，使得 $\forall n\in\mathbb{Z}^+$ 有

$$|f_n(x)|\leqslant F(x),\quad \text{a.e. } x\in E$$

且 $f_n\to f$, a.e. $x\in E$，则 $f\in L(E)$，且

$$\lim_{n\to\infty}\int_E f_n(x)\mathrm{d}x=\int_E f(x)\mathrm{d}x$$

定理的证明较繁杂，这里从略。

例 1.12 求极限 $\lim\limits_{n\to\infty}\int_0^1 \mathrm{e}^{-nx^2}\,\mathrm{d}x$。

解 因为

$$|e^{-nx^2}| \leqslant 1 \in L[0,1]$$

并且 $\mathrm{e}^{-nx^2} \to 0\ (n\to\infty)$, a.e. $x\in[0,1]$，故由 Lebesgue 控制收敛定理得

$$\lim_{n\to\infty}\int_0^1 \mathrm{e}^{-nx^2}\,\mathrm{d}x = \int_0^1 \lim_{n\to\infty}\mathrm{e}^{-nx^2}\,\mathrm{d}x = \int_0^1 0\,\mathrm{d}x = 0$$

◆

1.5 L^p 空间

背景说明 无论从历史发展的顺序还是从认知规律来看，L^p 空间都是在深入抽象空间之前让学习者热身的最佳场所。L^p 空间概念由匈牙利数学家里斯 (F. Riesz，1880—1956) 在 1907 年首次提出，并在 1910 年对其进一步研究。L^p 空间理论在控制论、偏微分方程、函数论与概率论中都有重要应用，这种空间也是后面章节 Banach 空间的最典型例子。

定义 1.18 设 $1\leqslant p<\infty$，E 为可测集，记

$$L^p(E) = \left\{ f : f \text{ 在 } E \text{ 上可测}, \int_E |f(x)|^p\,\mathrm{d}x < +\infty \right\}$$

为 p **次幂可积函数空间**，通常称为 L^p **空间**。当 $p=1$ 时，有

$$L^1(E) = L(E)$$

L^p 空间的离散化空间为 l^p，即

$$l^p = \left\{ x : \left(\sum_{n=1}^{\infty} |x_n|^p \right)^{\frac{1}{p}} < +\infty \right\}$$

其中 $x=(x_1,x_2,\cdots,x_n,\cdots)$ 为数列。

在 L^p 空间中，我们把两个几乎处处相等的函数视为同一个函数而不加以区别。在 L^p 空间中，引入范数:

$$\|f\| = \left(\int_E |f(x)|^p\,\mathrm{d}x \right)^{\frac{1}{p}} \tag{1.3}$$

为验证 $\|\cdot\|$ 是 L^p 上的范数，需验证以下 4 条：

(1) $\|f\| \geqslant 0$；

(2) $\|f\| = 0$ 当且仅当 $f(x) = 0$ (a.e.)；

(3) $\|\alpha f\| = |\alpha|\|f\|$，即

$$\left(\int_E |\alpha f(x)|^p \mathrm{d}x\right)^{\frac{1}{p}} = |\alpha| \left(\int_E |f(x)|^p \mathrm{d}x\right)^{\frac{1}{p}}$$

(4) $\|f+g\| \leqslant \|f\| + \|g\|$，即

$$\left(\int_E |f(x)+g(x)|^p \mathrm{d}x\right)^{\frac{1}{p}} \leqslant \left(\int_E |f(x)|^p \mathrm{d}x\right)^{\frac{1}{p}} + \left(\int_E |g(x)|^p \mathrm{d}x\right)^{\frac{1}{p}}$$

(1)、(2)、(3) 显然成立。为了证明 (4)，我们需要下面的不等式。

引理 1.1 (积分形式的闵可夫斯基 (Minkowski) 不等式) 设 E 是可测集，$f, g \in L^p(E)$ $(p \geqslant 1)$，则有

$$\left(\int_E |f(x)+g(x)|^p \mathrm{d}x\right)^{1/p} \leqslant \left(\int_E |f(x)|^p \mathrm{d}x\right)^{1/p} + \left(\int_E |g(x)|^p \mathrm{d}x\right)^{1/p} \tag{1.4}$$

上述不等式是 Minkowski 不等式的积分形式，Minkowski 不等式的级数形式为

$$\left(\sum_{n=1}^{\infty} |x_n + y_n|^p\right)^{1/p} \leqslant \left(\sum_{n=1}^{\infty} |x_n|^p\right)^{1/p} + \left(\sum_{n=1}^{\infty} |y_n|^p\right)^{1/p} \tag{1.5}$$

其中，$p \geqslant 1$，$x = (x_1, x_2, \cdots, x_n, \cdots) \in l^p$，$y = (y_1, y_2, \cdots, y_n, \cdots) \in l^p$。

由 Minkowski 不等式 (1.4) 可知，在 $L^p(E)$ 中由式 (1.3) 定义的范数满足三角不等式。引理 1.1 的证明需要用到著名的 Hölder 不等式和 Young 不等式，其证明可参考文献 [11]。

引理 1.2 (积分形式的赫尔德 (Hölder) 不等式) 设 E 是可测集，p, q 是正数且 $\dfrac{1}{p} + \dfrac{1}{q} = 1$，则对任何 $f \in L^p(E)$，$g \in L^q(E)$，有

$$\int_E |f(x)g(x)| \mathrm{d}x \leqslant \left(\int_E |f(x)|^p \mathrm{d}x\right)^{1/p} \left(\int_E |g(x)|^q \mathrm{d}x\right)^{1/q} \tag{1.6}$$

上述不等式是 Hölder 不等式的积分形式，Hölder 不等式的级数形式为

$$\sum_{n=1}^{\infty} |x_n y_n| \leqslant \left(\sum_{n=1}^{\infty} |x_n|^p\right)^{1/p} \left(\sum_{n=1}^{\infty} |y_n|^q\right)^{1/q}$$

其中，$p>1$，$q>1$ 且 $\dfrac{1}{p}+\dfrac{1}{q}=1$，$x=(x_1,x_2,\cdots,x_n,\cdots)\in l^p$，$y=(y_1,y_2,\cdots,y_n,\cdots)\in l^p$。

引理 1.3 (Young 不等式) 设 $p>0$，$q>0$，且 $\dfrac{1}{p}+\dfrac{1}{q}=1$ (p,q 称为共轭数)，则对于 $\forall a\geqslant 0,b\geqslant 0$，有

$$ab\leqslant\frac{1}{p}a^p+\frac{1}{q}b^q$$

注记 1.13 以后我们会看到，$L^2(E)$ 和 l^2 具有完备性、可分性等很多良好的性质，而且都是十分重要的内积空间。由于所学知识限制，这里先不继续讨论，在以后各章中会继续进行学习。

习题1

1-1 设实数列 $\{x_k\}$、$\{y_k\}$ 与 $\{z_k\}$ 为集合

$$X=\left\{(f_1,f_2,\cdots,f_k,\cdots):\sup_{k\in\mathbb{Z}^+}|f_k|<+\infty\right\}$$

中的元素，证明：

$$\sup_{k\in\mathbb{Z}^+}|x_k-y_k|\leqslant\sup_{k\in\mathbb{Z}^+}|x_k-z_k|+\sup_{k\in\mathbb{Z}^+}|z_k-y_k|$$

1-2 证明：在实数集 $\mathbb{R}$ 中，若数列收敛，则极限唯一。

1-3 证明：在实数集 $\mathbb{R}$ 中，若数列收敛，则数列有界。

1-4 对于数列 $\{x_n\}\subset\mathbb{R}(n\in\mathbb{Z}^+)$，若 $|x_{n+1}-x_n|\leqslant 2^{-n}$，证明 $\{x_n\}$ 是 Cauchy 列。

1-5 设函数 f 在 $\mathbb{R}$ 上可导，且存在常数 $M>0$ 使得

$$|f'(x)|\leqslant M,\quad \forall x\in\mathbb{R}$$

证明函数 f 在 $\mathbb{R}$ 上一致连续。

1-6 证明 $f(x)=\sin\dfrac{1}{x}$ 在 $(0,1)$ 上不一致连续。

1-7 证明 $f(x)=\dfrac{\sin x}{x}$ 在 $(0,2\pi)$ 上一致连续。

1-8 证明 $f(x)=x^2$ 在 $\mathbb{R}$ 上不一致连续。

1-9 证明可测集上的连续函数都是可测函数。

1-10 设 f 在 (a,b) 上可导，证明 f' 在 (a,b) 上可测。

1-11 设 $\{f_n\}$ 是 $[a,b]$ 上的连续函数列，且在 $[a,b]$ 上一致收敛于 f，证明 f 在 $[a,b]$ 上可积并且

$$\lim_{n\to\infty}\int_a^b f_n(x)\mathrm{d}x=\int_a^b \lim_{n\to\infty} f_n(x)\mathrm{d}x=\int_a^b f(x)\mathrm{d}x$$

1-12 证明函数列 $f_n(x)=\dfrac{x}{1+n^2x^2}$ 在 $[0,1]$ 上一致收敛到函数 $f(x)=0$，并求

$$\lim_{n\to\infty}\int_0^1 f_n(x)\mathrm{d}x$$

1-13 利用 Lebesgue 控制收敛定理求

$$\lim_{n\to\infty}\int_0^1 \frac{nx}{1+n^2x^2}\,\mathrm{d}x$$

1-14 求极限 $\displaystyle\lim_{n\to\infty}\int_0^1 \frac{n\sqrt{x}}{1+n^2x}\sin^5 nx\,\mathrm{d}x$。

1-15 讨论函数

$$f(x)=\begin{cases}1, & x\text{为有理数}\\ \sqrt{x}, & x\text{为无理数}\end{cases}$$

(1) 在 $[0,1]$ 上是否 Riemann 可积？若可积，求其积分值。

(2) 在 $[0,1]$ 上是否 Lebesgue 可积？若可积，求其积分值。

1-16 若 $f\in L(E)$，问是否一定有 $f^2\in L(E)$？

1-17 证明级数形式的 Minkowski 不等式 (1.5)。

1-18 设 $x,y\in\mathbb{C}$，证明：

$$\frac{|x+y|}{1+|x+y|}\leqslant\frac{|x|}{1+|x|}+\frac{|y|}{1+|y|}$$

第2章

距离空间

本章将研究更一般的“空间”，以及在这些“空间”上定义的“函数”“映射”，进一步讨论与它们相关的极限和性质。

要在一般的“空间” 中建立极限的概念，需要引入“距离”的概念，即在一个集合上定义两点之间的“距离”，使之成为下面所说的“距离空间”。有了距离，就可以定义相应的极限。通过引进极限这种运算，可以研究一般“空间”中的元素 (函数、算子) 的性质 (如完备性)。

2.1 距离空间的基本概念

背景说明 数学家们把日常生活中的距离概念的本质属性 (距离三公理) 抽象出来构建抽象距离与距离空间的概念，他们引进距离这种数学工具的目的，在于研究抽象空间的性质，并用于解决实际问题。这方面的最初工作归属于法国数学家弗雷歇 (Maurice Fréchet，1878—1973)，他在 1906 年写的博士论文中将当时来自微分方程和积分方程中函数族的概念统一表述为函数空间，并引入距离与极限概念，为泛函分析这门学科的诞生做出了开创性工作。

在微积分中，我们学习了定义在实数空间 $\mathbb{R}$ 上的函数，在学习函数的分析性质，如连续性、可微性及可积性中，定义了两个数之间的距离 d，即考虑 $x,y\in\mathbb{R}$，$d(x,y)=|x-y|$。本节我们将对上述距离一般化，在一般集合上建立抽象的距离概念。

2.1.1 距离空间的定义

用抽象集合 X 代替实数集 $\mathbb{R}$，并在 X 上引入距离函数，使距离函数具备几条基本性质，可定义一般集合上的距离。

定义 2.1 设 X 是一个非空集合，如果存在一个二元函数

$$d: X \times X \to \mathbb{R}$$

使得对任意的元素 $x, y, z \in X$，下面的性质成立：

(1) 正定性

$$d(x,y) \geqslant 0, \quad d(x,y) = 0 \Leftrightarrow x = y$$

(2) 对称性

$$d(x,y) = d(y,x)$$

(3) 三角不等式

$$d(x,y) \leqslant d(x,z) + d(z,y)$$

那么称 $d(x,y)$ 为 x, y 的**距离** (或者**度量**)；并称 X 为以 d 为距离的**距离空间** (或者**度量空间**)，记为 (X,d)。在不引起混淆的情况下，也可简称为距离空间 X。空间 X 中的元素也称为 X 中的点。

此定义是一个很抽象的概念，在不同的应用中会有各自不同的形式。下面我们列举几个常见的距离空间。

例 2.1 (**n 维欧氏空间 $\mathbb{R}^n$**) 对任意 $\boldsymbol{x} = [x_1, x_2, \cdots, x_n]^\top, \boldsymbol{y} = [y_1, y_2, \cdots, y_n]^\top \in \mathbb{R}^n$，定义

$$d(\boldsymbol{x},\boldsymbol{y}) = \left(\sum_{k=1}^{n} |x_k - y_k|^2\right)^{\frac{1}{2}}$$

则 $(\mathbb{R}^n, d)$ 为距离空间，也称为 n **维欧氏空间** (Euclidean Space)。

证明 (1) 正定性：显然 $d(\boldsymbol{x},\boldsymbol{y}) \geqslant 0$，且

$$d(\boldsymbol{x},\boldsymbol{y}) = 0 \Leftrightarrow x_k = y_k \ (k = 1, 2, \cdots, n) \Leftrightarrow \boldsymbol{x} = \boldsymbol{y}$$

(2) 对称性：$d(\boldsymbol{x},\boldsymbol{y}) = d(\boldsymbol{y},\boldsymbol{x})$ 显然成立。

(3) 三角不等式：$\forall \boldsymbol{z}=[z_1,z_2,\cdots,z_n]^\top \in \mathbb{R}^n$，由 Minkowski 不等式 (1.5) 有

$$\begin{aligned}
d(\boldsymbol{x},\boldsymbol{y}) &= \left(\sum_{k=1}^{n}|x_k-y_k|^2\right)^{\frac{1}{2}} \leqslant \left(\sum_{k=1}^{n}(|x_k-z_k|+|z_k-y_k|)^2\right)^{\frac{1}{2}} \\
&\leqslant \left(\sum_{k=1}^{n}|x_k-z_k|^2\right)^{\frac{1}{2}} + \left(\sum_{k=1}^{n}|z_k-y_k|^2\right)^{\frac{1}{2}} \\
&= d(\boldsymbol{x},\boldsymbol{z})+d(\boldsymbol{z},\boldsymbol{y})
\end{aligned}$$

故三角不等式成立，所以 $(\mathbb{R}^n,d)$ 为距离空间。■

注记 2.1　若在 $\mathbb{R}^n$ 中规定

$$d_1(\boldsymbol{x},\boldsymbol{y})=\max_{1\leqslant k\leqslant n}|x_k-y_k|$$

则 $(\mathbb{R}^n,d_1)$ 也是距离空间 (读者自己验证)。

例 2.2　(**空间 $\boldsymbol{C[a,b]}$**) $C[a,b]$ 是指定义在 $[a,b]$ 上所有实 (或复) 连续函数构成的集合。$\forall x,y\in C[a,b]$，定义

$$d(x,y)=\max_{t\in[a,b]}|x(t)-y(t)|$$

则 $(C[a,b],d)$ 为距离空间。

证明　由于 $x(t)-y(t)$ 也是 $[a,b]$ 上的连续函数，所以有最大值。距离的定义中性质 (1) 与 (2) 显然成立，下面验证 (3) 成立。

设 $x,y,z\in C[a,b]$，则

$$\begin{aligned}
|x(t)-y(t)| &\leqslant |x(t)-z(t)|+|z(t)-y(t)| \\
&\leqslant \max_{t\in[a,b]}|x(t)-z(t)|+\max_{t\in[a,b]}|z(t)-y(t)| \\
&= d(x,z)+d(z,y)
\end{aligned}$$

因此

$$d(x,y)=\max_{t\in[a,b]}|x(t)-y(t)|\leqslant d(x,z)+d(z,y),$$

故 $(C[a,b],d)$ 为距离空间。■

例 2.3　(**空间 $\boldsymbol{L^p(E)}$**) 设 $E\subset\mathbb{R}$ 为可测集，对于 $1\leqslant p<\infty$，$L^p(E)$ 表示定义在 $E\subset\mathbb{R}$ 上所有 p 次幂可积函数构成的集合，其中任意两个几乎处处相等

的函数视为同一元素，即

$$L^p(E) = \left\{x(t) : \int_E |x(t)|^p \ \mathrm{d}x < +\infty\right\}$$

$\forall x, y \in L^p(E)$，定义

$$d(x,y) = \left(\int_E |x(t) - y(t)|^p \ \mathrm{d}t\right)^{\frac{1}{p}}$$

则 $(L^p(E), d)$ 是一个距离空间。

证明 (1) 正定性：因为 $d(x,y) \geqslant 0$，并且

$$d(x,y) = \left(\int_E |x(t) - y(t)|^p \mathrm{d}t\right)^{\frac{1}{p}} = 0 \Leftrightarrow x = y, \text{ a.e.}$$

所以当把 $L^p(E)$ 中几乎处处相等的函数看作同一个函数时，d 满足正定性。

(2) 对称性显然。

(3) 三角不等式：$\forall x, y, z \in L^p(E)$，由引理 1.1 的 Minkowski 不等式得

$$\begin{aligned}
d(x,y) &= \left(\int_E |x(t) - y(t)|^p \mathrm{d}t\right)^{\frac{1}{p}} \\
&= \left(\int_E |x(t) - z(t) + z(t) - y(t)|^p \mathrm{d}t\right)^{\frac{1}{p}} \\
&\leqslant \left(\int_E |x(t) - z(t)|^p \mathrm{d}t\right)^{\frac{1}{p}} + \left(\int_E |z(t) - y(t)|^p \mathrm{d}t\right)^{\frac{1}{p}} \\
&= d(x,z) + d(z,y)
\end{aligned}$$

所以三角不等式成立。 ■

例 2.4 (**空间 $L^\infty(E)$**) 如果存在可测集 E 的某个零测度子集 E_0，使得可测函数 x 在集合 $E \backslash E_0$ 上有界，则称函数 x 在 E 上是**本性有界**的。可测集 E 上所有本性有界可测函数构成的集合记为 $L^\infty(E)$，其中任意两个几乎处处相等的函数视为同一元素。$\forall x, y \in L^\infty(E)$，定义

$$\begin{aligned}
d(x,y) &= \inf_{\mathrm{m}E_0 = 0, E_0 \subset E} \left\{\sup_{t \in E \backslash E_0} |x(t) - y(t)|\right\} \\
&= \operatorname{ess\,sup}_{t \in E} |x(t) - y(t)|
\end{aligned}$$

则 $(L^\infty(E), d)$ 是一个距离空间。

例 2.5 (**空间l^p**) 对于$1 \leqslant p < \infty$，设$x = \{x_k\}_{k=1}^{\infty}$，$y = \{y_k\}_{k=1}^{\infty}$属于集合

$$l^p = \left\{(x_1, x_2, \cdots, x_k, \cdots) : \sum_{k=1}^{\infty} |x_k|^p < +\infty\right\}$$

定义

$$d(x, y) = \left(\sum_{k=1}^{\infty} |x_k - y_k|^p\right)^{\frac{1}{p}}$$

利用级数形式 Minkowski 不等式 (1.5) 可以证明 (l^p, d) 为距离空间。

例 2.6 (**空间l^∞**) l^∞ 是由一切有界的实 (或复) 数列构成的集合。设 $x = \{x_k\}_{k=1}^{\infty}$,$y = \{y_k\}_{k=1}^{\infty}$ 属于集合

$$l^\infty = \left\{(x_1, x_2, \cdots, x_k, \cdots) : \sup_{k \in \mathbb{Z}^+} |x_k| < +\infty\right\}$$

定义

$$d(x, y) = \sup_{k \in \mathbb{Z}^+} |x_k - y_k|$$

则 (l^∞, d) 为距离空间，也称为**有界数列空间**。

注记 2.2 对于 $1 \leqslant p < q < \infty$，空间的包含关系如下：

$$l^p \subset l^q \subset l^\infty$$

$$C[a, b] \subset L^q[a, b] \subset L^p[a, b] \subset L^1[a, b]$$

并且包含关系是严格的。例如，设 $x = \left(1, 2^{-1/p}, 3^{-1/p}, \cdots, n^{-1/p}, \cdots\right)$，因为 $\dfrac{q}{p} > 1$，故 $\sum\limits_{n=1}^{\infty} n^{-q/p}$ 收敛，所以 $x \in l^q$；但是级数 $\sum\limits_{n=1}^{\infty} n^{-1}$ 发散，因而 $x \notin l^p$。

例 2.7 (**空间 s**) s 是由一切实 (或复) 数序列构成的集合。对于任意的实数列 $x = \{x_k\}_{k=1}^{\infty}$ 与 $y = \{y_k\}_{k=1}^{\infty}$，设

$$d(x, y) = \sum_{k=1}^{\infty} \frac{1}{2^k} \frac{|x_k - y_k|}{1 + |x_k - y_k|}$$

则 (s, d) 为距离空间 (此空间称为**序列空间**)。

2.1.2 距离空间中的点集

仿照 $\mathbb{R}^n$ 空间中的邻域、开集、闭集等，我们在一般距离空间中引入开球、闭球、开集与闭集等概念。

定义 2.2 设 (X,d) 为距离空间，给定 $x_0 \in X$ 和 $r>0$，定义三类子集

$$B_r(x_0)=\{x\in X: d(x,x_0)<r\} \quad (\text{开球或 } x_0 \text{ 的 } r \text{ 邻域})$$
$$\bar{B}_r(x_0)=\{x\in X: d(x,x_0)\leqslant r\} \quad (\text{闭球})$$
$$S_r(x_0)=\{x\in X: d(x,x_0)=r\} \quad (\text{球面})$$

上述三种情况中，x_0 叫作球心，r 叫作半径。

例 2.8 设 (x_0,y_0)、(x,y) 为 $\mathbb{R}^2$ 中的两个点。

(1) 若使用距离 $d((x_0,y_0),(x,y))=\sqrt{(x-x_0)^2+(y-y_0)^2}$，则开球

$$B_r((x_0,y_0))=\left\{(x,y):\sqrt{(x-x_0)^2+(y-y_0)^2}<r\right\}$$

的形状为一圆形。

(2) 若使用距离 $d((x_0,y_0),(x,y))=\max\{|x-x_0|,|y-y_0|\}$，则闭球

$$\bar{B}_r((x_0,y_0))=\{(x,y):\max\{|x-x_0|,|y-y_0|\}\leqslant r\}$$

的形状为一正方形。

定义 2.3 设 (X,d) 为距离空间，$A\subseteq X$，对于 $x_0\in A$，若 $\exists r>0$，使得

$$B_r(x_0)\subset A$$

则称 x_0 为 A 的**内点**。如果 A 中每一点都是 A 的内点，则称 A 为 X 中的**开集**。如果集合 $X\backslash A$ 是开集，则称 A 为**闭集**。

定义 2.4 设 X 为距离空间，$A\subset X, x_0\in A$，若 $\forall r>0$ 满足

$$B_r(x_0)\cap(A\backslash\{x_0\})\neq\emptyset$$

则称 x_0 为 A 的**聚点** (或**极限点**)。A 的聚点的全体称为 A 的**导集**，记作 A'。

定义 2.5 设 X 为距离空间，$A\subset X$，$x_0\in A$，若 $\forall r>0$ 满足

$$B_r(x_0)\cap A\neq\emptyset,\quad B_r(x_0)\cap(X\backslash A)\neq\emptyset$$

则称 x_0 为 A 的**边界点**。A 的边界点的全体称为 A 的边界，记作 ∂A。

定义 2.6 设 X 为距离空间，$A\subset X$，$x_0\in A$，若 $\forall r>0$ 满足

$$B_r(x_0)\cap A\neq\emptyset$$

则称 x_0 为 A 的**触点**。A 的触点的全体称为 A 的**闭包**，记作 $\bar{A}$。

注记 2.3 由定义可以看出，A 的内点、聚点和边界点都是 A 的触点。若 $A=\bar{A}$，则 A 是闭集。

2.1.3 距离空间中的收敛

有了距离的概念，就可以描述空间中两点的接近程度，从而可以通过极限运算描述点列的收敛性。

定义 2.7 设 $\{x_n\}$ 是距离空间 (X,d) 中的一个点列。若存在 $x_0\in X$ 使得

$$\lim_{n\to\infty} d\left(x_n,x_0\right)=0$$

则称点列 $\{x_n\}$ **收敛**于 x_0，记作 $\lim_{n\to\infty} x_n=x_0$，或者 $x_n\to x_0\ (n\to\infty)$。

距离空间中的收敛定义可重写如下：$\forall\varepsilon>0$，$\exists N\in\mathbb{Z}^+$，当 $n>N$ 时有

$$d\left(x_n,x_0\right)<\varepsilon$$

类似于实数集中的收敛，可以得到距离空间中收敛点列的极限也是唯一的。

定理 2.1 (**极限的唯一性**) 距离空间中收敛点列的极限唯一。

证明 设 $\{x_n\}$ 是距离空间 (X,d) 中的一个收敛点列。利用反证法，假设其极限不唯一，即存在 $x,y\in X$，使得 $x_n\to x$ 及 $x_n\to y\ (n\to\infty)$，则由距离的定义有

$$0\leqslant d(x,y)\leqslant d\left(x,x_n\right)+d\left(x_n,y\right)\to 0$$

从而 $d(x,y)=0$，故 $x=y$。 ■

下面讨论一些具体空间中点列收敛的具体形式。

例 2.9 (**离散距离空间**) 设 X 是一个任意的非空集合，规定

$$d(x,y)=\begin{cases}1, & x\neq y\\ 0, & x=y\end{cases}$$

不难验证 (X,d) 是距离空间，且 (X,d) 中的收敛点列必是常点列 (从某一项开始所有的项都相同)，这个距离空间通常称为**离散距离空间**或平凡距离空间。

从表面上看，该例似乎没有多少实际意义。例如，实数集按离散距离定义两点距离就成为一个平凡的距离空间，在该空间中，实数理论中的许多精美理论完全丧失了。然而，这个简单的特例对研究距离空间的理论却是很有用的。一方面

它说明在任何集合上都可以定义距离使其成为距离空间 (普适性)；另一方面它在构造数学反例时常起到重要作用 (特殊性)。特别地，利用它可以说明欧氏空间的某些性质在一般的距离空间中并非一定成立。当然，我们更感兴趣的是内涵更为丰富的其他距离空间。

例 2.10 在空间 $\mathbb{R}^n$ 中，点列依距离收敛等价于依坐标收敛。

证明 设距离空间 $\mathbb{R}^n$ 中的点列

$$\boldsymbol{x}^{(k)} = \left[x_1^{(k)}, x_2^{(k)}, \cdots, x_n^{(k)}\right]^\top,\ k = 1, 2, \cdots$$

及一点 $\boldsymbol{x} = [x_1, x_2, \cdots, x_n]^\top$。当 $k \to \infty$ 时，有

$$\begin{aligned} d(\boldsymbol{x}^{(k)}, \boldsymbol{x}) = \left(\sum_{i=1}^{n} \left|x_i^{(k)} - x_i\right|^2\right)^{\frac{1}{2}} \to 0 \\ \Leftrightarrow x_i^{(k)} \to x_i\ (i = 1, 2, \cdots, n) \\ \Leftrightarrow \boldsymbol{x}^{(k)} \to \boldsymbol{x} \end{aligned}$$

故 $\mathbb{R}^n$ 空间中点列的收敛等价于依坐标收敛。 ■

例 2.11 在空间 $C[a, b]$ 中，点列的收敛等价于函数列的一致收敛。

证明 设在空间 $C[a, b]$ 中 $f_n(x) \to f(x)\ (n \to \infty)$，即有

$$d(f_n, f) = \max_{x \in [a,b]} |f_n(x) - f(x)| \to 0$$

即 $\forall \varepsilon > 0, \exists N \in \mathbb{Z}^+$ 使得当 $n > N$ 时有

$$\max_{x \in [a,b]} |f_n(x) - f(x)| < \varepsilon$$

由最大值的性质，$\forall x \in [a, b]$，只要 $n > N$，就有

$$|f_n(x) - f(x)| < \varepsilon$$

所以 $\{f_n(x)\}$ 一致收敛于 $f(x)$。 ■

有了收敛性的概念，还可以给出如下关于闭集的一个等价刻画，它表明，闭集的本质特征是对极限运算封闭。

定理 2.2 非空集合 E 为距离空间 X 的闭集 $\Leftrightarrow$ 任给 $\{x_n\} \subset E$，若 $x_n \to x_0$，则有 $x_0 \in E$。

定义 2.8 设 X 为距离空间，集合 $E \subset X$，若存在 $x_0 \in X$ 及 $r > 0$ 使得

$$E \subset B_r(x_0)$$

则称集合 E 为**有界集**。

定理 2.3 距离空间中收敛点列为有界集。

根据 Bolzano-Weierstrass 定理知：有界实数数列必有收敛子数列；进一步地，在 $\mathbb{R}^n$ 中任一有界集也必含有收敛子列，但在无穷维空间中这一结论不成立。

例 2.12 设 $f_n(x) = x^n$，$\forall n \in \mathbb{Z}^+$，求证 $\{f_n\}$ 是 $C[0,1]$ 中的有界集但 $\{f_n\}$ 没有收敛子列。

证明 对于 $f_n(x) = x^n \in C[0,1]$，当 $f^*(x) \equiv 0$ 时有

$$d(f_n, f^*) = \max_{x \in [0,1]} |f_n(x) - f^*(x)| = 1 < 2$$

所以 $\{f_n(x)\} \subset B_2(0)$，故 $\{f_n\}$ 有界。

假设 $\{f_n\}$ 存在收敛子列 $\{f_{n_k}\}$，不妨设 $\lim\limits_{k\to\infty} f_{n_k}(x) = f(x)$，则根据空间 $C[0,1]$ 中点列的收敛等价于函数列的一致收敛，得到 $\{f_{n_k}\}$ 一致收敛于 f，且 $f \in C[0,1]$。

由于

$$f(x) = \lim_{k\to\infty} f_{n_k}(x) = \lim_{k\to\infty} x^{n_k} = \begin{cases} 1, & x = 1 \\ 0, & 0 \leqslant x < 1 \end{cases}$$

因而 $f(t)$ 在 $x = 1$ 处不连续，这与 $f \in C[0,1]$ 矛盾。所以 $\{f_n\}$ 有界但是没有收敛子列。 ■

2.1.4 距离空间中的连续映射

类似于实数空间的连续函数，我们可以定义距离空间上的连续映射。

定义 2.9 设 (X, d_1)，(Y, d_2) 为两个距离空间，$x_0 \in X$，$T: X \to Y$ 是一个映射。若 $\forall \varepsilon > 0$，$\exists \delta > 0$ 使得 $\forall x \in X$

$$d_1(x, x_0) < \delta \Rightarrow d_2(T(x), T(x_0)) < \varepsilon$$

则称 T 在 x_0 处**连续**；若 T 在 X 的每个点都连续，则称 T 在 X 上连续，简称 T 连续。

下面列举几个连续映射的性质。

定理 2.4 设 T 是距离空间 (X,d_1) 到距离空间 (Y,d_2) 中的映射，那么 T 是连续的当且仅当 (Y,d_2) 中任何开集的原像仍然是 (X,d_1) 中的开集。

定理的证明可参阅文献 [4]。

下面的性质表明，如果 T 连续，则极限运算可以和 T 交换顺序。

定理 2.5 设T是距离空间(X,d_1)到距离空间(Y,d_2)中的映射，那么T在$x_0\in X$处连续的充要条件为

$$\lim_{n\to\infty}x_n=x_0\Rightarrow\lim_{n\to\infty}T(x_n)=T(x_0)\quad(n\to\infty)$$

证明 必要性 如果 T 在 $x_0\in X$ 处连续，那么 $\forall\varepsilon>0$，$\exists\delta>0$，使当 $d_1(x,x_0)<\delta$ 时有 $d_2(T(x),T(x_0))<\varepsilon$；因为 $x_n\to x_0\ (n\to\infty)$，所以 $\exists N\in\mathbb{Z}^+$，当 $n>N$ 时，有 $d_1(x_n,x_0)<\delta$，再根据连续性得到

$$d_2(T(x_n),T(x_0))<\varepsilon$$

这就证明了 $T(x_n)\to T(x_0)\ (n\to\infty)$。

充分性 反设T在$x_0\in X$不连续，那么$\exists\varepsilon_0>0$，使对$\forall\delta>0$，当$x\neq x_0$且$d_1(x,x_0)<\delta$时有

$$d_2(T(x),T(x_0))\geqslant\varepsilon_0$$

取 $\delta=\dfrac{1}{n}$，则存在点列 $\{x_n\}$ 满足 $d_1(x_n,x_0)<\dfrac{1}{n}$，但 $d_2(T(x_n),T(x_0))\geqslant\varepsilon_0$，这就是说，当 $x_n\to x_0$ 时 Tx_n 不收敛于 Tx_0，这与已知矛盾。所以 T 在 $x_0\in X$ 连续。 ■

例 2.13 设 $X=C[a,b]$，令 $T(x)=\displaystyle\int_a^b x(t)\mathrm{d}t$，则 T 是从 $C[a,b]$ 到 $\mathbb{R}$ 的映射。由于

$$\left|\int_a^b x(t)\mathrm{d}t-\int_a^b y(t)\mathrm{d}t\right|\leqslant\int_a^b|x(t)-y(t)|\mathrm{d}t\leqslant|b-a|d(x,y)$$

所以 T 是连续的。$\{x_n(t)\}$ 是 $C[a,b]$ 中的收敛序列，由定理 2.5 有

$$\lim_{n\to\infty}\int_a^b x_n(t)\mathrm{d}t=\lim_{n\to\infty}T(x_n)=T\left(\lim_{n\to\infty}x_n\right)=\int_a^b\lim_{n\to\infty}x_n(t)\mathrm{d}t\tag{2.1}$$

注意到 $\{x_n(t)\}$ 在 $C[a,b]$ 上的收敛是一致收敛，式 (2.1) 意味着当 $\{x_n(t)\}$ 一致收敛时，积分和极限可以交换顺序。这是数学分析中熟知的结论。

连续映射的一个重要特例是同胚映射。

定义 2.10 设 (X,d_1)，(Y,d_2) 都是距离空间，$T:X\to Y$ 是一个映射。若 T 存在逆映射，且 T 及其逆映射 T^{-1} 均连续，则称 T 是 X 到 Y 上的**同胚映射**。此时称 X 与 Y 同胚。

例 2.14 $f(x)=\arctan x$ 是 $\mathbb{R}$ 到 $\left(-\dfrac{\pi}{2},\dfrac{\pi}{2}\right)$ 上的同胚映射，从而 $\mathbb{R}$ 与 $\left(-\dfrac{\pi}{2},\dfrac{\pi}{2}\right)$ 同胚。$f(x)=\mathrm{e}^x$ 是 $\mathbb{R}$ 到 $(0,\infty)$ 上的同胚映射，因此 $\mathbb{R}$ 与 $(0,\infty)$ 同胚。

由于两个同胚的距离空间点之间一一对应，所有邻域也是一一对应的，而且连续概念只依赖于邻域的概念，因此在只讨论与连续性有关问题时，可以把两个同胚的距离空间看成一个。

2.1.5 稠密性与可分性

有理数在实数空间中是稠密的，有理数是可数的，任何一个实数都可以用有理数列来逼近。我们希望把这样的性质“类比”地推广到一般的空间中。

定义 2.11 设 A,B 是距离空间的两个子集。如果 $B\subset\bar{A}$，则称 A 在 B 中**稠密**。特别地，如果 $B=X$，此时称 A 为 X 的一个**稠密子集**。

注记 2.4 若 A 在 B 中稠密，则 B 中的每一个球，不管多小，总含有 A 的点。根据定义知，A 不一定是 B 的子集，两者甚至可以没有公共点。例如，因为任一无理数都可以用一列有理数无限地逼近，所以有理数集在无理数集中稠密；同样地，有理数集在实数集中稠密。

定理 2.6 设 $A,B\subset X$，则 A 在 B 中稠密 $\Leftrightarrow \forall x\in B$，$\exists\{x_n\}\subset A$，使得 $x_n\to x\ (n\to\infty)$。

证明 必要性 若 A 在 B 中稠密，则 $\forall x\in B\subset\bar{A}$，对 $r_n\to 0\ (r_n>0)$，总有 $B_{r_n}(x)\cap A\neq\emptyset$，换言之，$\exists x_n\in A$，使得

$$d(x_n,x)\leqslant r_n$$

从而有 $x_n\to x\ (n\to\infty)$。

充分性 $\forall x\in B$，若 $\exists r>0$，使得 $B_r(x)\cap A=\emptyset$，则与 $\exists\{x_n\}\subset A$，使得 $x_n\to x$ 矛盾，故 $\forall r>0$，总有

$$B_r(x)\cap A\neq\emptyset$$

故 $x \in \bar{A}$，从而有 $B \subset \bar{A}$，A 在 B 中稠密。证毕。 ■

定义 2.12 若距离空间 X 具有可数的稠密子集，则 X 是**可分的**。对于子集 $B \subset X$，如果 X 中存在可数子集 A，使得 A 在 B 中稠密，则 B 是**可分的**。

例 2.15 空间 $\mathbb{R}^n$ 是可分的。

证明 由于 $\mathbb{R}^n$ 中的有理点 (各个坐标都是有理数) 是可数集，且在 $\mathbb{R}^n$ 中稠密，故由定义知，$\mathbb{R}^n$ 是可分的。 ■

例 2.16 空间 $C[a,b]$ 是可分的。

证明 $\forall x(t) \in C[a,b]$，由 Weierstrass 多项式逼近定理 1.5，$x(t)$ 可以表示为一列系数是实数的多项式列 $\{P_n(t)\}$ 的一致收敛极限，即 $\forall \varepsilon > 0$，$\exists N \in \mathbb{Z}^+$，$\forall t \in [a,b]$，只要 $n > N$，就有

$$|P_n(t) - x(t)| < \frac{\varepsilon}{2}$$

从而有

$$d\left(P_n, x\right) = \max_{t \in [a,b]} |P_n(t) - x(t)| < \frac{\varepsilon}{2}$$

再根据有理数集在实数集中稠密，存在一列系数为有理数的多项式列 $\{Q_n(t)\}$ (有理数集可数) 使得

$$d\left(P_n, Q_n\right) < \frac{\varepsilon}{2}$$

从而有

$$\begin{aligned} d\left(Q_n, x\right) &\leqslant d\left(Q_n, P_n\right) + d\left(P_n, x\right) \\ &< \frac{\varepsilon}{2} + \frac{\varepsilon}{2} \\ &= \varepsilon \end{aligned}$$

故 $Q_n \to x\ (n \to \infty)$，即系数为有理数的多项式列 $\{Q_n(t)\}$ 是 $C[a,b]$ 的一个可数稠密子集，所以空间 $C[a,b]$ 是可分的。 ■

例 2.17 空间 $L^p[a,b]$ $(1 \leqslant p < \infty)$ 是可分的。(证明留作练习)

证明思路：只要找到 $L^p[a,b]$ 中的可数稠密子集即可。事实上，有理系数多项式的全体是 $L^p[a,b]$ 中的可数稠密子集。

注记 2.5 在 $[a,b]$ 上连续的函数属于 $L^p[a,b]$，虽然连续函数的全体在 L^p 的范数下不完备，但它们是 $L^p[a,b]$ 中的稠密子集。

例 2.18 空间 l^p $(1 \leqslant p < +\infty)$ 是可分的。

证明 设 A 是形如

$$y = (\eta_1, \eta_2, \cdots, \eta_n, 0, 0, \cdots)$$

的所有序列的集合，其中 n 是任意正整数，$\eta_j \in \mathbb{Q}, j = 1, 2, \cdots, n$。显然，$A$ 是可数的。

现在证明 A 在 l^p 中稠密。任取 $x = (\xi_1, \xi_2, \cdots, \xi_j, \cdots) \in l^p$，由于 $\sum\limits_{j=1}^{\infty} |\xi_j|^p < +\infty$，故对 $\forall \varepsilon > 0$，存在一个 (与 ε 有关的) $n \in \mathbb{Z}^+$ 使得

$$\sum_{j=n+1}^{\infty} |\xi_j|^p < \frac{\varepsilon^p}{2}$$

由于有理数在 $\mathbb{R}$ 中稠密，所以对于每个 ξ_j，有一个接近它的有理数 η_j。因此，我们可以找到一个 $y \in A$ 满足

$$\sum_{j=1}^{n} |\xi_j - \eta_j|^p < \frac{\varepsilon^p}{2}$$

从而推得

$$[d(x, y)]^p = \sum_{j=1}^{n} |\xi_j - \eta_j|^p + \sum_{j=n+1}^{\infty} |\xi_j|^p < \varepsilon^p$$

因而有 $d(x, y) < \varepsilon$，故 A 在 l^p 中稠密。 ■

距离空间是否可分，与空间上距离的定义密切相关。

例 2.19 记 $X = [0, 1]$，定义距离

$$d(x, y) = \begin{cases} 0, & x = y \\ 1, & x \neq y \end{cases}$$

则离散的距离空间 (X, d) 是不可分空间。

证明 反证。若 $X = [0, 1]$ 可分，则存在可数稠密集 $A = \{x_1, x_2, \cdots\}$。但 $[0, 1]$ 是不可数集，故 $A \neq X$。对 $x_0 \in X \backslash A$，当 $r < 1$ 时，有

$$B_r(x_0) \cap A = \{x_0\} \cap A = \emptyset$$

这与 A 在 X 中稠密矛盾，故 X 是不可分的。 ■

2.2 距离空间的完备性

背景说明 大家知道，有理数点列的收敛点可能是无理数，把这些收敛点加入有理数集合后新的集合就是实数集，于是实数集 $\mathbb{R}$ 就具有了称为**完备性**的好性质：任一个 Cauchy 数列都收敛到本身。同样道理，为保证距离空间中极限运算的可行性，有必要引入距离空间完备性概念。完备性是由法国数学家柯西 (Augustin-Louis Cauchy, 1789—1857) 提出的，且是以他的名字命名的 Cauchy 点列来刻画的。

2.2.1 Cauchy 列与完备性

定义 2.13 设 $\{x_n\}$ 为距离空间 (X,d) 中的点列。如果 $\forall\varepsilon>0$, $\exists N\in\mathbb{Z}^+$，当 $m,n>N$ 时有

$$d(x_m,x_n)<\varepsilon$$

那么称 $\{x_n\}$ 为 Cauchy **列**，或者称为**基本列**。

注记 2.6 由定义可以看出，$\{x_n\}$ 为 Cauchy 列的充分必要条件如下

$$d(x_m,x_n)\to 0\ \ (m,n\to\infty)$$

定理 2.7 距离空间中的任一收敛点列必是 Cauchy 列，但 Cauchy 列不一定是收敛点列。

证明 设 $\{x_n\}$ 是距离空间 (X,d) 中的点列，且 $x_n\to x_0$ $(n\to\infty)$，则 $\forall\varepsilon>0$，$\exists N\in\mathbb{Z}^+$，只要 $n>N$ 就有

$$d\left(x_n,x_0\right)<\frac{\varepsilon}{2}$$

因此，当 $m,n>N$ 时有

$$d\left(x_n,x_m\right)\leqslant d\left(x_n,x_0\right)+d\left(x_0,x_m\right)<\frac{\varepsilon}{2}+\frac{\varepsilon}{2}=\varepsilon$$

所以 $\{x_n\}$ 为 Cauchy 列。

下面通过一个具体空间来说明 Cauchy 列不一定是收敛点列。考虑 $X=(0,1]$，并赋以实数空间通常的距离。$\left\{\dfrac{1}{n}\right\}$ 是 $X=(0,1]$ 中的 Cauchy 列，但是它在 X 中

不收敛，因为 $0 \notin X$。 ■

由定理知，距离空间中 Cauchy 列可能不收敛。问题在于这个距离空间有一些“缝隙”。如定理证明中的例子，空间 $X=(0,1]$ 中“缺失” 0 点，如果我们加上这个点 (“缝隙”)，$\{\frac{1}{n}\}$ 就收敛。在应用中，不但希望点列收敛，还希望收敛点在我们研究的空间中。为此，我们把这类性质好的空间称为完备的空间。

定义 2.14 若距离空间 X 中的任意 Cauchy 列在 X 中都收敛，则称距离空间 X 是**完备的**。

注记 2.7 完备性是十分重要的。有了完备性，极限运算 (微积分) 才能很好地进行。在一个完备的距离空间，要判断一个点列是否收敛，仅仅要判断它是否是 Cauchy 列。

例 2.20 设 $\mathbb{Q}$ 为全体有理数组成的集合，赋以通常的距离成为一个距离空间，但是它不完备。

例如：以 π 的前 n 位数字组成的数列 $\{3,3.1,3.14,3.141,3.1415,\cdots\}$ 是一个 Cauchy 列，但是它在 $\mathbb{Q}$ 中不收敛，因为 π 不是有理数。

例 2.21 空间 $\mathbb{R}^n$ 是完备的距离空间。

证明 设 $\{\boldsymbol{x}_k\}$ 是 $\mathbb{R}^n$ 中的 Cauchy 列，其中

$$\boldsymbol{x}_k=\left[x_1^{(k)},x_2^{(k)},\cdots,x_n^{(k)}\right]^\top,\ k=1,2,\cdots$$

即 $\forall\varepsilon>0$，$\exists N\in\mathbb{Z}^+$，使得当 $m,k>N$ 时有

$$d\left(x_m,x_k\right)=\sqrt{\sum_{j=1}^{n}\left|x_j^{(m)}-x_j^{(k)}\right|^2}<\varepsilon$$

固定 $j\ (j=1,2,\cdots,n)$，上式推出

$$\left|x_j^{(m)}-x_j^{(k)}\right|\leqslant\sqrt{\sum_{j=1}^{n}\left|x_j^{(m)}-x_j^{(k)}\right|^2}<\varepsilon$$

故 $\left\{x_j^{(k)}\right\}$ 为 $\mathbb{R}$ 中的 Cauchy 列。再由 $\mathbb{R}$ 的完备性，存在 $x_j\in\mathbb{R}$ 使得

$$\lim_{k\to\infty}x_j^{(k)}=x_j\ (j=1,2,\cdots,n)$$

设 $\boldsymbol{x}=[x_1,x_2,\cdots,x_n]^\top$，则有 $\boldsymbol{x}_k\to\boldsymbol{x}\ (k\to\infty)$，且 $\boldsymbol{x}\in\mathbb{R}^n$，故 $\mathbb{R}^n$ 是完备的。■

例 2.22 空间 $C[a,b]$ 是完备的距离空间。

分析：设 $\{x_n(t)\}$ 是 $C[a,b]$ 中的任意一个 Cauchy 列。要证明完备性，要做以下三点：

(1) 找出 $x(t)$ (即 $\{x_n(t)\}$ 的极限);

(2) 证明 $x(t) \in C[a,b]$;

(3) 证明 $x_n(t) \to x(t)(n \to \infty)$ (按 $C[a,b]$ 空间中的距离收敛)。

证明 (1) 设 $\{x_n(t)\}$ 是 $C[a,b]$ 中的 Cauchy 列，即对于 $\forall \varepsilon > 0$，$\exists N \in \mathbb{Z}^+$，当 $n, m > N$ 时，$d(x_n, x_m) < \varepsilon$，即 $\max_{a \leqslant t \leqslant b} |x_n(t) - x_m(t)| < \varepsilon$，故 $\forall t \in [a,b]$，$|x_n(t) - x_m(t)| < \varepsilon\ (n > N)$，即 $\{x_n(t)\}$ 是 $\mathbb{R}$ 中的一个 Cauchy 列。由于 $\mathbb{R}$ 的完备性，所以 $\exists x(t)$，使得

$$x_n(t) \to x(t) \quad (n \to \infty)$$

(2) 下面证 $x(t) \in C[a,b]$。当 $n, m > N$ 时

$$|x_n(t) - x_m(t)| < \varepsilon, \quad \forall t \in [a,b]$$

对固定的 t，令 $m \to \infty$，有

$$|x_n(t) - x(t)| < \varepsilon\ (n > N), \quad \forall t \in [a,b]$$

即 $x_n(t)$ 一致收敛到 $x(t)$。再根据一致收敛的性质 (定理 1.3)，$x(t)$ 在 $[a,b]$ 上一致连续，从而有 $x \in C[a,b]$。

(3) 当 $n > N$ 时，有

$$|x_n(t) - x(t)| \leqslant \varepsilon, \quad \forall t \in [a,b]$$

所以 $\max_{a \leqslant t \leqslant b} |x_n(t) - x(t)| \leqslant \varepsilon$，即 $d(x_n, x) < \varepsilon, \lim_{n \to \infty} x_n = x$。 ■

例 2.23 空间 l^∞ 是完备的距离空间。

证明 (1) 设 $\{x_m\}$ 是 l^∞ 中的 Cauchy 列，其中 $x_m = \{\xi_1^{(m)}, \xi_2^{(m)}, \cdots, \xi_n^{(m)}, \cdots\}$，则对 $\forall \varepsilon > 0$，$\exists N \in \mathbb{Z}^+$，当 $n, m > N$ 时，下式成立

$$d(x_n, x_m) = \sup_{j \in \mathbb{Z}^+} |\xi_j^{(n)} - \xi_j^{(m)}| < \varepsilon$$

对每个 $j \in \mathbb{Z}^+$，也有 $|\xi_j^{(n)} - \xi_j^{(m)}| < \varepsilon$ 成立。于是，对每个 $j \in \mathbb{Z}^+$，$\{\xi_j^{(m)}\}$ 是 $\mathbb{R}$ 中的一个 Cauchy 列，由于 $\mathbb{R}$ 的完备性，所以存在 ξ_j，使得对一切 $m > N$

$$|\xi_j - \xi_j^{(m)}| < \varepsilon$$

令 $x=(\xi_1,\xi_2,\cdots,\xi_n,\cdots)$，则有 $x_m\to x\ (m\to\infty)$。

(2) 又因为 $x_m\in l^\infty$，因而存在实数 k_m，使得对所有 j，$|\xi_j^{(m)}|<k_m$ 成立。这样就有 $|\xi_j|\leqslant|\xi_j-\xi_j^{(m)}|+|\xi_j^{(m)}|<\varepsilon+k_m$，从而证得 $x\in l^\infty$。

(3) 在 $|\xi_j^{(n)}-\xi_j^{(m)}|<\varepsilon$ 中，令 $n\to\infty$，得到对一切 $m>N$，$|\xi_j^{(m)}-\xi_j|<\varepsilon$ 成立，从而有

$$d(x_m,x)=\sup_{j\in\mathbb{Z}^+}|\xi_j^{(m)}-\xi_j|<\varepsilon$$

所以$x_m\to x\ (m\to\infty)$，即 $\{x_m\}$ 按空间 l^∞ 中的距离收敛，因而 l^∞ 是完备的。■

注记 2.8 除了空间 $\mathbb{R}^n$、$C[a,b]$ 和 l^∞ 是完备的空间，我们常用的 l^p、$L^p[a,b]$ 都是完备的距离空间。

下面的例子说明同一个空间若使用不同的距离则可能就不完备。

例 2.24 证明空间 $C[0,1]$ 按照下面的距离不是完备的空间

$$d(x,y)=\int_0^1|x(t)-y(t)|\mathrm{d}t,\quad \forall x,y\in C[0,1]$$

证明 构造这个空间中的一个 Cauchy 列 $x_n(t)$，使它在这个空间中不收敛。令

$$x_m(t)=\begin{cases}1, & \dfrac{1}{2}+\dfrac{1}{m}\leqslant t\leqslant 1\\ \text{线性}, & \dfrac{1}{2}<t<\dfrac{1}{2}+\dfrac{1}{m}\\ 0, & 0\leqslant t\leqslant\dfrac{1}{2}\end{cases}$$

则 $\forall\varepsilon>0$，当 $n>m>\dfrac{1}{\varepsilon}$ 时

$$d\left(x_n,x_m\right)=\int_0^1\left|x_n(t)-x_m(t)\right|\mathrm{d}t=\int_{0.5}^{0.5+1/m}\left|x_n(t)-x_m(t)\right|\mathrm{d}t\leqslant\frac{1}{m}<\varepsilon$$

所以 $\{x_m(t)\}$ 是 Cauchy 列。

但对每个 $x\in C[0,1]$

$$\begin{aligned}d\left(x_m,x\right)&=\int_0^1\left|x_m(t)-x(t)\right|\mathrm{d}t\\&=\int_0^{0.5}|x(t)|\mathrm{d}t+\int_{0.5}^{0.5+1/m}\left|x_m(t)-x(t)\right|\mathrm{d}t+\int_{0.5+1/m}^1|1-x(t)|\mathrm{d}t\end{aligned}$$

如果 $d(x_m, x) \to 0\ (m \to \infty)$，那么得到

$$\int_0^{0.5} |x(t)|\mathrm{d}t = 0, \int_{0.5}^1 |1 - x(t)|\mathrm{d}t = 0$$

但由于 $x(t)$ 在 $[0,1]$ 上连续，所以 $x(t)$ 在 $\left[0,\dfrac{1}{2}\right]$ 上恒为 0，在 $\left(\dfrac{1}{2},1\right]$ 上恒为 1，则 $x(t)$ 在 $t=\dfrac{1}{2}$ 点不连续 (左右极限不相等)，这与 $x(t)$ 在 $[0,1]$ 上连续矛盾，因此空间不完备。 ■

下述定理表明，完备空间的任意一个闭子空间也是完备的。

定理 2.8 设 M 是完备距离空间 X 中的子集，则

$$M \text{ 完备} \Leftrightarrow M \text{ 为 } X \text{ 中的闭集}$$

证明 "$\Rightarrow$"：设 M 是距离空间 X 的完备子空间，又设 x 属于 M 的导集，则存在 $\{x_n\} \subset M, x_n \to x \in X\ (n \to \infty)$，因为 $\{x_n\}$ 是收敛的，所以它是 M 中一 Cauchy 列，又因为 M 是完备的，所以 $x \in M$，即 M 是闭的。

"$\Leftarrow$"：设 X 是完备的，子空间 $M \subset X$，且 M 是闭的。要证明 M 是完备的。由完备空间的定义，只需证明 M 中的任意 Cauchy 列都收敛即可。设 $\{x_n\} \subset M$ 是任意一个 Cauchy 列。由于 X 是完备的，故 $x_n \to x \in X\ (n \to \infty)$，所以 $x \in \overline{M}$。而 M 是闭的，故 $x \in M$，这就证明了 M 是完备的。 ■

例 2.25 设 $P[0,1]$ 是 $[0,1]$ 上的所有多项式构成的集合，定义

$$d(x,y) = \max_{0 \leqslant t \leqslant 1} |x(t) - y(t)|$$

求证：$P[0,1]$ 按照距离 $d(x,y)$ 不是完备空间。

证明 假设

$$P_n(t) = 1 + t + \frac{1}{2!}t^2 + \cdots + \frac{1}{n!}t^n$$

则 $P_n \in P[0,1]$。对 $\forall m > n$ 有

$$d(P_m, P_n) = \max_{0 \leqslant t \leqslant 1} |P_m(t) - P_n(t)| = \max_{0 \leqslant t \leqslant 1} \left| \sum_{k=n+1}^{m} \frac{t^k}{k!} \right| \leqslant \sum_{k=n+1}^{m} \frac{1}{k!}$$

再由 $\sum\limits_{k=0}^{\infty} \dfrac{1}{k!}$ 收敛可知，$\{P_n\}$ 是 $P[0,1]$ 中的 Cauchy 列。

根据函数 e^t 的泰勒展开可知

$$d\left(P_n,\mathrm{e}^t\right)=\max_{0\leqslant t\leqslant 1}\left|\sum_{k=n+1}^{\infty}\frac{t^k}{k!}\right|\leqslant\sum_{k=n+1}^{\infty}\frac{1}{k!}\to 0\ (n\to\infty)$$

但是 $\mathrm{e}^t\notin P[0,1]$，所以集合 $P[0,1]$ 不是闭集。根据定理 2.8 知，$P[0,1]$ 不完备。证毕。 ■

2.2.2 距离空间的完备化

一般的距离空间，如果不是完备的，对极限运算就不是封闭的，这样应用起来往往很困难。例如，方程解的存在问题，在不完备的距离空间中解方程，即使近似解的序列是基本列，也不能保证这个序列有极限，从而也就不能保证方程在该空间内有解，因此研究能否在任意度量空间中通过“添加”一些“点”，使之成为完备化的距离空间是很有意义的。类似于有理数集 $\mathbb{Q}$ 可以完备化为实数集 $\mathbb{R}$，下面我们要说明任何距离空间都可以完备化。

定义 2.15 设 (X_1,d_1) 与 (X_2,d_2) 为两个距离空间，且存在一一映射 $T: X_1\to X_2$ 使得 $\forall x,y\in X_1$，都有

$$d_2(Tx,Ty)=d_1(x,y)$$

则称 (X_1,d_1) 与 (X_2,d_2) **等距同构**，并称 T 为**等距同构映射**。

等距同构映射一定是同胚映射。显然，凡是等距的距离空间，可以在等距的意义下认为是同一空间，由距离导出的性质是一样的。

有理数集 $\mathbb{Q}$ 是不完备的，因为存在有理数组成的 Cauchy 列，它收敛的极限是无理数。完备化就是把这些无理数添加进去成为实数 $\mathbb{R}$，即把 $\mathbb{Q}$ 扩展为完备的实数空间 $\mathbb{R}$。对于一般的距离空间 (X_1,d_1)，如果 X_1 不完备，我们可以使用类似的方法，把 X_1 嵌入一个完备的距离空间中，或者说给 X_1 扩充进一些元素，使之完备。加进去的“点”就是 X_1 闭包中不属于 X_1 的那些点。

定义 2.16 如果距离空间 (X_1,d_1) 与距离空间 (X_2,d_2) 的某一稠密子空间等距同构，则称距离空间 (X_2,d_2) 为 (X_1,d_1) 的**完备化空间**。

定理 2.9 任一距离空间都存在完备化空间，且完备化空间在等距同构的意义下唯一。

由于这个定理证明冗长,且在一般泛函分析教材中都可查阅到(如文献[4, 23]),这里从略。

距离空间完备化后,空间中的 Cauchy 列都收敛。从另一个角度说,空间 X_1 被适度地扩大为 X_2。原来的"空隙"已经被全部填满,极限运算在空间内封闭,这点是十分重要的。以后我们会看到,这使得一些在原空间 X_1 中无解的问题 (如微分方程),在新的扩大了的空间中就可以有"较弱"意义下的解。这也是完备化的意义所在。

例 2.26 多项式函数空间 $P[0,1]$ 按照距离

$$d(x,y)=\max_{t\in[a,b]}|x(t)-y(t)|$$

的完备化空间是 $(C[0,1],d)$。

例 2.27 连续函数空间 $C[a,b]$ 按照距离

$$d(x,y)=\int_a^b|x(t)-y(t)|\mathrm{d}t$$

的完备化空间是 Lebesque 可积函数空间 $\big(L^1[a,b],d\big)$。

2.3 距离空间的列紧性与紧性

背景说明 众所周知,数学分析中的致密性定理 (列紧性)、区间套定理 (完备性)、有限覆盖定理 (紧性) 构成整个经典分析的理论基石,这些定理在研究闭区间上连续函数的性质中发挥出强大的威力。在 $\mathbb{R}^n$ 中列紧与有界等价,但在距离空间中列紧性不能再用有界性刻画。德国数学家豪斯道夫 (Felix Hausdorf, 1868—1942) 引入全有界集的概念,在距离空间中建立起有关列紧与紧的相关理论,这些理论在研究某些微分方程解的存在性及变分法时有广泛应用。

在数学分析中,根据 Bolzano-Weierstrass 定理知,实数集中任一有界点列都有收敛子列,但这个结论不能推广到一般的距离空间中。下面将在一般的距离空间上研究这种性质。

2.3.1　列紧集与紧集

在一般的距离空间中，有界数列不一定存在收敛子列。例如，在 $[-\pi,\pi]$ 上的三角函数系

$$\left\{\frac{1}{\sqrt{2\pi}},\frac{1}{\sqrt{\pi}}\cos t,\frac{1}{\sqrt{\pi}}\sin t,\cdots,\frac{1}{\sqrt{\pi}}\cos nt,\frac{1}{\sqrt{\pi}}\sin nt,\cdots\right\}$$

是空间 $L^2[-\pi,\pi]$ 中的一个有界集，但其中任意两个不同元素距离等于 $\sqrt{2}$，不可能存在收敛子列。因此，有必要引入下面的概念。

定义 2.17　设 A 是距离空间 X 的子集。若 A 中的任一点列都有收敛子列，则称 A 为**列紧集**；进一步地，若收敛点都在 A 中，则称 A 为**自列紧集** (或者**紧集**)。

关于定义 2.17 作以下几点说明。

(1) 此定义的另一个说法是，设 A 是距离空间 X 的子集，若 $\forall\{x_n\}\subset A$，存在子列 $x_{n_k}\to x_0\in X\ (n_k\to\infty)$，则称 A 为**列紧集**；若还有 $x_0\in A$，则称 A 为**紧集**。当整个空间 X 为列紧集时，X 必为紧集，此时称 X 为**紧空间**。

(2) 紧集必是列紧集；列紧的闭集一定是紧集；紧集的闭子集是紧集；列紧集的子集是列紧的。

(3) 根据定义，一个集合 A 是紧的，要求收敛子列的极限必须在 A 中，例如 $(0,1]$ 在 $\mathbb{R}$ 中是列紧的，但不是紧的。

(4) 可以证明，距离空间中的紧集必为有界闭集。

定理 2.10　设 X 为距离空间，$A\subset X$ 是列紧集，则 A 是有界集。

证明　假设 A 是无界的。于是，可以从 A 中选取一个点列 $\{x_n\}$，使得 $d(x_n,a)>n$，其中 a 是 X 中的一个点。由于这个点列的任何子列都是无界的，所以这个点列没有收敛的子列 (因为收敛的点列是有界的)。这与 A 列紧相矛盾，所以 A 有界。 ■

下面研究在具体空间中什么样的集合是列紧的。

例 2.28　$\mathbb{R}^n$ 中有界集是列紧集，$\mathbb{R}^n$ 中有界闭集是紧集，但 $\mathbb{R}^n$ 不是紧集。例如，$\mathbb{R}$ 中的点列 $\{n\}$ 无收敛子列。

例 2.29　开区间 (a,b) 是 $\mathbb{R}$ 中的列紧集，但不是紧集，因为点列

$$x_n=a+\frac{1}{n}\to a\quad(n\to\infty)$$

而 $a \notin (a,b)$。

紧集是有界闭集，但在一般距离空间中，有界闭集不一定是列紧集。

例 2.30 $L^2[-\pi,\pi]$ 中的三角函数系 $\{\sin nt\}$ 是有界集：

$$d(\sin nt, 0) = \left(\int_{-\pi}^{\pi} \sin^2 nt \, \mathrm{d}t\right)^{\frac{1}{2}} = \left(\int_{-\pi}^{\pi} \frac{1-\cos 2nt}{2} \, \mathrm{d}t\right)^{\frac{1}{2}} = \sqrt{\pi}$$

$\{\sin nt\}$ 落在 $L^2([-\pi,\pi])$ 中一半径为 $\sqrt{\pi}$ 的球面上，但 $\{\sin nt\}$ 不是列紧集，因为其中任意两个不同元素的距离

$$d(\sin mt, \sin nt) = \left(\int_{-\pi}^{\pi} (\sin mt - \sin nt)^2 \, \mathrm{d}t\right)^{\frac{1}{2}} = \sqrt{2\pi}$$

故不存在收敛子列。

2.3.2 列紧集的性质

下面给出连续函数空间上列紧集的充要条件。

定理 2.11 (**阿尔泽拉-阿斯科利 (Arzela-Ascoli) 定理**) 在连续函数空间 $C[a,b]$ 中，集合 $A \subset C[a,b]$ 列紧的充要条件是：

(1) A **一致有界**，即 $\forall x \in A,\ t \in [a,b],\ \exists M > 0$ 使得

$$|x(t)| \leqslant M$$

(2) A **等度连续**，即 $\forall \varepsilon > 0$，$\exists \delta = \delta(\varepsilon) > 0$，使得 $\forall x \in A,\ t_1, t_2 \in [a,b]$ 有

$$|t_1 - t_2| < \delta \Rightarrow |x(t_1) - x(t_2)| < \varepsilon$$

定理的证明要用到集合的全有界性和有限 ε 网概念，因篇幅关系，本书在此略去。

例 2.31 证明集合

$$A = \left\{x_n : x_n(t) = \sin \frac{\pi}{n} t,\ n \in \mathbb{Z}^+\right\}$$

是 $C[0,1]$ 中的列紧集。

证明 (1) 明显地，$\forall x_n \in A$, $\forall t \in [0,1]$，有

$$|x_n(t)| \leqslant 1$$

故 A 是一致有界的。

(2) $\forall\varepsilon>0$，取 $\delta=\dfrac{\varepsilon}{\pi}$，则 $\forall x_n\in A$，$t_1,t_2\in[0,1]$，只要 $|t_1-t_2|<\delta$，就有

$$\begin{aligned}|x_n(t_1)-x_n(t_2)|&=\left|\sin\frac{\pi}{n}t_1-\sin\frac{\pi}{n}t_2\right|\\&=\left|2\sin\frac{\pi}{2n}(t_1-t_2)\cos\frac{\pi}{2n}(t_1+t_2)\right|\\&\leqslant\left|2\sin\frac{\pi}{2n}(t_1-t_2)\right|\\&\leqslant\frac{\pi}{n}|t_1-t_2|\leqslant\pi|t_1-t_2|<\varepsilon\end{aligned}$$

故 A 是等度连续的。由 Arzela-Ascoli 定理，A 为列紧集。 ■

定理 2.12 列紧的空间一定是完备的。

分析： 设 $\{x_n\}$ 是列紧空间 X 中的一个 Cauchy 列，我们只要证明该 Cauchy 列收敛。由空间的列紧性和 Cauchy 列的有界性，首先找到它的一个收敛的子列，再结合它本身是 Cauchy 列，则可证明这个 Cauchy 列收敛。

证明 设 $\{x_n\}$ 是列紧空间 X 中的任一 Cauchy 列，由 Cauchy 列的定义，$\forall\varepsilon>0$, $\exists N\in\mathbb{Z}^+$，当 $n,m>N$ 时

$$d(x_n,x_m)<\varepsilon$$

由 X 是列紧的，可知存在 $\{x_n\}$ 的收敛子列 $\{x_{n_k}\}$ 及 $x_0\in X$

$$x_{n_k}\to x_0\ (k\to\infty)$$

下面证明 x_0 也是 $\{x_n\}$ 在空间 X 中的极限。

令 $K=N$，当 $k>K$ 时，有 $n_k\geqslant k>K=N$，于是

$$d(x_n,x_{n_k})<\varepsilon\ (n>N)$$

令 $k\to\infty$，由距离的连续性，有

$$d(x_n,x_0)\leqslant\varepsilon\ (n>N)$$

即 $x_n\to x_0\ (n\to\infty)$, $x_0\in X$，这证明了 X 完备。 ■

定理 2.13 任一距离空间 X 中的紧集 $A\subset X$ 是完备的。

证明 设 A 是 X 中的紧集，$\{x_n\}\subset A$ 是 Cauchy 列。由于 A 是紧的，于是存在 $\{x_n\}$ 的收敛子列 $\{x_{n_k}\}$ 及 $x_0\in A$

$$x_{n_k}\to x_0\ (k\to\infty)$$

因为 $\{x_n\} \subset A$ 是 Cauchy 列，所以可得 $x_n \to x_0$，故 $A \subset X$ 是完备的。■

可见，紧性比完备性、闭性更强。

2.3.3 紧集上的连续映射

定理 2.14 若 T 是距离空间 X 到距离空间 Y 的连续映射，则 T 将 X 中的紧集映射为 Y 中的紧集。

证明 设 A 为 X 的紧子集，$\{y_n\}$ 为 $T(A)$ 中的一个点列，则有 A 中的点列 $\{x_n\}$ 使得

$$y_n = T(x_n)$$

由 A 的紧性 (定义2.17) 知，存在 $\{x_n\}$ 的一个子列 $\{x_{n_k}\}$ 使得

$$x_{n_k} \to x_0 \in A \ (k \to \infty)$$

此时

$$\lim_{k\to\infty} y_{n_k} = \lim_{k\to\infty} T(x_{n_k}) = T(x_0) \in T(A)$$

故 $T(A)$ 是 Y 中的紧集。■

此外，闭区间上连续函数的许多性质都可以推广到一般距离空间中的紧集上。

定理 2.15 设 X 是距离空间，A 是 X 中的紧集，f 是定义在 A 上的连续双射，则 f 是同胚映射。

证明 只需证明 f^{-1} 连续，即证 f^{-1} 的逆映射 f 将闭子集映为闭子集，从而利用定理 2.14 得证。■

2.4 压缩映射原理及其应用

背景说明 压缩映射原理 (或者 Banach 不动点定理) 是波兰数学家巴拿赫 (Stefan Banach, 1892—1945) 在 1922 年把逐次迭代法的基本观点提炼出来，抽象地运用到完备距离空间的压缩映射所获得的结果，是完备的距离空间最经典的应用之一。此定理可以用来判定方程解的存在性，并可作为数值分析中迭代算法收敛性的理论依据；最重要的是它的应用，即在微分与积分方程、代数方程等解的存在和唯一性定理中起到了关键的作用。

2.4.1 不动点与压缩映射

定义 2.18 对距离空间 X 上的自映射 $T:X\to X$，若存在 $x^*\in X$ 使得

$$Tx^*=x^*$$

则称 x^* 为 T 的一个**不动点**。

对一般的方程 $f(x)=0$，若令 $T=f+I$，其中 I 为恒等映射，则有

$$Tx=x,\ 即\ (f+I)x=x \tag{2.2}$$

从而可将方程求解问题转化为求 T 的不动点问题。例如，在实数范围内求解方程 $x^2-3x+2=0$，令 $Tx=x^2-2x+2$，则求解一元二次方程的问题转化为：是否存在 $x\in\mathbb{R}$，使得 $Tx=x$，即 T 有没有不动点。

再如大家熟悉的一阶常微分方程

$$\frac{\mathrm{d}y}{\mathrm{d}x}=f(x,y) \tag{2.3}$$

求微分方程 (2.3) 满足初始条件 $y(x_0)=y_0$ 的解与求积分方程

$$y(x)=y_0+\int_{x_0}^{x}f(x,y(t))\mathrm{d}t \tag{2.4}$$

等价。作映射

$$Ty(x)=y_0+\int_{x_0}^{x}f(x,y(t))\mathrm{d}t$$

则方程 (2.4) 的解就转化为求 y，使之满足方程 $Ty=y$。因此，求解方程 (2.3) 就转化为求映射 T 的不动点。

定义 2.19 设 (X,d) 为距离空间，$T:X\to X$ 是 X 到自身的一个映射。若存在常数 $0<\lambda<1$ 使得 $\forall x,y\in X$ 都有

$$d(Tx,Ty)\leqslant\lambda d(x,y)$$

则称 T 是 X 上的**压缩映射**。

由定义 2.19 可以看出，$\forall\varepsilon>0$，取 $\delta=\varepsilon/\lambda$，则当 $d(x,y)<\delta$ 时，就有

$$d(Tx,Ty)\leqslant\lambda d(x,y)<\varepsilon$$

故压缩映射 T 是 X 上的连续映射。

2.4.2 压缩映射原理

压缩映射原理就是某一类映射不动点存在和唯一性问题，不动点可以通过迭代序列求出。

定理 2.16 (**压缩映射原理或Banach不动点定理**) 设 (X,d) 是完备的距离空间，$T:X\to X$ 是一个压缩映射，则 T 在 X 中有唯一的不动点。

证明 (1) (Cauchy 列) $\forall x_0\in X$，作迭代序列

$$x_1=Tx_0,\ x_2=Tx_1,\ \cdots,\ x_n=Tx_{n-1},\ \cdots$$

下证此迭代序列 $\{x_n\}$ 为 Cauchy 列。

根据

$$\begin{aligned}d(x_n,x_{n+1})&=d(Tx_{n-1},Tx_n)\leqslant\lambda d(x_{n-1},x_n)\\&\leqslant\lambda^2d(x_{n-2},x_{n-1})\leqslant\lambda^nd(x_0,x_1)\end{aligned}$$

及距离的三角不等式，对于 $n>m$ 得到

$$\begin{aligned}d(x_m,x_n)&=d(x_m,x_{m+1})+d(x_{m+1},x_{m+2})+\cdots+d(x_{n-1},x_n)\\&\leqslant\left(\lambda^m+\lambda^{m+1}+\cdots+\lambda^{n-1}\right)d(x_0,x_1)\\&=\lambda^m\frac{1-\lambda^{n-m}}{1-\lambda}d(x_0,x_1)\\&\leqslant\frac{\lambda^m}{1-\lambda}d(x_0,x_1)\end{aligned}$$

再由 $0<\lambda<1$ 得到 $d(x_m,x_n)\to0\ (n,m\to\infty)$，故 $\{x_n\}$ 为 Cauchy 列。

(2) (存在不动点) 由 X 完备知，$\exists x\in X$，使得

$$x_n\to x\ (n\to\infty)$$

下证 x 为 T 的一个不动点。根据上式有

$$\begin{aligned}d(x,Tx)&\leqslant d(x,x_n)+d(x_n,Tx)\\&=d(x,x_n)+d(Tx_{n-1},Tx)\\&\leqslant d(x,x_n)+\lambda d(x_{n-1},x)\to0\ (n\to\infty)\end{aligned}$$

从而得到 $x=Tx$，即 x 为 T 的一个不动点。

(3) (不动点唯一) 下证唯一性。反设 y 为 T 的另一个不动点，则有

$$d(x,y)=d(Tx,Ty)\leqslant \lambda d(x,y)$$

得到 $(1-\lambda)d(x,y)\leqslant 0$。再根据 $d(x,y)\geqslant 0$ 以及 $0<\lambda<1$，有 $d(x,y)=0$，所以 $x=y$，即 T 在 X 有唯一的不动点。 ■

使用压缩映射定理时，要注意下面的几点。

(1) **找空间**：空间 (X,d) 必须是完备的，否则其不动点可能不属于 X。例如当 $x\in(0,\frac{1}{2})$ 时，可证函数 $T(x)=x^2$ 为压缩映射，但其不动点 0 不在定义域内。

(2) **找映射**：在实际的应用中，题目中可能没有给出映射 T，比如只是求某个微分或者积分方程的解，因此我们需要利用条件找出映射 T，并说明 T 是空间 X 到 X 自身的一个映射。

(3) **证压缩**：找到映射 T 后，最关键的一步就是证明 T 是压缩映射，这可能用到 Lagrange 中值定理、距离的性质或者积分中的不等式等。

(4) **算估计**：如果要得到方程的近似解，还需要用迭代法，即利用误差估计不等式

$$d\left(x_m,x\right)\leqslant \frac{\lambda^m}{1-\lambda}d\left(x_0,Tx_0\right)$$

因为完备距离空间的任何子集在原距离下仍然是完备的，所以定理中的压缩映射不需要在整个空间 X 有定义，只要在某个闭集上有定义，且像也在该闭集内，定理的结论仍然成立。

在实际应用过程中，有时 T 本身未必是压缩映射，但其若干次复合映射 T^n 是压缩映射，这时 T 仍然有唯一不动点。因此，作为压缩映射原理的一个推广，我们有下述结论。

推论 2.1　设 A 为完备距离空间 X 中的非空闭子集，$T:A\to A$。若 $\exists n\in\mathbb{Z}^+$ 使得 T^n 是 A 上的压缩映射，则 T 在 A 中有唯一的不动点。

在拓扑学中，荷兰数学家布劳维尔 (L. E. J. Brouwer, 1881—1966) 用拓扑度的方法证明了下述定理。

定理 2.17　(**Brouwer 不动点定理**) 设 B 是 $\mathbb{R}^n$ 中的闭单位球,$T:B\to B$ 是一个连续映射，则 T 必有一个不动点 $x\in B$。

Brouwer 不动点定理是拓扑学中的一个著名定理，它在分析中有着广泛的应

用。进一步，有以下推论。

推论 2.2 设 C 是 $\mathbb{R}^n$ 中一个紧凸子集，$T: C \to C$ 是一个连续映射，则 T 必有一个不动点 $x \in C$。

例 2.32 设 $f(x)$ 是定义在 $[-\pi/2, \pi/2]$ 上的连续函数，且其值域包含在 $[-\pi/2, \pi/2]$ 中，则存在 $\bar{x} \in [-1, 1]$，使得：$f(\bar{x}) = \bar{x}\Big(y = x$ 与 $y = \dfrac{\pi}{2}\sin(x)$ 的交点$\Big)$。

下述定理将有限维空间的不动点定理推广到无限维空间中去。

定理 2.18 (**Schauder 不动点定理**) 设 C 是完备距离空间 X 中的一个闭凸子集，$T: C \to C$ 连续且 $T(C)$ 列紧，则 T 在 C 上必有一个不动点。

定理的证明可参阅文献 [7]。

很多解方程的问题都可以转化为求不动点的问题。不动点理论对于研究各类方程理论中解的存在性、唯一性以及近似解的收敛性等是一个有力的工具，因而研究不动点理论及其应用具有重要的理论和应用价值。

2.4.3 压缩映射原理的应用

本节通过代数方程、积分方程、微分方程等来说明压缩映射原理的具体应用。

1. 求方程的近似解

例 2.33 设 $X = [1, +\infty)$，函数 $f: X \to X$ 定义为

$$f(x) = \frac{x}{2} + \frac{1}{x}$$

证明 f 是压缩映射并求出 f 的不动点。

证明 (1) 明显地，f 是从完备空间 $X = [1, +\infty)$ 到自身的映射，其中 $X = [1, +\infty)$ 中的距离定义为

$$d(x, y) = |x - y|, \quad \forall x, y \in X$$

(2) 因为

$$\lambda \triangleq \max_{x \geqslant 1} |f'(x)| = \max_{x \geqslant 1} \left| \frac{1}{2} - \frac{1}{x^2} \right| \leqslant \frac{1}{2} < 1$$

所以由 Lagrange 中值定理，$\forall x, y \in X$，$\exists x_0 \in X$ 使得

$$d(f(x), f(y)) = |f(x) - f(y)| = |f'(x_0)(x - y)| \leqslant \lambda d(x, y)$$

故 f 是压缩映射。由压缩映射原理，函数 f 的不动点存在且唯一。

(3) 当 $f(x)=x$，即 $\dfrac{x}{2}+\dfrac{1}{x}=x$ 时，得到 f 在 $X=[1,+\infty)$ 中的唯一不动点 $x=\sqrt{2}$。 ■

注记 2.9 一般地，若 $f:\mathbb{R}\to\mathbb{R}$ 是可微函数并且

$$|f'(x)|\leqslant\lambda<1$$

则方程 $f(x)=x$ 有唯一解。

例 2.34 设函数 $f(x)=\dfrac{5}{6}x+\dfrac{1}{6}\left(1-x^5\right)$，求方程 $f(x)=x$ 在区间 $[0.75,1]$ 中的近似解。

解 因为 f 在 $[0.75,1]$ 上满足

$$|f'(x)|=\left|\frac{5}{6}\left(1-x^4\right)\right|<0.57<1$$

故 f 是 $[0.75,1]$ 上的压缩映射，且方程 $f(x)=x$ 有唯一的解 x^*。

取 $x_0=0.75$，作迭代序列 $x_n=f\left(x_{n-1}\right)$ 有

$$x_1=0.7521, x_2=0.7533, x_3=0.7540$$

$$x_4=0.7544, x_5=0.7546, \cdots$$

若取近似解为 $x_5=0.7546$，则利用误差估计不等式得到

$$|0.7546-x^*|\leqslant\frac{\lambda^5}{1-\lambda}d\left(x_0,Tx_0\right)=\frac{(0.57)^5}{1-0.57}|0.7521-0.75|\approx0.0003$$

如果对于误差有更精确的要求，可以继续进行迭代估计。 ◆

2. 积分方程解的存在性与唯一性

例 2.35 设积分方程

$$x(t)=f_0(t)+\mu\int_a^b K(t,s)x(s)\mathrm{d}s$$

其中 $\mu\in\mathbb{R}$ 为参数，$f_0\in C[a,b]$，二元函数

$$K(t,s)\in C([a,b]\times[a,b])$$

证明当 $|\mu|$ 充分小时，此积分方程有唯一解 $x\in C[a,b]$。

证明 (1) 在完备空间 $C[a,b]$ 中定义映射

$$(Tx)(t)=f_0(t)+\mu\int_a^b K(t,s)x(s)\mathrm{d}s,\quad \forall x\in C[a,b]$$

明显地，T 为 $C[a,b]$ 到 $C[a,b]$ 的映射，并且 T 的不动点为积分方程的解。

(2) $\forall x_1, x_2 \in C[a,b]$，有

$$
\begin{aligned}
d(Tx_1, Tx_2) &= \max_{t\in[a,b]} |(Tx_1)(t) - (Tx_2)(t)| \\
&= \max_{t\in[a,b]} \left|\mu \int_a^b K(t,s)(x_1(s) - x_2(s))\,\mathrm{d}s\right| \\
&\leqslant |\mu| \max_{t\in[a,b]} \left|\int_a^b \left|\max_{s\in[a,b]} K(t,s)\right| \max_{s\in[a,b]} |x_1(s) - x_2(s)|\,\mathrm{d}s\right| \\
&\leqslant (b-a)|\mu| \left|\max_{t,s\in[a,b]} K(t,s)\right| \max_{s\in[a,b]} |x_1(s) - x_2(s)| \\
&= (b-a)|\mu| \left|\max_{t,s\in[a,b]} K(t,s)\right| d(x_1, x_2)
\end{aligned}
$$

根据 $K(t,s) \in C([a,b] \times [a,b])$ 可知，$K(t,s)$ 有界，所以当 $|\mu|$ 充分小时，存在 $0 < \lambda < 1$ 使

$$d(Tx_1, Tx_2) \leqslant \lambda d(x_1, x_2)$$

即 T 是压缩映射。

(3) 根据压缩映射原理，T 存在唯一的不动点 $x \in C[a,b]$，即积分方程有唯一的解。 ■

3. 代数方程组解的存在性与唯一性

例 2.36 设 $\boldsymbol{A} = (a_{ij}) \in \mathbb{R}^{n\times n}$ 满足

$$0 < \max_{1\leqslant i\leqslant n} \sum_{j=1}^{n} |a_{ij}| < 1$$

求证对于任意实向量 $\boldsymbol{b} = [b_1, b_2, \cdots, b_n]^\top$，$\boldsymbol{x} = [x_1, x_2, \cdots, x_n]^\top$，代数方程组

$$\boldsymbol{x} = \boldsymbol{A}\boldsymbol{x} + \boldsymbol{b}$$

有唯一解；且对任意 n 维向量 $\boldsymbol{x}^{(0)}$，由 $\boldsymbol{x}^{(k+1)} = \boldsymbol{A}\boldsymbol{x}^{(k)} + \boldsymbol{b}$ 所确定的迭代序列 $\{\boldsymbol{x}^{(k)}\}$ 的极限就是该唯一解。

证明 对于 $\mathbb{R}^n$ 上的两个点 $\boldsymbol{x} = [x_1, x_2, \cdots, x_n]^\top$ 与 $\boldsymbol{y} = [y_1, y_2, \cdots, y_n]^\top$，定义

$$d(\boldsymbol{x}, \boldsymbol{y}) = \max_{1\leqslant j\leqslant n} |x_j - y_j|$$

容易证明 $(\mathbb{R}^n, d)$ 是完备的距离空间。定义映射 T 如下：

$$T\boldsymbol{x} = \boldsymbol{A}\boldsymbol{x} + \boldsymbol{b}$$

则有

$$\begin{aligned} d(T\boldsymbol{x}, T\boldsymbol{y}) &= \max_{1 \leqslant i \leqslant n} \left| \sum_{j=1}^{n} a_{ij}(x_j - y_j) \right| \\ &\leqslant \max_{1 \leqslant i \leqslant n} \sum_{j=1}^{n} |a_{ij}| \, d(\boldsymbol{x}, \boldsymbol{y}) \end{aligned}$$

所以 T 是 $(\mathbb{R}^n, d)$ 到自身的压缩映射。由压缩映射原理，方程存在唯一的解 $\boldsymbol{z} \in \mathbb{R}^n$，且对于任意 n 维实向量 $\boldsymbol{x}^{(0)}$，由 $\boldsymbol{x}^{(k+1)} = \boldsymbol{A}\boldsymbol{x}^{(k)} + \boldsymbol{b}$ 确定的迭代序列的极限就是唯一的解 $\boldsymbol{z}$。 ■

注记 2.10 从线性代数中知道上述代数方程组有唯一解的充分必要条件是 $\boldsymbol{I} - \boldsymbol{A}$ 为可逆矩阵，这里 $\boldsymbol{I}$ 是 n 阶单位矩阵，所以定理提供了一个 $\boldsymbol{I} - \boldsymbol{A}$ 为可逆矩阵的充分条件。进一步地，对于任意初始值 $\boldsymbol{x}^{(0)}$，解可以由 $\boldsymbol{x}^{(k+1)} = \boldsymbol{A}\boldsymbol{x}^{(k)} + \boldsymbol{b}$ 确定的迭代序列 $\{\boldsymbol{x}^{(k)}\}$ 收敛得到。

4. 常微分方程解的存在性与唯一性

例 2.37 设二元函数 $f(x,t)$ 在 $\mathbb{R}$ 上关于 t 连续且关于 x 满足利普希茨 (Lipschitz) 条件，即存在常数 $K > 0$ 使得

$$|f(x,t) - f(y,t)| \leqslant K|x - y|, \quad \forall t \in \mathbb{R}$$

则初值问题

$$\begin{cases} \dfrac{\mathrm{d}x}{\mathrm{d}t} = f(x,t) \\ x(t_0) = x_0 \end{cases}$$

在 $\mathbb{R}$ 上有唯一连续解。

证明 (1) 考虑完备的距离空间 $C[t_0 - \delta, t_0 + \delta]$，其中 $\delta > 0$ 待定，定义映射

$$(Tx)(t) = x_0 + \int_{t_0}^{t} f(x(s), s)\mathrm{d}s$$

则 T 为 $C[t_0 - \delta, t_0 + \delta]$ 到自身的映射，且 T 的不动点就是原方程的解。

(2) $\forall x, y \in C\left[t_0-\delta, t_0+\delta\right]$，有

$$
\begin{aligned}
d(Tx, Ty) &= \max_{t \in [t_0-\delta, t_0+\delta]}\left|\int_{t_0}^{t} f(x(s), s)\mathrm{d}s - \int_{t_0}^{t} f(y(s), s)\mathrm{d}s\right| \\
&\leqslant \max_{t \in [t_0-\delta, t_0+\delta]}\left|\int_{t_0}^{t} |f(x(s), s) - f(y(s), s)|\, \mathrm{d}s\right| \\
&\leqslant \max_{t \in [t_0-\delta, t_0+\delta]}\left|\int_{t_0}^{t} K\, |x(s) - y(s)|\, \mathrm{d}s\right| \\
&\leqslant K \max_{t \in [t_0-\delta, t_0+\delta]}\left|\int_{t_0}^{t} \max_{s \in [t_0-\delta, t_0+\delta]} |x(s) - y(s)|\, \mathrm{d}s\right| \\
&\leqslant K\delta \max_{t \in [t_0-\delta, t_0+\delta]} d(x, y) \\
&= K\delta d(x, y)
\end{aligned}
$$

若取 $0<\delta<\dfrac{1}{K}$，则 T 为 $C\left[t_0-\delta, t_0+\delta\right]$ 上的压缩映射。

(3) 根据压缩映射原理，T 存在唯一的不动点

$$x^*(t) \in C\left[t_0-\delta, t_0+\delta\right]$$

即初值问题在 $\left[t_0-\delta, t_0+\delta\right]$ 上有唯一连续解。

(4) 同理，在完备的距离空间 $C\left[t_0, t_0+2\delta\right]$ 中，方程在初值

$$x(t_0+\delta) = x^*\left(t_0+\delta\right)$$

下也有唯一解 $x^{**}(t)$，这个解在区间 $\left[t_0, t_0+\delta\right]$ 上与 $x^*(t)$ 相同，所以解可以延拓到区间 $\left[t_0-\delta, t_0+2\delta\right]$ 上。以此类推，解可以延拓到整个实数上。 ■

5. 隐函数的存在性

例 2.38 设函数 $f(x, y)$ 在区域

$$a \leqslant x \leqslant b, \quad -\infty<y<+\infty$$

中处处连续，关于 y 的偏导数 $f_y'(x, y)$ 存在，并且存在常数 $0<m<M$ 满足

$$m \leqslant f_y'(x, y) \leqslant M$$

则方程 $f(x, y)=0$ 在区间 $[a, b]$ 上存在唯一的连续函数 $y=\varphi(x)$ 作为解，即

$$f(x, \varphi(x)) \equiv 0, \quad x \in [a, b]$$

证明 (1) 对任意的函数 $\varphi \in C[a, b]$，定义映射

$$(T\varphi)(x) = \varphi(x) - \frac{1}{M} f(x, \varphi(x))$$

根据 f, φ 的连续性，得到 T 是 $C[a,b]$ 到自身的映射。

(2) 下面证 T 是压缩映射。任取 $\varphi_1, \varphi_2 \in C[a,b]$，根据微分中值定理，存在 $0<\alpha<1$，满足

$$
\begin{aligned}
&\left|\left(T\varphi_2\right)(x)-\left(T\varphi_1\right)(x)\right| \\
=&\left|\varphi_2(x)-\frac{1}{M}f\left(x,\varphi_2(x)\right)-\varphi_1(x)+\frac{1}{M}f\left(x,\varphi_1(x)\right)\right| \\
=&\left|\varphi_2(x)-\varphi_1(x)-\frac{1}{M}f_y'\big(x,\varphi_1(x)+\alpha\left(\varphi_2(x)-\varphi_1(x)\right)\big)\left(\varphi_2(x)-\varphi_1(x)\right)\right| \\
\leqslant&\left|\varphi_2(x)-\varphi_1(x)\right|\left(1-\frac{m}{M}\right)
\end{aligned}
$$

设 $\lambda=1-\dfrac{m}{M}$，则有 $0<\lambda<1$，且

$$
\begin{aligned}
d(T\varphi_2,T\varphi_1)&=\max_{x\in[a,b]}\left|\left(T\varphi_2\right)(x)-\left(T\varphi_1\right)(x)\right| \\
&\leqslant\lambda\max_{x\in[a,b]}\left|\varphi_2(x)-\varphi_1(x)\right|=\lambda d(\varphi_2,\varphi_1)
\end{aligned}
$$

因此 T 是压缩映射。

(3) 由压缩映射原理，存在唯一的 $\varphi\in C[a,b]$ 满足 $T\varphi=\varphi$，即

$$
\varphi(x)\equiv\varphi(x)-\frac{1}{M}f(x,\varphi(x))
$$

化简后得到

$$
f(x,\varphi(x))\equiv 0,\quad x\in[a,b]
$$

证毕。 ■

习题2

2-1 在 $\mathbb{R}$ 上定义 $d(x,y)=\sqrt{|x-y|}$，证明 $(\mathbb{R},d)$ 是距离空间。

2-2 在 $\mathbb{R}$ 上定义 $d(x,y)=\arctan|x-y|$，问 $(\mathbb{R},d)$ 是不是距离空间？

2-3 设 $d(x,y)$ 是空间 X 上的距离，证明 $\tilde{d}(x,y)=\dfrac{d(x,y)}{1+d(x,y)}$ 也是距离。

2-4 设 (X,d) 是距离空间，集合 $A,B\subset X$，如果 $\forall x_0\in B,\forall\varepsilon>0$，有

$$
\mathbb{B}_\varepsilon\left(x_0\right)\cap A\neq\emptyset
$$

证明 A 在 B 中稠密。

2-5 设 (X,d) 是离散距离空间，证明 X 可分的充分必要条件是 X 为可数集。

2-6 设 X 和 Y 均为距离空间，$f:X\to Y$ 为连续映射，证明 A 在 X 中稠密，证明 $f(A)$ 在 $f(X)$ 中稠密。

2-7 证明：可分距离空间 X 的任一子集 A 都是可分的，即存在 A 的可数子集 B，使得 $A\subset\overline{B}$。

2-8 设

$$M=\left\{(x_1,\cdots,x_n,0,\cdots):x_1,\cdots,x_n\text{ 不全为 }0,\ n\in\mathbb{Z}^+\right\}$$

$\forall x,y\in M$，令

$$d(x,y)=\sup_{i\in\mathbb{Z}^+}|x_i-y_i|$$

问 (M,d) 是否完备？若不完备，则其完备化空间是什么？

2-9 证明：空间 $\mathbb{R}^2$ 中的有界集是列紧集。

2-10 设 A 是列紧集且是闭集，证明 A 是紧集。

2-11 设 X 是距离空间，$M\subset X$ 是自列紧集，$f:M\to\mathbb{R}$ 是连续函数，则 $f(x)$ 在 M 上一致连续。

2-12 证明：l^∞ 空间不是列紧的。

2-13 证明：距离空间中 Cauchy 列是有界集。

2-14 证明：距离空间 X 是紧的，则 X 是完备的。

2-15 证明：距离空间中压缩映射为连续映射。

2-16 设 A 为完备距离空间 X 中的非空闭子集，$T:A\to A$；若 $\exists n\in\mathbb{Z}^+$，使得 T^n 为 A 上的压缩映射，则 T 在 A 中有唯一的不动点。

2-17 已知 $\varphi\in C[0,1],r\in(0,1)$，证明方程

$$x(t)=r\sin x(t)+\varphi(t)$$

在 $[0,1]$ 上存在唯一的连续解。

2-18 用迭代法求方程

$$x^3+4x-2=0$$

的根，并估计近似解的误差。

2-19　对于积分方程

$$x(t) = f(t) + \mu \int_a^b K(t,s)x(s)\mathrm{d}s$$

其中 μ 为参数，$f(t) \in L^2[a,b]$，积分核

$$K(t,s) \in L^2([a,b] \times [a,b])$$

证明：当 $|\mu|$ 充分小时，方程有唯一解 $x(t) \in L^2[a,b]$。

第3章

Banach空间

距离空间推广了欧氏空间的分析性质和拓扑性质，在一般集合上建立了距离、极限、开集、闭集等概念，但没有推广欧氏空间的代数性质 (例如向量的加法与数乘)，使得它在处理从工程技术中提炼出来的大量线性与非线性问题时显得力不从心。本章引入元素的长度概念，给出元素的“度量”，形成一类同时具有拓扑结构和代数结构性质好的空间——赋范线性空间，并重点讨论完备的赋范空间——Banach 空间的特性。

3.1 线性空间

在许多数学问题和实际问题中，我们遇到的空间不仅需要极限运算，还要有加法和数乘的代数运算。当着眼于空间中的代数结构时，就必须引入线性空间 (或向量空间) 的概念。

3.1.1 线性空间的定义

在线性代数中，我们学过下面的向量空间。

定义 3.1 设 V 是 n 维向量组成的非空集合。若 V 对于向量的加法和数乘运算封闭，即 $\forall \boldsymbol{x}, \boldsymbol{y} \in V$，$\forall k \in \mathbb{R}$，都有

$$\boldsymbol{x} + \boldsymbol{y} \in V, \quad k\boldsymbol{x} \in V$$

则称 V 为**向量空间**。

另外，我们还学习了向量空间的基、维数和坐标等概念。例如，$\mathbb{R}^n$ 是一个向量空间，且维数为 n，任何 n 个线性无关的 n 维向量都是 $\mathbb{R}^n$ 的一个基。下面我

们把向量空间的定义及性质推广到更一般的集合。

定义 3.2 设 X 是一个非空集合，在 X 中定义加法运算和数乘运算：

(1) $\forall x, y \in X$，都有唯一的一个元素 $z \in X$ 与之对应，称为 x 与 y 的和，记作

$$z = x + y$$

(2) $\forall x \in X, \forall k \in \mathbb{R}$，都有唯一的一个元素 $u \in X$ 与之对应，称为 k 与 x 的积，记作

$$u = kx$$

并且 $\forall x, y, z \in X, \forall \alpha, \beta \in \mathbb{R}$，如果上述的加法与数乘运算满足下列 8 条运算规律：

① $x + y = y + x$;

② $(x + y) + z = x + (y + z)$;

③ 在 X 中存在**零元素** θ，使得 $\forall x \in X$ 有

$$\theta + x = x$$

④ $\forall x \in X$，存在**负元素** $-x \in X$，使得

$$x + (-x) = \theta$$

⑤ $\forall x \in X$，$1x = x$;

⑥ $\alpha(\beta x) = (\alpha\beta)x$;

⑦ $(\alpha + \beta)x = \alpha x + \beta x$;

⑧ $\alpha(x + y) = \alpha x + \alpha y$ 。

那么称 X 为**线性空间**。

定义 3.3 设 M 是线性空间 X 的非空子集。若 M 对 X 上的线性运算封闭，即 $\forall x, y \in M, \forall \alpha, \beta \in \mathbb{R}$ 都有

$$\alpha x + \beta y \in M \tag{3.1}$$

则称 M 是 X 的**线性子空间**，简称**子空间**。

注记 3.1 一般情况下, 要证明某个集合是线性空间, 在定义加法运算和数乘运算后, 只需要证明式 (3.1) 成立。

例 3.1 空间 $\mathbb{R}^n$ 是线性空间。任取空间中两个元素 $\boldsymbol{x} = [a_1, a_2, \cdots, a_n]^\top$, $\boldsymbol{y} = [b_1, b_2, \cdots, b_n]^\top$。令 $\boldsymbol{x}$ 与 $\boldsymbol{y}$ 加法为 $\boldsymbol{x} + \boldsymbol{y} = [a_1 + b_1, a_2 + b_2, \cdots, a_n + b_n]^\top$;

对任意 $\alpha \in \mathbb{R}$，数乘为 $\alpha \boldsymbol{x} = [\alpha a_1, \alpha a_2, \cdots, \alpha a_n]^\top$；零元素为 $\boldsymbol{\theta} = [0, \cdots, 0]^\top$；负元素为 $-\boldsymbol{x} = [-a_1, -a_2, \cdots, -a_n]^\top$。易验证 $\mathbb{R}^n$ 是线性空间。

定义 3.4 设 X 为线性空间，$x_1, x_2, \cdots, x_n \in X$。若存在不全为零的数

$$a_1, a_2, \cdots, a_n \in \mathbb{R}$$

使得

$$a_1 x_1 + a_2 x_2 + \cdots + a_n x_n = \theta$$

则称向量组 $x_1, x_2, \cdots, x_n$ **线性相关**，否则称为**线性无关**。

定义 3.5 设 X 为线性空间，$x_1, x_2, \cdots, x_n \in X$，$x \in X$。如果存在 a_1，$a_2, \cdots, a_n \in \mathbb{R}$，使得

$$x = a_1 x_1 + a_2 x_2 + \cdots + a_n x_n$$

那么称 x 可由 $x_1, x_2, \cdots, x_n$ **线性表示**。

定义 3.6 设 A 是线性空间 X 的非空子集，M 是 X 的子空间，$A \subset M$，且对 X 的任一包含 A 的子空间 P，都有

$$M \subset P$$

则称 M 为由 A **张成的子空间**或 A 的**线性包**，记作 $\operatorname{span} A$。

定理 3.1 设 A 是线性空间 X 的非空子集，则

$$\operatorname{span} A = \left\{ \sum_k \alpha_k x_k : \alpha_k \in \mathbb{R}, x_k \in A \right\}$$

例如，设 $A = \{(1,0),(0,1)\}$，则

$$\operatorname{span} A = \{(a,b) : a, b \in \mathbb{R}\} = \mathbb{R}^2$$

定义 3.7 设 X 为线性空间，如果存在正整数 n，使得 X 包含 n 个线性无关的元素，使得 X 中任一元素可由这 n 个元素**线性表示**，则称其为 X 的一组**基**，称 X 是**有限维**的，n 就叫作 X 的**维数**，记作 $\dim X = n$。由定义知，$X = \{0\}$ 是有限维的，且 $\dim X = 0$。若 X 不是有限维的，就叫作**无限维**的，记作 $\dim X = \infty$。

例 3.2 令 $X \triangleq \mathbb{K}$，则 $\dim X = 1$。

证明 设 $u \in X$ 满足 $u \neq 0$，则有

$$\alpha u = 0 \Rightarrow \alpha = 0$$

因此，X 包含至少一个线性无关的元素。

假设 X 中有两个线性无关的元素 u 和 v，即

$$\alpha u + \beta v = 0 \quad (\alpha, \beta \in \mathbb{K}) \Rightarrow \alpha = \beta = 0 \tag{3.2}$$

因此，$u \neq 0$ 以及 $v \neq 0$。然而，当取

$$\alpha \triangleq \frac{v}{u}, \quad \beta \triangleq -1$$

时，也满足 $\alpha u + \beta v = 0$，这与式 (3.2) 矛盾。因而，X 中不存在两个线性无关的元素，即 $\dim X = 1$。 ■

以此类推，显然有 $\dim \mathbb{R}^n = n$。

下面列举几个无限维线性空间。

例 3.3 空间 $l^p = \left\{(x_1, x_2, \cdots, x_k, \cdots) : \sum\limits_{k=1}^{\infty} |x_k|^p < +\infty\right\}$ $(1 \leqslant p < \infty)$ 是无限维的线性空间。

证明 (1) 对于 l^p 中的任意两个元素

$$x = (x_1, x_2, \cdots, x_k, \cdots), y = (y_1, y_2, \cdots, y_k, \cdots)$$

和任意的 $\alpha \in \mathbb{R}$，定义

$$\begin{aligned} x + y &= (x_1 + y_1, x_2 + y_2, \cdots, x_k + y_k, \cdots) \\ \alpha x &= (\alpha x_1, \alpha x_2, \cdots, \alpha x_k \cdots) \end{aligned}$$

下面证明这样定义的 $x + y$ 和 αx 仍属于 l^p。事实上，根据

$$\begin{aligned} |x_k + y_k|^p &\leqslant (|x_k| + |y_k|)^p \leqslant (2\max(|x_k|, |y_k|))^p \\ &= 2^p (\max(|x_k|, |y_k|))^p \leqslant 2^p (|x_k|^p + |y_k|^p) \end{aligned}$$

所以

$$\sum_{k=1}^{\infty} |x_k + y_k|^p \leqslant 2^p \left(\sum_{k=1}^{\infty} |x_k|^p + \sum_{k=1}^{\infty} |y_k|^p\right) < +\infty$$

即 $x + y \in l^p$。容易证明 $\alpha x \in l^p$。所以 l^p $(p \geqslant 1)$ 按上述加法和数乘运算构成线性空间。

(2) $\forall n \in \mathbb{Z}^+$，有

$$e_n = (\underbrace{0, \cdots, 0}_{n-1}, 1, 0, \cdots) \in l^p$$

要证 n 个元素 $\{e_1, e_2, \cdots, e_n\}$ 线性无关，利用反证法，假设 $\{e_1, e_2, \cdots, e_n\}$ 线性相关，即存在不全为零的数 $a_1, a_2, \cdots, a_n \in \mathbb{R}$ 使得

$$a_1 e_1 + a_2 e_2 + \cdots + a_n e_n = \theta$$

进而，计算得

$$(a_1, a_2, \cdots, a_n, 0, \cdots) = (0, 0, \cdots, 0, 0, \cdots)$$

由等式成立显然有，$a_1 = a_2 = \cdots = a_n = 0$。这与假设相矛盾，从而有$\{e_1, e_2, \cdots, e_n\}$是线性无关的。再由 n 的任意性知，l^p 是无限维线性空间。■

例 3.4 令 $X \triangleq C[a,b]$ 表示在 $[a,b]$ 上所有连续函数的全体，则 $\dim X = \infty$。

证明 (1) $\forall x, y \in C[a,b]$ 及数 $\alpha \in \mathbb{R}$，定义

$$(x+y)(t) = x(t) + y(t), \quad t \in [a,b]$$

$$(\alpha x)(t) = \alpha x(t), \quad t \in [a,b]$$

则 $x+y$ 和 αx 都是 $C[a,b]$ 中的连续函数，所以 $C[a,b]$ 按上述加法和数乘运算构成线性空间。

(2) $\forall n \in \mathbb{Z}^+$ 及 $\forall x \in C[a,b]$，假设

$$a_1 + a_2 x + a_3 x^2 + \cdots + a_n x^{n-1} = \theta$$

成立，从而可得 $a_1 = a_2 = \cdots = a_n = 0$。故

$$\left\{1, x, x^2, \cdots, x^{n-1}\right\} \subset C[a,b]$$

是线性无关的。再由 n 的任意性知，$C[a,b]$ 是无限维的空间。■

例 3.5 证明 p 次幂可积函数空间

$$L^p[a,b] = \left\{ f(x) : \int_a^b |f(x)|^p \, \mathrm{d}x < +\infty \right\}, \quad 1 \leqslant p < +\infty$$

是无限维的线性空间。

证明 (1) $\forall x, y \in L^p[a,b]$ 以及 $\forall \alpha \in \mathbb{R}$，定义

$$(x+y)(t) = x(t) + y(t)$$

$$(\alpha x)(t) = \alpha x(t)$$

根据

$$|x+y|^p \leqslant 2^p \left(|x|^p + |y|^p\right)$$

得到

$$\begin{aligned}\int_a^b |x(t)+y(t)|^p \, \mathrm{d}t &\leqslant 2^p \int_a^b \left(|x(t)|^p + |y(t)|^p\right) \mathrm{d}t \\ &\leqslant 2^p \left(\int_a^b |x(t)|^p \, \mathrm{d}t + \int_a^b |y(t)|^p \, \mathrm{d}t\right) < +\infty\end{aligned}$$

故 $x+y \in L^p[a,b]$。此外，显然有 $\alpha x \in L^p[a,b]$，所以 $L^p[a,b]$ 是线性空间。

(2) 因为 $\left\{1, x, x^2, \cdots, x^{n-1}\right\} \subset L^p[a,b]$ 是线性无关的，所以由 n 的任意性，得到空间 $L^p[a,b]$ 是无限维的线性空间。 ■

3.1.2 线性算子

泛函分析不但将古典分析的基本概念和方法一般化，而且还将这些概念和方法几何化。例如，可以把多元函数用几何学的语言解释成多维空间的映射。下面把高等数学中函数的定义推广到更一般的算子。

定义 3.8 设 X, Y 是两个非空集合，如果 $\forall x \in X$，按照某一法则 T，在 Y 中有唯一的 y 与之对应，则称 T 是 X 到 Y 的一个**算子**（或者**映射**），记作

$$T: X \to Y$$

此时 X 称为 T 的定义域，记作 $D(T)$，y 称为 x 在映射 T 下的**像**，并称

$$R(T) = \{T(x) : x \in X\}$$

为 T 的**值域**。

注记 3.2 根据集合 X, Y 的不同情形，**算子**在不同的数学分支中有不同的名称：

(1) 若 $Y = X$ ，则称 T 为**变换** (如矩阵变换)；

(2) 若 $Y = X = \mathbb{R}$ ，则称 T 为**函数** (如 $y = \sin(x)$)；

(3) 若 $Y=\mathbb{R}$，则称 T 为**泛函**。

需要注意的是，以往函数的定义域与值域都属于实数集，而算子或者泛函的定义域是函数集合。因此，这里的“泛函”可以理解为“更广泛的函数”。

定义 3.9 假设 T 是集合 X 到 Y 的一个算子，如果对于任意的 $x,y\in X$ 及 $a,b\in\mathbb{K}$ 有

$$T(ax+by)=aT(x)+bT(y)$$

那么称 T 是 X 到 Y 的**线性算子**。

定义 3.10 假设算子 $T:X\to X$ 满足

$$Tx=ax,\quad a\in\mathbb{R},\quad \forall x\in X$$

则称 T 为 X 上的**纯量算子**，显然纯量算子为线性算子。特别地，当 $a=1$ 时，称 T 为**单位算子**或**恒等算子**，记为 I_X 或者 I；当 $a=0$ 时，称 T 为**零算子**，记为 θ。

例 3.6 考虑连续函数空间 $C[a,b]$ 的子空间 $C^1[a,b]$，即 $[a,b]$ 上全体连续可微函数组成的线性空间，定义算子 $T=\dfrac{\mathrm{d}}{\mathrm{d}t}:C^1[a,b]\to C[a,b]$，则算子 T 是**线性算子**。

例 3.7 在空间 $\mathbb{R}^n$ 中取一组基 $\{\boldsymbol{e}_1,\boldsymbol{e}_2,\cdots,\boldsymbol{e}_n\}$,则对任意的 $\boldsymbol{x}=[x_1,x_2,\cdots,x_n]^\top\in\mathbb{R}^n$，$\boldsymbol{x}$ 可以唯一地表示成 $\boldsymbol{x}=\sum\limits_{i=1}^n x_i\boldsymbol{e}_i$，对每个 n 阶方阵 $\boldsymbol{A}=(a_{ij})$，作 $\mathbb{R}^n$ 到 $\mathbb{R}^n$ 中的算子 T 如下：

$$T\boldsymbol{x}=\sum_{i=1}^n y_i\boldsymbol{e}_i$$

其中 $y_i=\sum\limits_{j=1}^n a_{ij}x_j\ (i=1,2,\cdots,n)$。易证 T 是线性算子，并称 T 是由矩阵 $\boldsymbol{A}=(a_{ij})$ 所确定的算子。这个算子在线性代数中也称为**线性变换**。

例 3.8 $\forall x\in C[a,b]$，定义

$$(Tx)(t)=[T(x)](t)=\int_a^t x(\tau)\mathrm{d}\tau,\quad t\in[a,b]$$

由积分的性质可知，$(Tx)(t)$ 仍然是关于 $t\in[a,b]$ 的连续函数，所以算子 T 是 $C[a,b]$ 到 $C[a,b]$ 的**线性算子**。

例 3.9　$\forall x \in C[a,b]$，因为积分

$$f(x)=\int_a^b x(t)\mathrm{d}t$$

的取值是实数，所以 $f(x)$ 就是定义域 $C[a,b]$ 上的一个**线性泛函**。

定义 3.11　对算子 $T:X\to Y$，若 T 的值域

$$R(T)=Y$$

则称 T 是 X 到 Y 上的**满射**；若 $\forall x_1,x_2\in X$ 满足

$$x_1\neq x_2\Rightarrow T(x_1)\neq T(x_2)$$

则称 T 是 X 到 Y 上的**单射**。若 T 既是单射又是满射，则称 T 是 X 到 Y 上的**双射**或**一一映射**。

T 是否为单射或满射，与 X 和 Y 的选取有很大关系。例如，$Tx=x^2$ 是 $(-\infty,\infty)$ 到 $(0,\infty)$ 的满射，是 $(0,\infty)$ 到 $(-\infty,\infty)$ 的单射，是 $(0,\infty)$ 到 $(0,\infty)$ 的双射。

例 3.10　对于纯量算子 $T:X\to X$

$$Tx=ax,\quad a\in\mathbb{R},\quad \forall x\in X$$

若实数 $a\neq 0$，则 T 是 X 到自身的双射。

定义 3.12　对于映射 $f:X\to Y,\ g:Y\to Z$，由

$$h(x)=g[f(x)]$$

所确定的映射 $h:X\to Z$ 称为 f 与 g 的**复合算子**，记作 $g\circ f$。

定义 3.13　对于映射 $f:X\to Y$，若存在 $g:Y\to X$，使得

$$g\circ f=I_X,\quad f\circ g=I_Y$$

则称 f 是**可逆的**，且 g 为 f 的**逆算子**，记作 $g=f^{-1}$。

例 3.11　假设算子 $f:X\to Y$ 与 $g:Y\to X$ 都是可逆的，则

$$(g\circ f)^{-1}(X)=f^{-1}\left(g^{-1}(X)\right)$$

证明 由关系式

$$
\begin{aligned}
x \in (g \circ f)^{-1}(X) &\Leftrightarrow g[f(x)] \in X \\
&\Leftrightarrow f(x) \in g^{-1}(X) \\
&\Leftrightarrow x \in f^{-1}\left(g^{-1}(X)\right)
\end{aligned}
$$

得到 $(g \circ f)^{-1}(X) = f^{-1}\left(g^{-1}(X)\right)$。 ■

3.2 赋范线性空间

背景说明 人们在讨论距离空间的结构和性质时，由于没有引入代数结构，空间的元素之间不能进行代数运算，欧氏空间的许多重要特性无法推广到距离空间中，因而在实际应用上受到许多限制。数学家们想到运用数学公理化的方法在线性空间的框架内引进范数 (长度概念的推广)，使其成为赋范线性空间。赋范线性空间比距离空间具有更丰富的空间结构，因此在其上讨论分析学问题更为丰富多彩。范数与赋范线性空间的概念是由奥地利数学家哈恩 (Hahn, 1879—1934)、美国数学家维纳 (Wiener, 1894—1964)、波兰数学家巴拿赫 (Banach, 1892—1945) 在 1922 年和 1923 年分别独立提出的，Banach 首先研究了完备的赋范线性空间，Banach 空间因此而得名。

第 2 章在一般集合上引进了距离的概念，并且在距离的意义下研究了点列的收敛及其映射的性质。在泛函分析中，一类特别重要且非常有用的距离空间是赋范线性空间。在赋范线性空间中的元素可以相加或数乘 (即进行线性运算)，元素之间不仅有距离，而且每个元素有类似于普通向量长度的量，叫作范数。

3.2.1 赋范线性空间的概念

定义 3.14 设 X 是数域 $\mathbb{K}$ 上的一个线性空间。若 $\forall x \in X$，都有一个实数 $\|x\|$ 与之对应，使得 $\forall x, y \in X$ 及 $\alpha \in \mathbb{K}$，下列性质成立：

① 正定性

$$
\|x\| \geqslant 0, \quad \|x\| = 0 \Leftrightarrow x = \theta
$$

② 齐次性

$$\|\alpha x\| = |\alpha|\|x\|$$

③ 三角不等式

$$\|x + y\| \leqslant \|x\| + \|y\|$$

则称 $\|\cdot\|$ 为 X 上的**范数** (也称为**模**)，称 X 为**赋范线性空间**，简称**赋范空间**，记作 $(X, \|\cdot\|)$。

注记 3.3 “赋范”的意思就是“赋予一个范数”，范数可以看成实数空间中长度的推广。

命题 3.1 (**广义三角不等式**) 设 $(X, \|\cdot\|)$ 为赋范空间，则 $\forall u, v \in X$，有

$$|\|u\| - \|v\|| \leqslant \|u \pm v\| \leqslant \|u\| + \|v\|$$

证明 由三角不等式，有

$$\|u \pm v\| = \|u + (\pm v)\| \leqslant \|u\| + \|\pm v\| = \|u\| + \|v\|$$

于是

$$\|u\| = \|(u - v) + v\| \leqslant \|u - v\| + \|v\|$$

移项得

$$\|u\| - \|v\| \leqslant \|u - v\|$$

类似地，有

$$\|v\| - \|u\| \leqslant \|v - u\| = \|u - v\|$$

合之，得

$$|\|u\| - \|v\|| \leqslant \|u - v\|$$

替换 v 为 $-v$，并注意到 $u - (-v) = u + v$ 以及 $\|-v\| = \|v\|$，可得

$$|\|u\| - \|v\|| \leqslant \|u + v\|$$

■

下面列举几个常用的赋范空间。

例 3.12 $\forall \boldsymbol{x}=[x_1,x_2,\cdots,x_n]^\top \in \mathbb{R}^n$，定义

$$\|\boldsymbol{x}\| \triangleq \left(\sum_{k=1}^{n}|x_k|^2\right)^{1/2}$$

则 $(\mathbb{R}^n,\|\cdot\|)$ 为赋范空间。

证明 (1) 正定性：因为 $\|\boldsymbol{x}\|\geqslant 0$ 并且

$$\|\boldsymbol{x}\|=\left(\sum_{k=1}^{n}|x_k|^2\right)^{1/2}=0 \Leftrightarrow x_k=0\ (k=1,2,\cdots,n) \Leftrightarrow \boldsymbol{x}=0$$

(2) 齐次性：$\forall \alpha\in\mathbb{R}$，由 $\|\alpha\boldsymbol{x}\|=|\alpha|\cdot\|\boldsymbol{x}\|$ 知齐次性成立。

(3) 三角不等式：$\forall \boldsymbol{y}=[y_1,y_2,\cdots,y_n]^\top\in\mathbb{R}^n$，由 Minkowski 不等式 (1.5) 有

$$\begin{aligned}\|\boldsymbol{x}+\boldsymbol{y}\| &= \left(\sum_{k=1}^{n}|x_k+y_k|^2\right)^{1/2} \leqslant \left(\sum_{k=1}^{n}|x_k|^2\right)^{1/2}+\left(\sum_{k=1}^{n}|y_k|^2\right)^{1/2}\\ &=\|\boldsymbol{x}\|+\|\boldsymbol{y}\|\end{aligned}$$

故三角不等式成立，所以 $\|\boldsymbol{x}\|$ 是范数，$(\mathbb{R}^n,\|\cdot\|)$ 为赋范空间。■

例 3.13 对于线性空间

$$l^p=\left\{x=(x_1,x_2,\cdots,x_k,\cdots):\sum_{k=1}^{\infty}|x_k|^p<+\infty\right\},\quad 1\leqslant p<\infty$$

定义

$$\|x\|\triangleq\left(\sum_{k=1}^{\infty}|x_k|^p\right)^{1/p}$$

同样由 Minkowski 不等式 (1.5) 可以得到 $(l^p,\|\cdot\|)$ 为赋范空间。

例 3.14 对于线性空间 $l^\infty=\left\{x=(x_1,x_2,\cdots,x_k,\cdots):\sup\limits_{k\in\mathbb{Z}^+}|x_k|<+\infty\right\}$，定义

$$\|x\|\triangleq\sup_{k\in\mathbb{Z}^+}|x_k|$$

易知 $(l^\infty,\|\cdot\|)$ 为赋范空间。

例 3.15 **(闭区间上连续函数的全体)** 对于线性空间 $C[a,b]$ 中的元素 $x(t)$，定义

$$\|x(t)\|\triangleq\max_{t\in[a,b]}|x(t)|$$

易知 $(C[a,b],\|\cdot\|)$ 为赋范空间。

例 3.16 (**闭区间上 p 次幂可积的函数全体**) 对于 $1 \leqslant p < \infty$，设

$$x \in L^p[a,b] = \left\{ x(t) : \int_a^b |x(t)|^p \, \mathrm{d}t < +\infty \right\}$$

定义

$$\|x\| \triangleq \left(\int_a^b |x(t)|^p \, \mathrm{d}t \right)^{1/p}$$

则 $(L^p[a,b],\|\cdot\|)$ 为赋范空间。

证明 (1) 正定性：显然 $\|x\| \geqslant 0$ 并且

$$\|x\| = \left(\int_a^b |x(t)|^p \, \mathrm{d}t \right)^{1/p} = 0 \Leftrightarrow x(t) = 0, \ \text{a.e.}$$

所以当把 $L^p[a,b]$ 中几乎处处相等的函数看作同一个函数时，$\|\cdot\|$ 满足正定性。

(2) 齐次性：$\forall \alpha \in \mathbb{R}$，由 $\|\alpha x(t)\| = |\alpha| \cdot \|x(t)\|$ 知齐次性成立。

(3) 三角不等式：$\forall x, y \in L^p[a,b]$，由积分形式的Minkowski不等式(1.4)得到

$$\begin{aligned}
\|x+y\| &= \left(\int_a^b |x(t)+y(t)|^p \, \mathrm{d}t \right)^{1/p} \\
&\leqslant \left(\int_a^b |x(t)|^p \, \mathrm{d}t \right)^{1/p} + \left(\int_a^b |y(t)|^p \, \mathrm{d}t \right)^{1/p} \\
&= \|x\| + \|y\|
\end{aligned}$$

故 $\|\cdot\|$ 是范数，$(L^p[a,b],\|\cdot\|)$ 是赋范空间。 ■

注记 3.4 除非特殊的说明，以后遇到上面的空间，我们都使用例子中的范数。

3.2.2 由范数诱导的距离

有了范数，可以自然地定义距离：$d(x,y) = \|x-y\|$。

定理 3.2 设 $(X,\|\cdot\|)$ 为赋范空间。若定义

$$d(x,y) = \|x-y\|, \quad \forall x, y \in X$$

则 $d(x,y)$ 为 X 上的距离，并且赋范空间中的点列收敛 $x_n \to x$ 等价于

$$d(x_n, x) = \|x_n - x\| \to 0 \quad (n \to \infty)$$

故也称 $d(x, y)$ 为由范数 $\|\cdot\|$ 导出的距离。

证明留作练习。从该定理可以看出，赋范空间一定是距离空间，距离空间中的性质在赋范空间中都成立。

反过来，对于距离空间 (X, d)，若假设

$$\|x\| = d(x, \theta)$$

则 $\|\cdot\|$ 不一定能使得 X 一定为赋范空间，即定义不同的范数，可能构不成赋范空间。

例 3.17 对于序列空间中任意的实数列 $x = \{x_k\}_{k=1}^{\infty}$ 与 $y = \{y_k\}_{k=1}^{\infty}$，定义距离

$$d(x, y) = \sum_{k=1}^{\infty} \frac{1}{2^k} \frac{|x_k - y_k|}{1 + |x_k - y_k|}$$

则按范数 $\|x\| = d(x, \theta)$ 不能成为赋范空间。

证明 对于 $\|x\| = d(x, \theta)$，其中 θ 为零元素 $(0, 0, \cdots)$，取

$$x = (1, 1, \cdots)$$

则

$$\|x\| = \sum_{k=1}^{\infty} \frac{1}{2^k} \frac{1}{1+1} = \frac{1}{2}$$

$$\|2x\| = \sum_{k=1}^{\infty} \frac{1}{2^k} \frac{2}{1+2} = \frac{2}{3}$$

所以

$$\|2x\| \neq 2\|x\|$$

即 $\|x\| = d(x, \theta)$ **不满足齐次性**，因此序列空间按照 $\|x\| = d(x, \theta)$ 不能成为赋范线性空间。 ■

下面给出距离空间是赋范空间的一个充分条件。

定理 3.3 设 (X, d) 是实数集 $\mathbb{R}$ 上的距离空间。若 $\forall x, y \in X$ 及 $\forall a \in \mathbb{R}$ 满足下面的两条性质：① $d(x-y, \theta) = d(x, y)$，② $d(ax, \theta) = |a| d(x, \theta)$。设 $\|x\| = d(x, \theta)$，则 $(X, \|\cdot\|)$ 为赋范空间。

证明 (1) 正定性：明显地，$\|x\| = d(x,\theta) \geqslant 0$，并且

$$\|x\| = d(x,\theta) = 0 \Leftrightarrow x = \theta$$

(2) 齐次性：由性质②得到 $\|ax\| = d(ax,\theta) = |a|d(x,\theta) = |a| \cdot \|x\|$

(3) 三角不等式：由距离的三角不等式及性质①得

$$\begin{aligned}\|x+y\| &= d(x+y,\theta) \\ &\leqslant d(x+y,y) + d(y,\theta) \\ &= d(x,\theta) + d(y,\theta) \\ &= \|x\| + \|y\|\end{aligned}$$

所以范数的三角不等式成立。故 $(X, \|\cdot\|)$ 为赋范空间。 ■

3.2.3 依范数收敛

定义 3.15 设 $\{x_n\}$ 为赋范空间 $(X, \|\cdot\|)$ 中的点列。如果存在 $x \in X$ 使得

$$\|x_n - x\| \to 0 \quad (n \to \infty)$$

那么称 $\{x_n\}$ **依范数收敛**于 x，也可称 $\{x_n\}$ **强收敛**于 x，记作 $x_n \to x$ $(n \to \infty)$ 或者 $\lim\limits_{n\to\infty} x_n = x$。

直观上说，范数收敛表示点 x_n 和点 x 之间的距离随着 $n \to \infty$ 趋向于 0。

定理 3.4 设 $(X, \|\cdot\|)$ 为赋范空间，对 $\forall n \in \mathbb{Z}^+$，$x_n, y_n, x, y \in X$，$\alpha_n, \alpha \in \mathbb{R}$，下述结论成立。

(1) 定义 3.15 中极限点 x 唯一。

(2) 收敛的点列一定有界：若 $x_n \to x$ $(n \to \infty)$，则存在常数 $M > 0$ 使得 $\|x_n\| \leqslant M, \forall n \in \mathbb{Z}^+$。

(3) 范数连续：若 $x_n \to x$ $(n \to \infty)$，则 $\|x_n\| \to \|x\|$ $(n \to \infty)$。

(4) 运算封闭：若 $x_n \to x$ 以及 $y_n \to y$ $(n \to \infty)$，则

$$x_n + y_n \to x + y \ (n \to \infty)$$

若 $x_n \to x$ 以及 $\alpha_n \to \alpha$ $(n \to \infty)$，则

$$\alpha_n x_n \to \alpha x \ (n \to \infty)$$

证明 (1) 假设存在另一极限点 x'，有 $x_n \to x'$ $(n \to \infty)$。由范数的三角不等式

$$\|x - x'\| = \|x - x_n + x_n - x'\| \leqslant \|x - x_n\| + \|x_n - x'\| \to 0 \ (n \to \infty)$$

从而有 $x = x'$。所以，极限点唯一。

(2) 设 $\{x_n\}$ 依范数收敛于 x。取 $\varepsilon_0 = 1$，$\exists N \in \mathbb{Z}^+$，使得对 $\forall n > N$，都有 $\|x_n - x\| < 1$。注意到

$$\|x_n\| = \|x_n - x + x\| \leqslant \|x_n - x\| + \|x\|$$

故 $\|x_n\| < 1 + \|x\|$ $(n > N)$。令 $M = \max\{\|x_1\|, \|x_2\|, \cdots, \|x_N\|, 1 + \|x\|\}$，则 $\|x_n\| \leqslant M$，即 $\{\|x_n\|\}$ 是有界的。

(3) 由范数的三角不等式知

$$|\|x_n\| - \|x\|| \leqslant \|x_n - x\|$$

若 $\{x_n\}$ 在 $\|\cdot\|$ 意义下收敛于 x，则 $\|x_n\| \to \|x\|$，这表明 $\|x\|$ 是 x 的连续函数。

(4) 由不等式

$$\|(x_n + y_n) - (x + y)\| \leqslant \|x_n - x\| + \|y_n - y\|$$

易知，$\{x_n + y_n\}$ 依范数收敛于 $x + y$。

由不等式

$$\begin{aligned}\|\alpha_n x_n - \alpha x\| &\leqslant \|\alpha_n x_n - \alpha_n x\| + \|\alpha_n x - \alpha x\| \\ &= |\alpha_n| \|x_n - x\| + |\alpha_n - \alpha| \|x\|\end{aligned}$$

及 $\{|\alpha_n|\}$ 的有界性可知，$\|\alpha_n x_n - \alpha x\| \to 0$ $(n \to \infty)$。 ■

注记 3.5 上述定理中结论 (4) 说明在赋范线性空间中，加法和数乘运算都是连续的。

3.3 完备赋范线性空间

背景说明 巴拿赫 (Stefan Banach, 1892—1945) 是著名的波兰数学家。他是利沃夫学派的开创人之一，对泛函分析的发展作出了突出贡献。他引进了赋范线性空间的概念，建立了其上的线性算子理论。他证明了作为泛函分析基础的三个定理：Hahn-Banach 延拓定理、一致有界定理 (Banach-

Steinhaus 定理) 以及闭图像定理。这些定理概括了许多经典的分析结果，在理论上和应用上都有重要价值。人们把完备的赋范线性空间称为 Banach 空间。此外，Banach 在正交级数论、集合论、测度论、积分论、常微分方程论、复变函数论等方面都有很多出色的工作，其主要著作《线性算子理论》被译成多种语言，影响广泛。

3.3.1　Banach 空间的概念

有了距离和收敛性，可以定义完备的赋范空间。

定义 3.16　完备的赋范空间 X，即 X 中任一 Cauchy 列都收敛，称为**巴拿赫** (Banach) **空间**。

下面以 p 次幂可和数列空间 l^p 为例，用范数的收敛性证明其为Banach空间。

例 3.18　对于赋范空间 $l^p = \left\{x=(x_1,x_2,\cdots,x_k,\cdots): \sum\limits_{k=1}^{\infty}|x_k|^p<+\infty\right\}$ $(1\leqslant p<\infty)$，若定义

$$\|x\|=\left(\sum_{k=1}^{\infty}|x_k|^p\right)^{1/p}$$

则 $(l^p,\|\cdot\|)$ 是 Banach 空间。

证明　由例 3.13 知，空间 l^p 是赋范空间。下面证明 l^p 中的任意 Cauchy 列都收敛到本身。设

$$x^{(n)}=\left(x_1^{(n)},x_2^{(n)},\cdots,x_k^{(n)},\cdots\right)$$

是 l^p 中的 Cauchy 列，则 $\forall\varepsilon>0$, $\exists N\in\mathbb{Z}^+$，当 $m,n>N$ 时有

$$\left\|x^{(n)}-x^{(m)}\right\|=\left(\sum_{k=1}^{\infty}\left|x_k^{(n)}-x_k^{(m)}\right|^p\right)^{\frac{1}{p}}<\varepsilon \tag{3.3}$$

固定 k，当 $m,n>N$ 时

$$\left|x_k^{(n)}-x_k^{(m)}\right|\leqslant\left\|x^{(n)}-x^{(m)}\right\|<\varepsilon$$

故 $\left\{x_k^{(n)}\right\}$ 是实数集 $\mathbb{R}$ 中的 Cauchy 列。由 $\mathbb{R}$ 的完备性，$\exists x_k\in\mathbb{R}$，使得

$$x_k^{(n)}\to x_k\ (n\to\infty)$$

设 $x=(x_1,x_2,\cdots,x_k,\cdots)$，根据式 (3.3)，$\forall r\in\mathbb{Z}^+$，当 $m,n>N$ 时有

$$\sum_{k=1}^{r}\left|x_k^{(n)}-x_k^{(m)}\right|^p<\varepsilon^p$$

令 $m\to\infty$，当 $n>N$ 时得

$$\sum_{k=1}^{r}\left|x_k^{(n)}-x_k\right|^p\leqslant\varepsilon^p$$

再令 $r\to\infty$，有

$$\left\|x^{(n)}-x\right\|=\left(\sum_{k=1}^{\infty}\left|x_k^{(n)}-x_k\right|^p\right)^{\frac{1}{p}}\leqslant\varepsilon$$

即

$$x^{(n)}\to x\ (n\to\infty)$$

明显地，$x^{(n)}-x\in l^p$，故得到

$$x=x^{(n)}-\left(x^{(n)}-x\right)\in l^p$$

从而得到 l^p 中的 Cauchy 列收敛到本身。因此，l^p 是 Banach 空间。 ■

例 3.19 空间 $\mathbb{R}^n$ 按范数

$$\|x\|_p=\left(\sum_{k=1}^{n}|x_k|^p\right)^{1/p},\quad 1\leqslant p<\infty$$

$$\|x\|_\infty=\max_{1\leqslant k\leqslant n}|x_k|$$

均是 Banach 空间。

例 3.20 有界数列空间 l^∞ 按范数

$$\|x\|=\sup_{k\in\mathbb{Z}^+}|x_k|$$

是 Banach 空间。

例 3.21 p 次幂可积函数空间 $L^p[a,b]$ $(1\leqslant p<\infty)$，按范数

$$\|x\|=\left(\int_a^b|x(t)|^p\,\mathrm{d}t\right)^{1/p}$$

是 Banach 空间。

例 3.22　连续函数空间 $C[a,b]$ 按范数

$$\|x\| = \max_{t\in[a,b]} |x(t)|$$

是 Banach 空间。

例 3.23　仅有有限项非零的所有实数列组成的集合 ψ，是线性空间。在 ψ 中定义范数为

$$\|\xi\| = \sup_{i\in\mathbb{Z}^+} |a_i| \quad (\xi = \{a_i\} \in \psi)$$

则 $(\psi, \|\cdot\|)$ 是赋范空间，但不是 Banach 空间。

下面的例子说明对于空间 $C[a,b]$，若使用不同的范数则可能就不完备。

例 3.24　设 X 是在 $[0,1]$ 上定义的全体连续函数，在 X 上定义范数

$$\|x\| = \int_0^1 |x(t)|\mathrm{d}t, \quad \forall x \in X$$

则 X 是赋范空间，但不是完备的。

证明　设 X 中的点列

$$x_m(t) = \begin{cases} 1, & \dfrac{1}{2} + \dfrac{1}{m} \leqslant t \leqslant 1 \\ \text{线性}, & \dfrac{1}{2} < t < \dfrac{1}{2} + \dfrac{1}{m} \\ 0, & 0 \leqslant t \leqslant \dfrac{1}{2} \end{cases}$$

则 $\forall \varepsilon > 0$，当 $n > m > \dfrac{1}{\varepsilon}$ 时，有

$$\begin{aligned} \|x_n - x_m\| &= \int_0^1 |x_n(t) - x_m(t)|\,\mathrm{d}t \\ &= \int_{0.5}^{0.5+1/m} |x_n(t) - x_m(t)|\,\mathrm{d}t \leqslant \frac{1}{m} < \varepsilon \end{aligned}$$

所以 $\{x_m(t)\}$ 是 Cauchy 列。

但对每个 $x \in X$

$$\begin{aligned} \|x_m - x\| &= \int_0^1 |x_m(t) - x(t)|\,\mathrm{d}t \\ &= \int_0^{0.5} |x(t)|\mathrm{d}t + \int_{0.5}^{0.5+1/m} |x_m(t) - x(t)|\,\mathrm{d}t + \int_{0.5+1/m}^1 |1 - x(t)|\mathrm{d}t \end{aligned}$$

如果 $\|x_m - x\| \to 0\ (m \to \infty)$，那么得到

$$\int_0^{0.5} |x(t)|\mathrm{d}t = 0, \quad \int_{0.5}^{1} |1 - x(t)|\mathrm{d}t = 0$$

但由于 $x(t)$ 在 $[0,1]$ 上连续，所以 $x(t)$ 在 $\left[0, \frac{1}{2}\right]$ 上恒为 0，在 $\left(\frac{1}{2}, 1\right]$ 上恒为 1，则 $x(t)$ 在 $t = \frac{1}{2}$ 点不连续 (左右极限不相等)，这与 $x(t)$ 在 $[0,1]$ 上连续矛盾，因此空间不完备。 ■

注记 3.6 例 3.24 中，$x(t)$ 实际上是 $x_m(t)$ 在以上范数意义下的极限，但 $x(t)$ 不是连续函数，所以空间 X 是不完备的。

注记 3.7 例 3.24 中，X 是由定义在 $[0,1]$ 上的全体连续函数组成的空间，而例 3.22 中空间 $C[0,1]$ 也是由定义在 $[0,1]$ 上的全体连续函数组成的空间，但是空间中定义的范数不一样，空间 X 不完备，而 $C[0,1]$ 空间完备。

注记 3.8 运用例 3.24 ，同样可以证明在 $[a,b]$ 上的全体连续函数组成的集合上赋予范数

$$\|x(t) - y(t)\| = \left\{\int_a^b |x(t) - y(t)|^2 \mathrm{d}t\right\}^{\frac{1}{2}} \tag{3.4}$$

形成的空间，也是不完备的。

3.3.2 Banach 空间的性质

定义 3.17 设 $(X, \|\cdot\|)$ 是赋范空间，若 $Y \subset X$ 是 X 的线性子空间，则称 $(Y, \|\cdot\|)$ 是 $(X, \|\cdot\|)$ 的**子空间**；若 Y 还是 X 的闭子集，则称 $(Y, \|\cdot\|)$ 是 $(X, \|\cdot\|)$ 的**闭子空间**。

定理 3.5 设 $(X, \|\cdot\|)$ 是赋范空间，$X' \subset X$ 是一个子空间，如果 X' 是开集，则 $X' = X$。

证明 对任意 $x \in X$，只需证明 $x \in X'$ 即可。由于 X' 是一个子空间，所以 $\theta \in X'$。假设 $x \neq \theta$，因为 X' 是开集，故 $\exists \delta > 0$，使得 $B_\delta(\theta) \subset X'$，从而 $\frac{\delta x}{2\|x\|} \in X'$ $\left(这是因为 \left\|\frac{\delta x}{2\|x\|}\right\| = \frac{\delta}{2} < \delta\right)$。注意到 X' 是一个线性子空间，于是

$$x = \frac{2\|x\|}{\delta}\left(\frac{\delta x}{2\|x\|}\right) \in X'$$

因此，$X \subset X'$，进而得 $X' = X$。证毕。 ■

注记 3.9 赋范空间的真子空间一定不是开集，但也未必是闭集。这与 $\mathbb{R}^n$ 中所有的子空间都是闭集是不同的。比如 $C[a,b]$ 作为 $L^1[a,b]$ 的子空间，不是完备的，从而不是闭子空间。

下面给出完备赋范空间的子空间也是完备的一个充要条件。

定理 3.6 设 Y 是 Banach 空间 X 的子空间，则 Y 是 Banach 空间 $\Leftrightarrow Y$ 是 X 的闭子空间。

证明 由定理 2.8，作为距离空间 X 的子集

$$Y \text{ 完备} \Leftrightarrow Y \text{ 为 } X \text{ 中的闭集}$$

由于赋范空间 X 的子空间按照 X 的范数也是赋范空间，故 Y 是 Banach 空间 $\Leftrightarrow Y$ 是 X 的闭子空间。证毕。 ■

不完备的赋范空间是存在的。类似于距离空间的完备化，我们也可以将不完备的赋范空间完备化。为此，先引入等距同构的概念。

定义 3.18 设 $(X,\|\cdot\|),(X_1,\|\cdot\|_1)$ 是同一数域 $\mathbb{K}$ 上的赋范空间，T 是从 X 到 X_1 上的一一映射，且满足

$$T(x+y) = Tx + Ty, x, y \in X$$

$$T(\alpha x) = \alpha Tx, x \in X, \alpha \in K$$

则称 T 是从 X 到 X_1 的**线性同构映射**，称 X 与 X_1 是**线性同构**的。若 T 还满足

$$\|x-y\| = \|Tx - Ty\|_1, x, y \in X$$

则称 T 是从 X 到 X_1 的**等距同构映射**，称 $(X,\|\cdot\|)$ 与 $(X_1,\|\cdot\|_1)$ 是**等距同构**的。

由于线性同构映射保持线性运算及范数不变，所以撇开 X 与 X_1 中元素的具体内容，可以将 X 与 X_1 看成同一个抽象空间而不加以区别，在这个意义下认为 $X = X_1$。

对于赋范空间 $(X,\|\cdot\|)$，若存在 Banach 空间 $(X',\|\cdot\|_*)$，使得 X 等距同构于 X' 的某个稠密子空间，则称 X' 是 X 的一个完备化空间。

与距离空间的完备化定理类似，我们也可以给出如下赋范空间的完备化空间存在唯一性定理，这是赋范空间理论的基本定理之一，证明过程可参考相关文献。

定理 3.7 任意赋范空间必存在完备化，且完备化空间在等距同构意义下是唯一的。

3.3.3 Riesz 引理

对于无穷维的空间来说：

(1) 若 M 是赋范空间 X 中的一个真子空间，那么 M 可能在 X 中稠密，例如多项式函数的全体是 $C[a,b]$ 的稠密真子空间，但在有限维空间，真子空间不可能在全空间中稠密；

(2) 若 M 是 X 的闭子空间，M 要在 X 中稠密只能是 $M=X$；

(3) 若 M 是 X 中的一个真闭子空间，则一定存在一个 X 中的点，它和 M 有正距离，但是这个正距离能有多大？

在通常的三维欧氏空间，设 M 是过原点的平面 (真的闭子空间)，M 外的一个向量 x 与平面 M 的距离 $d(x,M)=\|x\|$，当且仅当 x 与平面 M 正交 (垂直)。

在一般的赋范空间中没有正交的概念 (因为没有定义内积，内积的定义见第 4 章)，但是我们能够问："X 是一个 Banach 空间，如果 M 是 X 中的一个真的闭子空间，那么是否存在一个点，它和 M 的距离 $d(x,M)=\|x\|>0$?"

在一般的 Banach 空间，这一问题的答案可能是否定的。但是我们可以有下面的 Riesz 引理，这是赋范空间一个很重要的几何性质。

定理 3.8 (Riesz 引理) 设 $(X,\|\cdot\|)$ 是一个赋范空间，X_0 是 X 真的闭子空间，则 $\forall\varepsilon>0$，$\exists x_0\in X$，使得 $\|x_0\|=1$，且对 $\forall x\in X_0$ 有

$$\|x-x_0\|>1-\varepsilon$$

证明 (1) 因为 X_0 是 X 的真子空间，于是存在 $x_1\in X\backslash X_0$，记

$$\rho=\inf_{x\in X_0}\|x-x_1\| \tag{3.5}$$

(2) 因 X_0 是闭的，故 $\rho>0$。否则存在 $x_n\in X_0$，且 $\|x_n-x_1\|\to 0$，再由 X_0 闭，推出 $x_1\in X_0$，矛盾。

(3) 不妨设 $\varepsilon<1$，则有 $\dfrac{\rho}{1-\varepsilon}>\rho$。由下确界的定义，存在 $x_2\in X_0$，使得

$$\|x_2-x_1\|<\frac{\rho}{1-\varepsilon} \tag{3.6}$$

(4) 令 $x_0 = \dfrac{x_1 - x_2}{\|x_1 - x_2\|}$，则 $\|x_0\| = 1$。对于 $\forall x \in X_0$，注意到 $x_2 \in X_0$，再利用式 (3.5) 和 式(3.6)，可得

$$\begin{aligned}\|x - x_0\| &= \left\| x - \frac{x_1 - x_2}{\|x_1 - x_2\|} \right\| \\ &= \frac{1}{\|x_1 - x_2\|} \|(\|x_1 - x_2\| x + x_2) - x_1\| \\ &\geqslant \frac{\rho}{\|x_1 - x_2\|} > 1 - \varepsilon\end{aligned}$$

■

定理 3.8 中 X_0 是闭的，这一点很重要。若不是闭的，结论可能不成立。定理 3.8 的几何意义在于，如果 X_0 是赋范空间 X 的真闭子空间，则一定在空间 X 的单位球面上存在着与 X_0 的距离“无限接近”于 1 的元素。值得注意的是，当 X 是有限维线性空间时，这个与 X_0 的距离为 1 的元素一定存在；但是，若 X 是无限维线性空间，与 X_0 距离为 1 的元素在单位球面上却不一定存在。

3.4 有限维赋范线性空间

有限维赋范线性空间是结构最简单的一类具有 Schauder 基的 Banach 空间，也称为 Minkowski 空间。

如同在一个空间上可以定义不同的距离一样，我们也可以在同一线性空间上定义不同的范数，从而产生不同的赋范空间。通常要根据所研究的具体问题，选择定义一个合理、简单、易于解决问题的范数。

定义 3.19 (**范数等价性**) 设 $\|\cdot\|_1$ 与 $\|\cdot\|_2$ 是线性空间 X 上的两个范数。若 $\exists C_1 > 0, \exists C_2 > 0$，使得 $\forall x \in X$ 都有

$$C_1\|x\|_1 \leqslant \|x\|_2 \leqslant C_2\|x\|_1$$

则称这两个范数等价。

定理 3.9 有限维线性空间 X 上的任意两个范数都是等价的。

证明 (1) 设 $\{\boldsymbol{e}_1, \boldsymbol{e}_2, \cdots, \boldsymbol{e}_n\}$ 是 X 上的一个基，$\forall \boldsymbol{x} = \sum\limits_{k=1}^{n} x_k \boldsymbol{e}_k \in X$，定义

$$\|\boldsymbol{x}\|_2 = \left(\sum_{k=1}^{n} |x_k|^2\right)^{1/2}$$

则 $\|\boldsymbol{x}\|_2$ 是 X 上的一个范数。设 $\|\boldsymbol{x}\|$ 是 X 上的任一范数，则

$$\|\boldsymbol{x}\| = \left\|\sum_{k=1}^{n} x_k \boldsymbol{e}_k\right\| \leqslant \sum_{k=1}^{n} |x_k| \, \|\boldsymbol{e}_k\| \leqslant \left(\sum_{k=1}^{n} |x_k|^2\right)^{1/2} \left(\sum_{k=1}^{n} \|\boldsymbol{e}_k\|^2\right)^{1/2}$$

记 $C_2 = \left(\sum\limits_{k=1}^{n} \|\boldsymbol{e}_k\|^2\right)^{1/2}$，有

$$\|\boldsymbol{x}\| \leqslant C_2 \left(\sum_{k=1}^{n} |x_k|^2\right)^{1/2} = C_2\|\boldsymbol{x}\|_2$$

(2) 下面将证 $\exists C_1 > 0$，使得

$$\|\boldsymbol{x}\| \geqslant C_1\|\boldsymbol{x}\|_2, \quad \forall \boldsymbol{x} \in X$$

即要证

$$\left\|\frac{1}{\|\boldsymbol{x}\|_2}\boldsymbol{x}\right\| = \frac{\|\boldsymbol{x}\|}{\|\boldsymbol{x}\|_2} \geqslant C_1$$

根据

$$\left\|\frac{1}{\|\boldsymbol{x}\|_2}\boldsymbol{x}\right\|_2 = 1$$

而在 $\mathbb{R}^n$ 中，单位球面 S 是紧集，若定义 $f : \mathbb{R}^n \to \mathbb{R}$ 为

$$f(\boldsymbol{x}) = \left\|\sum_{k=1}^{n} x_k \boldsymbol{e}_k\right\| = \|\boldsymbol{x}\|$$

则由

$$\begin{aligned}
|f(\boldsymbol{x}) - f(\boldsymbol{y})| &= |\|\boldsymbol{x}\| - \|\boldsymbol{y}\|| \leqslant \|\boldsymbol{x} - \boldsymbol{y}\| \\
&= \left\|\sum_{k=1}^{n} (x_k - y_k)\, \boldsymbol{e}_k\right\| \\
&\leqslant \left(\sum_{k=1}^{n} |x_k - y_k|^2\right)^{1/2} \left(\sum_{k=1}^{n} \|\boldsymbol{e}_k\|^2\right)^{1/2} = C_2\|\boldsymbol{x} - \boldsymbol{y}\|_2
\end{aligned}$$

得到 f 是 S 上的连续函数，从而可取到最小值 $C_1 > 0$。由于

$$\frac{1}{\|\boldsymbol{x}\|_2}\boldsymbol{x} \in S$$

故有

$$f\left(\frac{1}{\|\boldsymbol{x}\|_2}\boldsymbol{x}\right) = \left\|\frac{1}{\|\boldsymbol{x}\|_2}\boldsymbol{x}\right\| = \frac{\|\boldsymbol{x}\|}{\|\boldsymbol{x}\|_2} \geqslant C_1$$

(3) 结合上面估计得到

$$C_1\|\boldsymbol{x}\|_2 \leqslant \|\boldsymbol{x}\| \leqslant C_2\|\boldsymbol{x}\|_2, \quad \forall \boldsymbol{x} \in X$$

所以 $\|\boldsymbol{x}\|$ 与 $\|\boldsymbol{x}\|_2$ 等价。■

定理 3.10 在两个等价范数产生的赋范空间中，点列 $\{x_n\}$ 收敛性相同。

定义 3.20 设 X, Y 为赋范空间，$T: X \to Y$ 是从 X 到 Y 的线性同构映射，且 T 和 T^{-1} 都是连续的，则称 T 为 X 到 Y 的**拓扑同构映射**，并称 X 与 Y **拓扑同构**。

拓扑同构是一种等价关系。在拓扑同构的意义下，由 T 连续知，T 将 X 中的紧集映为 Y 中的紧集 (定理 2.14)；由 T^{-1} 连续知，T 将 X 中的开集映为 Y 中的开集，将 X 中的闭集映为 Y 中的闭集 (定理 2.4)。反之亦然，故两个拓扑同构的赋范空间，不仅线性结构相同，而且拓扑结构也相同。

定理 3.11 任意实的 n 维赋范空间 X 必与 $\mathbb{R}^n$ 拓扑同构。

证明 任取 X 中一个基 $\{\boldsymbol{e}_1, \boldsymbol{e}_2, \cdots, \boldsymbol{e}_n\}$，设 $\boldsymbol{x} = \sum\limits_{k=1}^{n} \xi_k \boldsymbol{e}_k \in X$，将 $\boldsymbol{\xi} = (\xi_1, \xi_2, \cdots, \xi_n)$ 看成 $\mathbb{R}^n$ 中的点，作 $\mathbb{R}^n$ 到 X 上的同构映射 $T: \mathbb{R}^n \to X$，则由定理 3.9 可知，T 是连续的且 T^{-1} 也是连续的，故 X 与 $\mathbb{R}^n$ 拓扑同构。■

定理 3.12 有限维赋范空间有下面的性质：

(1) 任一有限维赋范空间都是 Banach 空间；

(2) 任一赋范空间的有限维子空间都是 Banach 空间，从而也是闭子空间。

由 Riesz 引理，容易得到有限维赋范线性空间特征的刻画。

定理 3.13 对赋范空间 X，下列条件是等价的：

(1) X 是有限维的；

(2) X 中的有界集都是列紧集；

(3) X 中的有界闭集都是紧集；

(4) X 中的单位闭球 $\bar{B}_1(\theta) = \{x \in X : \|x\| \leqslant 1\}$ 是紧集；

(5) X 中的单位球面 $S = \{x \in X : \|x\| = 1\}$ 是紧集。

下面的例子说明，一个无限维线性空间中存在不闭的线性子空间。

例 3.25 赋范空间中存在不闭的线性子空间。

证明 设 X 代表只有有限个非零元素的数列 $x = \{x_1, x_2, \cdots\}$ 所组成的线性

空间，并令

$$\|x\| = \left(\sum_{n=1}^{\infty} |x_n|^2\right)^{1/2}$$

则 X 是 l^2 的一个线性子空间。在 X 中取点列

$$x_1 = (1, 0, 0, \cdots), x_2 = \left(1, \frac{1}{2}, 0, \cdots\right), \cdots, x_n = \left(1, \frac{1}{2}, \cdots, \frac{1}{2^{n-1}}, 0, \cdots\right), \cdots$$

并假设 $x = \left(1, \frac{1}{2}, \cdots, \frac{1}{2^{n-1}}, \frac{1}{2^n}, \cdots\right) \in l^2$，则

$$\|x_n - x\| = \left(\sum_{i=n}^{\infty} \left|\frac{1}{2^i}\right|^2\right)^{1/2} \to 0\ (n \to \infty)$$

即 $\{x_n\}$ 收敛于 x。由于 $x \notin X$，故 X 是 l^2 中的一个不闭的线性子空间。 ■

习题3

3-1 证明：在赋范空间中，收敛点列一定有界。

3-2 证明：在赋范空间中，加法与数乘运算是连续的。

3-3 设 $(X, \|\cdot\|)$ 为赋范空间，若定义

$$d(x, y) = \|x - y\|, \quad \forall x, y \in X$$

证明：$d(x, y)$ 为 X 上的距离。

3-4 设 $(X, \|\cdot\|)$ 是赋范空间，$\{x_n\}$ 是 X 中 Cauchy 列，证明：$\{x_n\}$ 是有界集。

3-5 设 $(X, \|\cdot\|)$ 是赋范空间，$\{x_n\} \subset X$。证明：若 $\forall \varepsilon > 0$，存在 Cauchy 列 $\{y_n\} \subset X$，使得 $\|x_n - y_n\| < \varepsilon\ (n = 1, 2, \cdots)$，则 $\{x_n\}$ 也是 Cauchy 列。

3-6 设 $(X, \|\cdot\|)$ 是赋范空间，证明：对 $\forall x, y \in X$，有 $|\,\|x\| - \|y\|\,| \leqslant \|x - y\|$。

3-7 设 $(X, \|\cdot\|)$ 为赋范空间，对于 $x, y \in X$，定义

$$d(x, y) = \begin{cases} 0, & x = y \\ 1 + \|x - y\|, & x \neq y \end{cases}$$

证明：d 是 X 上的一个距离，但不是由范数诱导的。

3-8 设 Ω 为 $\mathbb{R}$ 中的一个连通有界开集，对 Ω 上的有界函数空间

$$B(\Omega)=\left\{u:\sup_{t\in\Omega}|u(t)|<+\infty\right\}$$

定义范数

$$\|u\|=\sup_{t\in\Omega}|u(t)|$$

证明：$B(\Omega)$ 按上面范数是 Banach 空间。

3-9 在 $C^1[a,b]$ 中令

$$\|x\|_1=\left(\int_a^b\left(|x(t)|^2+|x'(t)|^2\right)\mathrm{d}t\right)^{\frac{1}{2}},\quad\forall x\in C^1[a,b]$$

(1) 证明 $\|\cdot\|_1$ 是 $C^1[a,b]$ 上的范数；

(2) $\left(C^1[a,b],\|\cdot\|_1\right)$ 是否完备？

3-10 在 $\mathbb{C}^n$ 中定义范数 $\|\boldsymbol{x}\|=\max_i|x_i|$，证明它是 Banach 空间。

3-11 设 $C^k[a,b]$ 是 $[a,b]$ 上具有 k 阶连续导数的函数全体。定义

$$d(x,y)=\sum_{i=0}^{k}\max_{x\in[a,b]}\left|x^{(i)}(t)-y^{(i)}(t)\right|,\quad x,y\in C^k[a,b]$$

证明：

(1) $\left(C^k[a,b],d\right)$ 是完备的距离空间；

(2) 若定义 $\|x\|=d(x,0)$，则 $\left(C^k[a,b],\|\cdot\|\right)$ 是 Banach 空间。

3-12 设 $P_n[a,b]$ 为 $[a,b]$ 上次数不超过 n 的多项式全体，证明：$P_n[a,b]$ 按范数

$$\|u\|_\infty=\max_{x\in[a,b]}|u(x)|$$

是 Banach 空间。

3-13 设 $(X,\|\cdot\|)$ 是赋范空间，$\{x_n\}\subset X$，令 $y_n=(x_1+x_2+\cdots+x_n)/n$。证明：若 $x_n\to x_0$，则 $y_n\to y_0$。

3-14 设 $C(0,1]$ 表示 $(0,1]$ 上连续且有界的函数 $x(t)$ 的全体。令

$$\|x\|=\sup\{|x(t)|:0<t\leqslant 1\}$$

证明：

(1) $\|\cdot\|$ 是 $C(0,1]$ 空间上的范数；

(2) l^{∞} 与 $C(0,1]$ 的一个子空间等距同构。

3-15 设 A 是赋范空间 $(X,\|\cdot\|)$ 的有限维真子空间。证明：

(1) $\forall x\in X$，$\exists a\in A$，使得 $\|x-a\|=d(x,A)$；

(2) $\exists x_0\in S(X)\triangleq\{x\in X:\|x\|=1\}$，使得 $d(x_0,A)=1$。

3-16 $\forall u\in C[a,b]$，设

$$\|u\|_1=\left(\int_0^1 |u(t)|^2\ \mathrm{d}t\right)^{1/2},\quad \|u\|_2=\left(\int_0^1 (1+t)|u(t)|^2\ \mathrm{d}t\right)^{1/2}$$

证明：$\|u\|_1$ 与 $\|u\|_2$ 是两个等价范数。

3-17 设 $\{x_1,x_2,\cdots x_n\}$ 是赋范空间 $(X,\|\cdot\|)$ 中的线性无关子集，证明：$\forall\lambda=[\lambda_1,\lambda_2,\cdots,\lambda_n]^{\top}\in\mathbb{R}^n$，有

$$\alpha\sum_{k=1}^{n}|\lambda_k|\leqslant\left\|\sum_{k=1}^{n}\lambda_k x_k\right\|\leqslant\beta\sum_{k=1}^{n}|\lambda_k|$$

其中，正常数 α,β 与 λ 无关。

第4章

Hilbert空间

在距离空间中，我们定义了两个元素的距离；在赋范空间中，把实数空间中的长度利用范数进行了推广。但是，线性代数中有关向量的夹角的几何概念 (如垂直、平行) 没有在赋范空间中得以直观地运用。因此，有必要在线性空间中引入向量内积的概念，以形成结构更为丰富的内积空间。

内积空间是一类特殊的赋范空间，是欧氏空间最自然的“推广”，它具有许多与欧氏空间十分相近的性质。本章主要介绍有关内积空间的概念，并重点讨论完备的内积空间——Hilbert 空间的特性。

4.1 内积空间

背景说明 希尔伯特 (David Hilbert, 1862—1943) 是德国著名数学家。他于 1900 年 8 月 8 日在巴黎第二届国际数学家大会上，提出了新世纪数学家应当努力解决的 23 个数学问题，被认为是 20 世纪数学的至高点，对这些问题的研究有力推动了 20 世纪数学的发展，在世界上产生了深远的影响。1904 年前后，他在研究积分方程的求解及特征值理论时，利用了满足条件 $\sum\limits_{n=1}^{\infty}|x_n|^2<+\infty$ 的数列，这就是我们现在所熟悉的 l^2 空间。对 l^2 空间理论作进一步研究工作是 Hilbert 的学生施密特 (E. Schmidt, 1876—1959) 与 Fréchet 在 1907 年之后进行的。直到 1929 年，著名的数学家冯·诺依曼 (J. von Neumann, 1903—1957) 才在前人工作的基础上，用公理化的方法建立了内积、内积空间与 Hilbert 空间的概念。为纪念 Hilbert 的开创性思想，人们将完备的内积空间称为 Hilbert 空间。

4.1.1 内积空间的概念

在线性代数中，我们学过两个向量的数量积与向量积等几何概念。例如，对于 $\mathbb{R}^3$ 中的两个向量 $\boldsymbol{x}=[x_1,x_2,x_3]^\top$ 与 $\boldsymbol{y}=[y_1,y_2,y_3]^\top$，它们的数量积 (也叫内积) 定义如下

$$\langle \boldsymbol{x},\boldsymbol{y}\rangle = x_1y_1+x_2y_2+x_3y_3$$

则向量 $\boldsymbol{x}$ 的长度 (范数) 与内积关系为

$$\|\boldsymbol{x}\|=\sqrt{\langle \boldsymbol{x},\boldsymbol{x}\rangle}=\sqrt{x_1^2+x_2^2+x_3^2}$$

同时还得到 $\boldsymbol{x}$ 与 $\boldsymbol{y}$ 的夹角 β 的公式

$$\cos\beta=\frac{\langle \boldsymbol{x},\boldsymbol{y}\rangle}{\|\boldsymbol{x}\|\cdot\|\boldsymbol{y}\|}$$

$$\boldsymbol{x}\perp\boldsymbol{y}\Leftrightarrow\langle \boldsymbol{x},\boldsymbol{y}\rangle=0$$

我们推广这些几何概念，在线性空间中给出内积的概念。

定义 4.1 设 X 是实数集 $\mathbb{R}$ 上的线性空间，若存在映射

$$\langle\cdot,\cdot\rangle : X\times X\to\mathbb{R}$$

对于任意的 $x,y,z\in X$ 与 $\alpha,\beta\in\mathbb{R}$，下列性质成立：

(1) 正定性

$$\langle x,x\rangle\geqslant 0 \text{ 且 } \langle x,x\rangle=0\Leftrightarrow x=\theta$$

(2) 对称性

$$\langle x,y\rangle=\langle y,x\rangle$$

(3) 线性性

$$\langle\alpha x+\beta y,z\rangle=\alpha\langle x,z\rangle+\beta\langle y,z\rangle$$

则称 $\langle\cdot,\cdot\rangle$ 为空间 X 上的**内积**，空间 X 叫作**内积空间**，记为 $(X,\langle\cdot,\cdot\rangle)$，简记 X。

例 4.1 对于 $\mathbb{R}^n$ 中的任意元素

$$\boldsymbol{x}=[x_1,x_2,\cdots,x_n]^\top \text{ 与 } \boldsymbol{y}=[y_1,y_2,\cdots,y_n]^\top$$

定义

$$\langle \boldsymbol{x}, \boldsymbol{y} \rangle = \sum_{k=1}^{n} x_k y_k$$

则 $(\mathbb{R}^n, \langle \cdot, \cdot \rangle)$ 是内积空间。

例 4.2 对于 l^2 中的任意元素

$$x = (x_1, x_2, \cdots, x_n, \cdots) \text{ 与 } y = (y_1, y_2, \cdots, y_n, \cdots)$$

定义

$$\langle x, y \rangle = \sum_{k=1}^{\infty} x_k y_k$$

则 $\left(l^2, \langle \cdot, \cdot \rangle\right)$ 是内积空间。

例 4.3 对于 $L^2[a,b]$ 中的任意元素 $x(t)$ 与 $y(t)$，定义

$$\langle x, y \rangle = \int_a^b x(t) y(t) \mathrm{d}t$$

则 $\left(L^2[a,b], \langle \cdot, \cdot \rangle\right)$ 是内积空间。

注记 4.1 以上的证明留做练习。

例 4.4 $C^1[a,b]$ 表示 $[a,b]$ 上全体连续可微函数组成的线性空间。$\forall x, y \in C^1[a,b]$，定义

$$\langle x, y \rangle = \int_a^b x(t) y(t) \mathrm{d}t + \int_a^b x'(t) y'(t) \mathrm{d}t$$

则 $\left(C^1[a,b], \langle \cdot, \cdot \rangle\right)$ 是内积空间。

证明 (1) 正定性：$\langle x, x \rangle = \int_a^b x^2(t) \mathrm{d}t + \int_a^b |x'(t)|^2 \ \mathrm{d}t \geqslant 0$，并且

$$\langle x, x \rangle = \int_a^b x^2(t) \mathrm{d}t + \int_a^b |x'(t)|^2 \ \mathrm{d}t = 0 \Leftrightarrow x(t) = 0, \text{a.e.}$$

(2) 对称性：$\langle x, y \rangle = \langle y, x \rangle$ 显然。

(3) 线性性：$\forall x, y, z \in C^1[a,b]$ 及 $\forall \alpha, \beta \in \mathbb{R}$ ，有

$$\begin{aligned}
\langle \alpha x + \beta y, z \rangle &= \int_a^b (\alpha x + \beta y) z \ \mathrm{d}t + \int_a^b (\alpha x + \beta y)' z' \mathrm{d}t \\
&= \alpha \left(\int_a^b xz \ \mathrm{d}t + \int_a^b x' z' \mathrm{d}t \right) + \beta \left(\int_a^b yz \ \mathrm{d}t + \int_a^b y' z' \mathrm{d}t \right) \\
&= \alpha \langle x, z \rangle + \beta \langle y, z \rangle
\end{aligned}$$

因此，$\left(C^1[a,b],\langle\cdot,\cdot\rangle\right)$ 是内积空间。 ■

注记 4.2 除非特殊说明，以后遇到上面的空间，我们都使用例子中的内积。

4.1.2 内积导出的范数

内积空间与赋范空间有什么关系呢？下面我们就来解决这个问题。首先给出内积空间中最重要的一个不等式——Schwarz 不等式。施瓦茨 (Hermann Schwarz, 1843—1921) 是德国数学家，他具有极强的几何直觉能力，其工作的最大特色是把几何融入分析中。

定理 4.1 (**Schwarz 不等式**) 设 $(X,\langle\cdot,\cdot\rangle)$ 是内积空间，则 $\forall x,y\in X$，有

$$|\langle x,y\rangle|^2 \leqslant \langle x,x\rangle\langle y,y\rangle$$

当且仅当 x 与 y 线性相关时等号成立。

下面的定理说明由内积一定可以定义范数，即内积空间一定是赋范空间。

定理 4.2 设 $(X,\langle\cdot,\cdot\rangle)$ 是内积空间，$\forall x\in X$，定义

$$\|x\| = \sqrt{\langle x,x\rangle}$$

则 $\|\cdot\|$ 是空间 X 上的范数，称为**由内积导出的范数**。

证明 (1) 显然 $\|x\| = \sqrt{\langle x,x\rangle} \geqslant 0$ 并且

$$\|x\| = \sqrt{\langle x,x\rangle} = 0 \Leftrightarrow x = \theta$$

(2) $\forall a\in\mathbb{R}$

$$\|ax\| = \sqrt{\langle ax,ax\rangle} = \sqrt{a^2\langle x,x\rangle} = |a|\sqrt{\langle x,x\rangle} = |a|\cdot\|x\|$$

所以齐次性成立。

(3) 下面验证三角不等式，根据 Schwarz 不等式

$$\begin{aligned}
\|x+y\|^2 &= \langle x+y,x+y\rangle = \langle x,x\rangle + 2\langle x,y\rangle + \langle y,y\rangle \\
&\leqslant \langle x,x\rangle + 2|\langle x,y\rangle| + \langle y,y\rangle \\
&\leqslant \langle x,x\rangle + 2\sqrt{\langle x,x\rangle}\sqrt{\langle y,y\rangle} + \langle y,y\rangle \\
&= \|x\|^2 + 2\|x\|\,\|y\| + \|y\|^2 \\
&= (\|x\| + \|y\|)^2
\end{aligned}$$

得到三角不等式

$$\|x+y\| \leqslant \|x\|+\|y\|$$

所以 $\|\cdot\|$ 是空间 X 的范数。 ■

从而，我们有下述结论。

定理 4.3 每个内积空间 $(X,\langle\cdot,\cdot\rangle)$ 按范数

$$\|x\|=\sqrt{\langle x,x\rangle}$$

成为一个赋范空间。

注记 4.3 在范数的形式下，Schwarz 不等式可以记为

$$|\langle x,y\rangle| \leqslant \|x\|\cdot\|y\| \tag{4.1}$$

定理 4.4 设 $(X,\langle\cdot,\cdot\rangle)$ 是内积空间，内积 $\langle x,y\rangle$ 是关于两个变元 x,y 的连续函数，即当 $x_n \to x$，$y_n \to y$ 时，$\langle x_n,y_n\rangle \to \langle x,y\rangle$ $(n\to\infty)$。

证明 根据 $\|x_n\|$ 有界 (因为 $\|x_n\|$ 收敛) 及 Schwarz 不等式，得

$$\begin{aligned}|\langle x_n,y_n\rangle-\langle x,y\rangle| &= |\langle x_n,y_n\rangle-\langle x_n,y\rangle+\langle x_n,y\rangle-\langle x,y\rangle| \\ &= |\langle x_n,y_n-y\rangle|+|\langle x_n-x,y\rangle| \\ &\leqslant \|x_n\|\cdot\|y_n-y\|+\|y\|\cdot\|x_n-x\| \to 0\end{aligned}$$

所以 $\langle x_n,y_n\rangle \to \langle x,y\rangle$ $(n\to\infty)$。 ■

注记 4.4 该定理说明极限运算和内积可以交换顺序。

定理 4.5 设 $(X,\langle\cdot,\cdot\rangle)$ 是内积空间，则 $\forall x,y\in X$ 有极化恒等式

$$\langle x,y\rangle=\frac{1}{4}\left(\|x+y\|^2-\|x-y\|^2\right)$$

证明 根据

$$\|x+y\|^2=\langle x+y,x+y\rangle=\|x\|^2+2\langle x,y\rangle+\|y\|^2$$

以及

$$\|x-y\|^2=\langle x-y,x-y\rangle=\|x\|^2-2\langle x,y\rangle+\|y\|^2$$

得到

$$\|x+y\|^2-\|x-y\|^2=4\langle x,y\rangle$$

证毕。 ■

4.1.3 范数成为内积的条件

我们已经知道内积空间一定是赋范空间，那么赋范空间是不是内积空间呢？答案是否定的。

定理 4.6 赋范空间 X 是内积空间的充要条件是范数满足如下的平行四边形法则

$$\|x+y\|^2+\|x-y\|^2=2\left(\|x\|^2+\|y\|^2\right),\ \forall x,y\in X$$

证明 必要性 设 X 是内积空间，定义范数为

$$\|x\|=\sqrt{\langle x,x\rangle},\quad \forall x\in X$$

则有

$$\begin{aligned}\|x+y\|^2&=\langle x+y,x+y\rangle\\&=\langle x,x\rangle+\langle y,y\rangle+2\langle x,y\rangle\\&=\|x\|^2+\|y\|^2+2\langle x,y\rangle\end{aligned}$$

类似地，有

$$\begin{aligned}\|x-y\|^2&=\langle x-y,x-y\rangle\\&=\langle x,x\rangle+\langle y,y\rangle-2\langle x,y\rangle\\&=\|x\|^2+\|y\|^2-2\langle x,y\rangle\end{aligned}$$

两式相加得到

$$\|x+y\|^2+\|x-y\|^2=2\|x\|^2+2\|y\|^2$$

充分性 $\forall x,y,z\in X$，设

$$\langle x,y\rangle=\frac{1}{4}\left(\|x+y\|^2-\|x-y\|^2\right)$$

故

$$\begin{aligned}\langle x,z\rangle+\langle y,z\rangle&=\frac{1}{4}\left(\|x+z\|^2-\|x-z\|^2\right)+\frac{1}{4}\left(\|y+z\|^2-\|y-z\|^2\right)\\&=\frac{1}{4}\left(\|x+z\|^2+\|y+z\|^2\right)-\frac{1}{4}\left(\|x-z\|^2+\|y-z\|^2\right)\end{aligned}$$

由平行四边形法则可得

$$\|x+z\|^2+\|y+z\|^2 = 2\left\|\frac{(x+z)+(y+z)}{2}\right\|^2 + 2\left\|\frac{(x+z)-(y+z)}{2}\right\|^2$$
$$= 2\left\|\frac{1}{2}(x+y)+z\right\|^2 + 2\left\|\frac{1}{2}(x-y)\right\|^2$$

类似地，有

$$\|x-z\|^2+\|y-z\|^2 = 2\left\|\frac{1}{2}(x+y)-z\right\|^2 + 2\left\|\frac{1}{2}(x-y)\right\|^2$$

因此，利用定理 4.5 中极化恒等式可得

$$\langle x,z\rangle+\langle y,z\rangle = \frac{1}{2}\left(\left\|\frac{1}{2}(x+y)+z\right\|^2 - \left\|\frac{1}{2}(x+y)-z\right\|^2\right)$$
$$= 2\left\langle \frac{x+y}{2}, z\right\rangle$$

上式令 $y=\theta$，则 $\langle x,z\rangle = 2\left\langle \frac{1}{2}x, z\right\rangle$，进而

$$\langle x+y,z\rangle = 2\left\langle \frac{x+y}{2}, z\right\rangle = \langle x,z\rangle+\langle y,z\rangle$$

由此可得，$\langle x,y\rangle$ 对于第一个变量满足线性性质，正定性与对称性显然，所以二元函数 $\langle x,y\rangle$ 为内积。 ■

注记 4.5 平行四边形法则的几何解释为：平行四边形的两条对角线的平方和等于四边的平方和。这是内积空间的特征性质，在有了正交性的概念以后，如果 $x\perp y$，平行四边形法则成为

$$\|x+y\|^2 = \|x\|^2+\|y\|^2 \quad \text{(勾股定理)}$$

注记 4.6 由内积可定义一个范数，所以内积空间必定是赋范空间。根据定理 4.6，以后要想说明范数空间是不是内积空间，只需要验证范数是否满足平行四边形法则。

例 4.5 空间 $C[a,b]$ 不是内积空间。

证明 假设

$$x(t)=1,\quad y(t)=\frac{t-a}{b-a}$$

则 $x,y\in C[a,b]$ 且

$$\|x\| = \max_{t\in[a,b]}|x(t)| = 1 = \|y\|$$

又因为

$$\|x+y\|^2+\|x-y\|^2=\left\|1+\frac{t-a}{b-a}\right\|^2+\left\|\frac{b-t}{b-a}\right\|^2$$

$$=\left(\max_{t\in[a,b]}\left|1+\frac{t-a}{b-a}\right|\right)^2+\left(\max_{t\in[a,b]}\left|\frac{b-t}{b-a}\right|\right)^2=5$$

但是

$$2\left(\|x\|^2+\|y\|^2\right)=2\left[\left(\max_{t\in[a,b]}|1|\right)^2+\left(\max_{t\in[a,b]}\left|\frac{t-a}{b-a}\right|\right)^2\right]=4$$

故平行四边形法则不成立，所以空间 $C[a,b]$ 不是内积空间。 ■

例 4.6 当 $p\neq 2$ 时，空间 l^p 不是内积空间。

例 4.7 当 $p\neq 2$ 时，空间 $L^p[a,b]$ 不是内积空间。

4.1.4 完备内积空间

在赋范空间中我们看到空间是否完备是十分重要的。在内积空间中，是否完备同样也是很重要的。

定义 4.2 完备的内积空间称为**希尔伯特** (Hilbert) **空间**。

注记 4.7 Hilbert 空间是迄今为止应用最广泛的一类空间。由于内积空间是一种特殊的赋范空间，所以 Hilbert 空间是一种特殊的 Banach 空间。基于此，有关 Banach 空间的一些性质，都可以轻易移植到 Hilbert 空间上来。

根据定理 2.8 “完备空间的任何一个闭子空间也是完备的”，容易得到以下结论。

定理 4.7 设 H 是一个 Hilbert 空间，$Y\subset H$ 是一个线性子空间，那么 Y 是一个 Hilbert 空间，当且仅当 Y 是闭的。

例 4.8 $\mathbb{R}^n\,(\mathbb{C}^n)$ 是 Hilbert 空间。

例 4.9 l^2 是 Hilbert 空间。

证明 考虑 l^2 中的元素是实值或复值平方可和数列，对任意 $x,y\in l^2$，$x=(\xi_k),y=(\eta_k)$，定义内积

$$\langle x,y\rangle=\sum_{k=1}^{\infty}\xi_k\overline{\eta_k}$$

由 Schwarz 不等式

$$|\langle x,y\rangle| \leqslant \left(\sum_{k=1}^{\infty}|\xi_k|^2\right)^{\frac{1}{2}}\left(\sum_{k=1}^{\infty}|\overline{\eta_k}|^2\right)^{\frac{1}{2}}$$

易证 $\langle x,y\rangle$ 满足内积的三个条件。由例3.18知，它产生的范数

$$\|x\| = \left(\sum_{k=1}^{\infty}|\xi_k|^2\right)^{\frac{1}{2}}$$

是完备的，所以 l^2 是 Hilbert 空间。 ■

例 4.10 $L^2[a,b]$ 是 Hilbert 空间。

证明 考虑 $L^2[a,b]$ 中的元素是实值或复值二次可积函数。对任意 $x,y \in L^2[a,b]$，定义内积

$$\langle x,y\rangle = \int_a^b x(t)\overline{y(t)}\mathrm{d}t$$

由 Schwarz 不等式

$$\begin{aligned}|\langle x,y\rangle| &= \left|\int_a^b x(t)\overline{y(t)}\mathrm{d}t\right| \\ &\leqslant \left(\int_a^b |x(t)|^2\ \mathrm{d}t\right)^{\frac{1}{2}}\left(\int_a^b |y(t)|^2\ \mathrm{d}t\right)^{\frac{1}{2}}\end{aligned}$$

易证 $\langle x,y\rangle$ 是 $L^2[a,b]$ 上的内积。由这个内积产生的范数

$$\|x\| = \left[\int_a^b |x(t)|^2\ \mathrm{d}t\right]^{\frac{1}{2}}$$

是完备的，所以 $L^2[a,b]$ 是 Hilbert 空间。 ■

不是所有的内积空间都是 Hilbert 空间。

例 4.11 在全体连续函数组成的线性空间 X 上，定义

$$\langle x,y\rangle = \int_a^b x(t)\overline{y(t)}\mathrm{d}t$$

则 X 是一个内积空间。由此内积产生的范数为

$$\|x\| = \left[\int_a^b |x(t)|^2\ \mathrm{d}t\right]^{\frac{1}{2}}$$

但 X 在范数 $\|\cdot\|$ 下不完备 (见例 3.24)，即 X 是一个内积空间，但不是 Hilbert 空间。

注记 4.8 空间是否完备是由“是否全体 Cauchy 列都收敛”决定的。由距离空间完备化定理2.9，任何一个内积空间 X 都可以完备化 (因为它也是一个距离空间)，即完备成为一个 Hilbert 空间 H，而 X 等距同构于 H 中的一个稠密子集。在等距同构的意义下，这样的完备化空间是唯一的。例4.11中的空间 X，完备化以后成为 $L^2[a,b]$ 空间。

从第 2 章起，我们陆续接触了许多具体空间的例子。为了方便大家对这些空间的特性有一个总体的把握，下面将这些空间的属性总结成表 4.1。

表 4.1 常见空间的属性

空 间	内积 · 范数 · 距离	性 质
n 维欧氏空间 $\mathbb{K}^n$	$\langle x,y\rangle=\sum\limits_{k=1}^{n}x_k\overline{y_k}$	Hilbert 空间
平方可和数列空间 l^2	$\langle x,y\rangle=\sum\limits_{k=1}^{\infty}x_k\overline{y_k}$	Hilbert 空间
p 次幂可积函数空间 l^p $(p\geqslant 1,\ p\neq 2)$	$\Vert x\Vert_p=\left(\sum\limits_{k=1}^{\infty}\vert x_k\vert^p\right)^{\frac{1}{p}}$	Banach 空间
有界数列空间 l^∞	$\Vert x\Vert_\infty=\sup\limits_{k\in\mathbb{Z}^+}\vert x_k\vert$	Banach 空间
连续函数空间 $C[a,b]$	$\Vert x\Vert_\infty=\max\limits_{t\in[a,b]}\vert x(t)\vert$ $\langle x,y\rangle=\int_a^b x(t)\overline{y(t)}\mathrm{d}t$	Banach 空间 内积空间
k 阶连续可微函数空间 $C^k[a,b]$	$\Vert x\Vert=\sum\limits_{i=0}^{k}\max\limits_{t\in[a,b]}\left\vert x^{(i)}(t)\right\vert$	Banach 空间
平方可积函数空间 $L^2[a,b]$	$\langle x,y\rangle=\int_a^b x(t)\overline{y(t)}\mathrm{d}t$	Hilbert 空间
p 次幂可积函数空间 $L^p[a,b]$ $(p\geqslant 1,\ p\neq 2)$	$\Vert x\Vert_p=\left(\int_a^b\vert x(t)\vert^p\mathrm{d}t\right)^{\frac{1}{p}}$	Banach 空间

4.2 正交与正交系

4.2.1 正交性

内积空间最重要的应用之一是考查两个元素的夹角，尤其是垂直 (正交) 的情况，因此下面把向量空间中正交的概念及性质推广到一般的内积空间。对于内积

空间中的任意两个元素 x 与 y，用

$$\theta=\arccos\frac{|\langle x,y\rangle|}{\|x\|\cdot\|y\|}$$

表示它们之间的夹角。

定义 4.3 设 X 是内积空间，元素 $x,y\in X$，集合 $M,N\subset X$。

(1) 若 $\langle x,y\rangle=0$，则称元素 x 与 y 是**正交**的，记作

$$x\perp y$$

(2) 若 $\forall a\in M$，都有 $x\perp a$，则称 x 与 M 正交，记作

$$x\perp M$$

(3) 若 $\forall x\in M,\forall y\in N$，都有 $x\perp y$，则称 M 与 N 正交，记作

$$M\perp N$$

定义 4.4 设 X 是内积空间，$M\subset X$，则 X 中与 M 正交的元素全体称为 M **正交补**，记作

$$M^{\perp}=\{x\in X:x\perp M\}$$

定理 4.8 (**正交补的性质**) 设 X 是内积空间，M 是 X 的子集，那么

(1) $\theta\in M^{\perp}$；

(2) 如果 $\theta\in M$，那么 $M\cap M^{\perp}=\{\theta\}$，否则 $M\cap M^{\perp}=\emptyset$；

(3) $\{\theta\}^{\perp}=X$，$X^{\perp}=\{\theta\}$；

(4) 如果 $M\supset B_r(\theta)$，那么 $M^{\perp}=\{\theta\}$。特别地，如果 M 是一个非空的开集，则 $M^{\perp}=\{\theta\}$；

(5) 如果 $N\subset M$，那么 $M^{\perp}\subset N^{\perp}$；

(6) $M\subset\left(M^{\perp}\right)^{\perp}$。

定理的证明可参阅文献 [4]。

定理 4.9 设 X 是内积空间，$M\subset X$，则 $M^{\perp}$ 为 X 的闭线性子空间。

证明 (1) 先证明 $M^{\perp}$ 是 X 的线性子空间。$\forall x,y\in M^{\perp}$，$\forall\alpha,\beta\in\mathbb{R}$ 以及 $\forall z\in M$，有

$$\langle\alpha x+\beta y,z\rangle=\alpha\langle x,z\rangle+\beta\langle y,z\rangle=0$$

故 $\alpha x+\beta y\in M^{\perp}$ ，即 $M^{\perp}$ 是 X 的线性子空间。

(2) 假设 $\{x_n\}\subset M^{\perp}$,使得 $x_n\to x\ (n\to\infty)$。下面证极限 x 也在空间 $M^{\perp}$ 内。此时 $\forall z\in M$，有 $\langle x_n,z\rangle=0$，再由内积关于变元的连续性得到

$$\langle x,z\rangle=\left\langle \lim_{n\to\infty} x_n,z\right\rangle=\lim_{n\to\infty}\langle x_n,z\rangle=0$$

即 $x\in M^{\perp}$，故 $M^{\perp}$ 为 X 的闭子空间。 ■

下面对正交补集作进一步的研究。

定理 4.10 设 M 是内积空间 X 的一个线性子空间，那么 $x\in M^{\perp}$ 当且仅当 $\forall y\in M$ 都有 $\|x-y\|\geqslant\|x\|$。

证明 **必要性** 因 $x\in M^{\perp}$, $y\in M$，由勾股定理，有

$$\|x-y\|^2=\|x\|^2+\|y\|^2\geqslant\|x\|^2$$

充分性 由 M 是一个线性子空间知，$\forall\alpha\neq 0\ (\alpha\in\mathbb{R})$，有 $\alpha y\in M$。从而得到 $\|x-\alpha y\|^2\geqslant\|x\|^2$。再根据内积的定义

$$\|x-\alpha y\|^2=\|x\|^2-\alpha\langle x,y\rangle-\alpha\langle y,x\rangle+\alpha^2\|y\|^2$$

有 $0\leqslant-2\alpha\operatorname{Re}\langle x,y\rangle+\alpha^2\|y\|^2$，即 $2\alpha\operatorname{Re}\langle x,y\rangle\leqslant\alpha^2\|y\|^2$。

于是 $\forall\alpha>0$，有 $\operatorname{Re}\langle x,y\rangle\leqslant\dfrac{1}{2}\alpha\|y\|^2$。由 α 的任意性，可得 $\operatorname{Re}\langle x,y\rangle\leqslant 0$。$\forall\alpha<0$,有 $\operatorname{Re}\langle x,y\rangle\geqslant\dfrac{1}{2}\alpha\|y\|^2$。由 α 的任意性可得,$\operatorname{Re}\langle x,y\rangle\geqslant 0$。故 $\operatorname{Re}\langle x,y\rangle=0$。同样地，以 $\mathrm{i}\alpha$ 代替 α，可得 $\operatorname{Im}\langle x,y\rangle=0$，从而 $\langle x,y\rangle=0$，即 $x\in M^{\perp}$。 ■

4.2.2 正交系和标准正交系

定义 4.5 设 X 是内积空间，$M\subset X$，若 M 中的任意两个不同元素均正交，则称 M 为 X 的一个**正交系**；进一步地，若 M 中的任一元素的范数均为 1，则称 M 为 X 的一个**标准正交系或规范正交系**。

定理 4.11 设 $\{e_n\}$ 是内积空间 X 的一个正交系，则它是线性无关的。

证明 任取正交系 $\{e_n\}$ 中的有限个向量 $e_1,e_2,\cdots,e_m$，令

$$k_1e_1+k_2e_2+\cdots+k_me_m=0$$

分别用 $e_i\ (i=1,2,\cdots,m)$ 与等式两边作内积，得 $k_i=0\ (i=1,2,\cdots,m)$，故 $e_1,e_2,\cdots,e_m$ 线性无关，从而此正交系 $\{e_n\}$ 是线性无关的。 ■

例 4.12 在空间 $\mathbb{R}^n$ 中

$$\boldsymbol{e}_1=[1,0,\cdots,0]^\top,\boldsymbol{e}_2=[0,1,\cdots,0]^\top,\cdots,\boldsymbol{e}_n=[0,0,\cdots,1]^\top$$

是一个标准正交系。

例 4.13 在空间 l^2 中

$$e_n=(\underbrace{0,\cdots,0}_{n-1},1,0,\cdots),\ n=1,2,\cdots$$

是一个标准正交系。

例 4.14 在空间 $L^2[-\pi,\pi]$ 中，定义内积为

$$\langle x,y\rangle=\int_{-\pi}^{\pi}x(t)\overline{y(t)}\mathrm{d}x$$

则三角函数系

$$\left\{\frac{1}{\sqrt{2\pi}},\frac{\cos t}{\sqrt{\pi}},\frac{\sin t}{\sqrt{\pi}},\cdots,\frac{\cos kt}{\sqrt{\pi}},\frac{\sin kt}{\sqrt{\pi}},\cdots\right\}$$

是一个标准正交系。

以后我们会看到，上述三个例子中的标准正交系都是相应空间的标准正交基。在内积空间中，正交系不是唯一的。

例 4.15 在空间 $L^2[-1,1]$ 中，定义内积为

$$\langle x,y\rangle=\int_{-1}^{1}x(t)\overline{y(t)}\mathrm{d}x$$

容易验证

$$\{1,\cos\pi t,\sin\pi t,\cdots,\cos k\pi t,\sin k\pi t,\cdots\}$$

是 $L^2[-1,1]$ 中的正交系。

例 4.16 考虑 Legendre 方程

$$\begin{cases}-(1-x^2)y''+2xy'=\lambda y,\ \ x\in(-1,1),\lambda\in\mathbb{R}\\ y(1)<\infty\\ y(-1)<\infty\end{cases}$$

方程可化为

$$-\frac{\mathrm{d}}{\mathrm{d}x}((1-x^2)y')=\lambda y$$

它是对称的微分算子，可以求出其特征值为

$$\lambda_n = n(n+1)\ (n = 0, 1, 2, \cdots)$$

特征函数为

$$P_n(x) = \frac{1}{2^n n!} \frac{\mathrm{d}^n}{\mathrm{d}x^n} \left(x^2 - 1\right)^n$$

称 P_n 为 n 阶 Legendre 多项式。通过分部积分可以验证它们满足

$$\int_{-1}^{1} P_n(x)\overline{P_m(x)}\mathrm{d}x = 0\ (m \neq n)$$

即 Legendre 多项式也是空间 $L^2[-1,1]$ 上的正交系。

4.2.3 Gram-Schmidt 正交化

类似于线性代数中的施密特 (Schmidt) 正交化方法，可以把内积空间中的线性无关的元素化为标准正交系。

定理 4.12 设 X 是内积空间，$\{x_n\}$ 是 X 中的线性无关可数子集，则存在标准正交系 $\{e_n\}$，使得 $\{e_n\}$ 与 $\{x_n\}$ 张成的子空间相同，即

$$\mathrm{span}\,\{e_1, e_2, \cdots, e_n\} = \mathrm{span}\,\{x_1, x_2, \cdots, x_n\}$$

证明 首先设

$$e_1 = \frac{x_1}{\|x_1\|}$$

则有 $\|e_1\| = 1$，且

$$\mathrm{span}\,\{e_1\} = \mathrm{span}\,\{x_1\}$$

由 x_1 与 x_2 线性无关，知 x_2 与 e_1 线性无关。记

$$h_2 = x_2 - \langle x_2, e_1 \rangle e_1$$

则 $h_2 \neq 0$，且

$$\langle h_2, e_1 \rangle = \langle x_2, e_1 \rangle - \langle x_2, e_1 \rangle \langle e_1, e_1 \rangle = 0$$

于是 $h_2 \perp e_1$。令

$$e_2 = \frac{h_2}{\|h_2\|}$$

则有 $\|e_2\|=1$, $e_2\perp e_1$ ，并且

$$\operatorname{span}\{e_1,e_2\}=\operatorname{span}\{x_1,x_2\}$$

继续上面的做法，得到

$$h_n=x_n-\sum_{k=1}^{n-1}\langle x_n,e_k\rangle e_k \quad (n=3,4,\cdots)$$

则 $h_n\neq 0$ 且 $h_n\perp e_k$ $(k=1,2,\cdots,n-1)$。令

$$e_n=\frac{h_n}{\|h_n\|}$$

则 $\{e_n\}$ 即为所求。 ■

定理中由线性无关集得到标准正交系的方法称为**Gram-Schmidt 正规正交算法**。

例 4.17 (**Legendre 多项式**) 在 $L^2[-1,1]$ 空间中，考虑下列可数子集

$$x_1(t)=1,\ x_2(t)=t,\ x_3(t)=t^2,\ \cdots,\ x_{n+1}(t)=t^n,\ \cdots$$

显然它们是线性无关的，根据 Gram-Schmidt 正规正交化算法

$$e_1=\frac{x_1}{\|x_1\|}$$

$$h_n=x_n-\sum_{k=1}^{n-1}\langle x_n,e_k\rangle e_k,\quad e_n=\frac{h_n}{\|h_n\|},\quad n=2,3,\cdots$$

可以得到一个由多项式组成的正交系 $\{e_n\}$。由正交化流程可知，多项式 $\{e_n\}$ 的次数正好是 $n-1$，并且

$$\operatorname{span}\{e_n\}=\operatorname{span}\{x_n\}$$

由于多项式的全体在 $L^2[-1,1]$ 稠密，可知 $\overline{\operatorname{span}\{e_n\}}=L^2[-1,1]$。后面可以看到，这样的多项式正交系 $\{e_n\}$ 是 $L^2[-1,1]$ 中的正交基。

通过计算我们可以得到

$$e_{k+1}=\sqrt{\frac{2k+1}{2}}P_k(t),\ \text{其中}P_k(t)=\frac{1}{2^k k!}\frac{\mathrm{d}^k}{\mathrm{d}t^k}\left[\left(t^2-1\right)^k\right]$$

$P_k(t)$ 是 k 阶的 Legendre 多项式，$k=0,1,2,\cdots$。

通过分部积分等计算可以直接验证：$\langle P_k,P_l\rangle=0, k\neq l$, $\|e_n\|=1$ $(n=$

$1,2,\cdots$)，即 $\{e_n\}$ 构成 $L^2[-1,1]$ 中的一个正交系，其中

$$
\begin{aligned}
P_0(t) &= 1 \\
P_2(t) &= \frac{1}{2}\left(3t^2-1\right) \\
P_4(t) &= \frac{1}{8}\left(35t^4-30t+3\right) \\
&\cdots\cdots \\
P_1(t) &= t \\
P_3(t) &= \frac{1}{2}\left(5t^3-3t\right) \\
P_5(t) &= \frac{1}{8}\left(63t^5-70t^3+15t\right)
\end{aligned}
$$

注记 4.9 可以验证 Legendre 多项式是 Legendre 方程

$$\left(1-t^2\right)P_k''-2tP_k'+k(k+1)P_k=0,\ t\in[-1,1],\ k=0,1,2,\cdots$$

的解。此方程在处理量子力学问题时有重要作用。

4.3 Fourier 级数和标准正交基

在高等数学中，我们学习了如何将一个函数展开为三角函数系的 Fourier 级数。在一般的内积空间中，也可以讨论它的一个元素关于它的一个标准正交系的展开问题。本节将看到，对于内积空间 X 中任意元素 $x\in X$，当标准正交系是标准正交基时，x 的 Fourier 级数收敛到 x。

4.3.1 Fourier 级数和 Bessel 不等式

定义 4.6 (**Fourier 级数**) 设 $\{e_k\}$ 是内积空间 X 中的标准正交系，对于 $x\in X$，称级数 $\sum\limits_{k=1}^{\infty}\langle x,e_k\rangle e_k$ 为 x 关于 $\{e_k\}$ 的 Fourier **级数**，数 $\langle x,e_k\rangle$ 称为 x 关于 $\{e_k\}$ 的 Fourier **系数**。

在例4.14中，函数系

$$\left\{\frac{1}{\sqrt{2\pi}},\frac{\cos t}{\sqrt{\pi}},\frac{\sin t}{\sqrt{\pi}},\cdots,\frac{\cos kt}{\sqrt{\pi}},\frac{\sin kt}{\sqrt{\pi}},\cdots\right\}$$

构成 $L^2[-\pi,\pi]$ 的一个标准正交系，则对任意 $x\in L^2[-\pi,\pi]$，x 关于此函数系

的 Fourier 系数为

$$\frac{a_0}{2}=\frac{1}{2\pi}\int_{-\pi}^{\pi}x(t)\mathrm{d}t=\frac{1}{\sqrt{2\pi}}\left\langle x,\frac{1}{\sqrt{2\pi}}\right\rangle$$

$$a_k=\frac{1}{\pi}\int_{-\pi}^{\pi}x(t)\cos kt\ \mathrm{d}t=\frac{1}{\sqrt{\pi}}\left\langle x,\frac{1}{\sqrt{\pi}}\cos kt\right\rangle,\ k\in\mathbb{Z}^+ \tag{4.2}$$

$$b_k=\frac{1}{\pi}\int_{-\pi}^{\pi}x(t)\sin kt\ \mathrm{d}t=\frac{1}{\sqrt{\pi}}\left\langle x,\frac{1}{\sqrt{\pi}}\sin kt\right\rangle,\ k\in\mathbb{Z}^+$$

下面我们将讨论三个问题。

（1）定义 4.6 中的 Fourier 级数 $\sum\limits_{k=1}^{\infty}\langle x,e_k\rangle e_k$ 是否收敛？

（2）如果收敛，是在什么意义下收敛？

（3）如果收敛，它能否收敛到 x？

Fourier 级数收敛性的证明要用到如下 Bessel 不等式。

定理 4.13 (**Bessel不等式**) 设 $\{e_k\}$ 是内积空间 X 中的标准正交系,则 $\forall x\in X$，有

$$\sum_{k=1}^{\infty}|\langle x,e_k\rangle|^2\leqslant\|x\|^2 \tag{4.3}$$

证明 $\forall n\in\mathbb{Z}^+$

$$\begin{aligned}\left\|x-\sum_{k=1}^{n}\langle x,e_k\rangle e_k\right\|^2&=\left\langle x-\sum_{k=1}^{n}\langle x,e_k\rangle e_k,\ x-\sum_{k=1}^{n}\langle x,e_k\rangle e_k\right\rangle\\&=\|x\|^2-\sum_{k=1}^{n}|\langle x,e_k\rangle|^2\geqslant 0\end{aligned} \tag{4.4}$$

于是 $\sum\limits_{k=1}^{n}|\langle x,e_k\rangle|^2\leqslant\|x\|^2$。令 $n\to\infty$，即得结论 $\sum\limits_{k=1}^{\infty}|\langle x,e_k\rangle|^2\leqslant\|x\|^2$。 ■

注记 4.10 由 Bessel 不等式知，级数 $\sum\limits_{k=1}^{\infty}|\langle x,e_k\rangle|^2$ 收敛。

定理 4.14 设 $\{e_k\}$ 是内积空间 X 中的标准正交系，则对于任意的 $x\in X$，有 $\langle x,e_k\rangle\to 0\ (k\to\infty)$。

证明 由式 (4.3) 和正项级数收敛的必要条件知，对于任意的$x\in X$，有 $\langle x,e_k\rangle\to 0\ (k\to\infty)$。 ■

注记 4.11 以后将看到，若 $\{e_k\}$ 是内积空间 X 中的标准正交系，对于任意的 $x\in X$, $\langle x,e_k\rangle\to 0\ (k\to\infty)$，意味着 $\{e_k\}$ 弱收敛到 0 ($e_k\xrightarrow{w}0$)。

推论 4.1 (Riemann-Lebesgue 引理) 设 $x(t) \in L^2[-\pi,\pi]$，那么

$$\lim_{k\to\infty}\int_{-\pi}^{\pi} x(t)\sin kt\,\mathrm{d}t = 0, \quad \lim_{k\to\infty}\int_{-\pi}^{\pi} x(t)\cos kt\,\mathrm{d}t = 0$$

注记 4.12 当 $x(t)$ 是连续函数时，该推论就是数学分析中 Fourier 级数部分的 Riemann 引理。

定理 4.15 设 $\{e_k\}$ 是 Hilbert 空间 H 的一个标准正交系，$\{\alpha_k\}$ 是一个数列，则级数 $\sum\limits_{k=1}^{\infty}\alpha_k e_k$ 收敛的充要条件为

$$\sum_{k=1}^{\infty}|\alpha_k|^2 < \infty，\text{即} \quad \{\alpha_k\} \in l^2$$

并且在上述条件下，有

$$\left\|\sum_{k=1}^{\infty}\alpha_k e_k\right\|^2 = \sum_{k=1}^{\infty}|\alpha_k|^2$$

定理的证明可参阅文献 [4]。

推论 4.2 设 $\{e_k\}$ 是 Hilbert 空间 H 的一个标准正交系，则 $\forall x \in H$，x 的 Fourier 级数 $\sum\limits_{k=1}^{\infty}\langle x, e_k\rangle e_k$ 在 H 中都收敛。

证明 由 Bessel 不等式 (4.3) 知，Fourier 系数是平方可和的，并且其和不大于 $\|x\|^2$。结合定理 4.15，推论可证。 ■

注记 4.13 该推论回答了本节前面提出的关于Fourier级数是否收敛的问题。

注记 4.14 这里 Fourier 级数的收敛是在 Hilbert 空间中按范数收敛，不是数学分析中的逐点收敛。

4.3.2 标准正交基

在线性代数中，对于有限维向量空间中的一个线性无关的向量组，如果空间中的任意一个向量都可被这个向量组线性表示，则称此向量组为空间的基。

定理 4.16 设 $\{e_1, e_2, \cdots, e_n\}$ 是内积空间 X 中的正交系，若 X 是 n 维的，则任意的 $x \in X$ 都可以表示为

$$x = \sum_{k=1}^{n}\langle x, e_k\rangle e_k \tag{4.5}$$

该定理表明，如果有限维内积空间中的一个元素x能表示成一个正交系$\{e_1,e_2,\cdots,e_n\}$的线性组合，则 e_k 前的系数一定为 $\alpha_k=\langle x,e_k\rangle$。在一般内积空间中，也有类似的性质。下面讨论 Fourier 级数 $\sum\limits_{k=1}^{\infty}\langle x,e_k\rangle e_k$ 是否收敛到 x。一般来说答案是否定的，这取决于正交系是否完备。

例 4.18 在 $\mathbb{R}^3$ 中，$\boldsymbol{e}_1=[1,0,0]^\top,\boldsymbol{e}_2=[0,1,0]^\top$ 是 $\mathbb{R}^3$ 中的正交系，$\boldsymbol{x}=[1,1,1]^\top\in\mathbb{R}^3$，但是

$$\langle\boldsymbol{x},\boldsymbol{e}_1\rangle\boldsymbol{e}_1+\langle\boldsymbol{x},\boldsymbol{e}_2\rangle\boldsymbol{e}_2\neq\boldsymbol{x}$$

定义 4.7 设 $\{e_k\}$ 是内积空间 X 中的正交系，如果它张成的子空间的闭包是全空间 X，则将 $\{e_k\}$ 称为 X 的**正交基**。进一步地，若 $\{e_k\}$ 还是内积空间 X 中的标准正交系，则称 $\{e_k\}$ 为 X 的**标准正交基**。

例 4.19 在空间 $\mathbb{R}^n$ 中

$$\boldsymbol{e}_k=(\underbrace{0,\cdots,0}_{k-1},1,0,\cdots,0),\quad k=1,2,\cdots,n$$

是 $\mathbb{R}^n$ 中的标准正交基。

下面给出正交系完备的定义。

定义 4.8 设 $\{e_k\}$ 是内积空间 X 的一个标准正交系，如果 $\forall x\in X$，有

$$\sum_{k=1}^{\infty}|\langle x,e_k\rangle|^2=\|x\|^2\qquad(\text{Parseval 等式})\tag{4.6}$$

则称 $\{e_n\}$ 是**完备的**。

注记 4.15 在三维欧氏空间中，Parseval 等式就是勾股定理。

下面证明在 Hilbert 空间中，x 关于 $\{e_n\}$ 的 Fourier 级数收敛到 x，当且仅当 x 关于 $\{e_n\}$ 的 Parseval 等式 (4.6) 成立。

定理 4.17 设 $\{e_k\}$ 是 Hilbert 空间 H 中的一个标准正交系，则下列叙述是等价的。

(1) $\{e_k\}^\perp=\{0\}$ (即 $\{e_k\}$ 在 H 中稠密，或者说 $\{e_k\}$ 是完全的)。

(2) $\forall x\in H,\ x=\sum\limits_{k=1}^{\infty}\langle x,e_k\rangle e_k$ (即 x 的 Fourier 级数收敛到 x)。

(3) $\overline{\operatorname{span}\{e_k\}}=H$ (即 $\{e_k\}$ 是 H 中的一个标准正交基)。

(4) $\forall x\in H,\ \|x\|^2=\sum\limits_{k=1}^{\infty}|\langle x,e_k\rangle|^2$ (即 $\{e_k\}$ 是完备的)。

(5) $\forall x,y\in X$

$$\langle x,y\rangle=\sum_{k=1}^{\infty}\langle x,e_k\rangle\langle y,e_k\rangle \tag{4.7}$$

证明 (1) $\Rightarrow$ (2) (分析：已知 $\{e_k\}^{\perp}=\{0\}$，要证：$y=0$)

设 $x\in H$，令 $y=x-\sum\limits_{k=1}^{\infty}\langle x,e_k\rangle e_k$。对任何 $m\in\mathbb{Z}^+$，根据内积的连续性

$$\begin{aligned}\langle y,e_m\rangle&=\langle x,e_m\rangle-\left\langle\sum_{k=1}^{\infty}\langle x,e_k\rangle e_k,\ e_m\right\rangle=\langle x,e_m\rangle-\lim_{n\to\infty}\left\langle\sum_{k=1}^{n}\langle x,e_k\rangle e_k,\ e_m\right\rangle\\&=\langle x,e_m\rangle-\lim_{n\to\infty}\left(\sum_{k=1}^{n}\langle x,e_k\rangle\langle e_k,e_m\rangle\right)=\langle x,e_m\rangle-\langle x,e_m\rangle=0\end{aligned}$$

由于 $\{e_k\}^{\perp}=\{0\}$，有 $y=0$，即 $x=\sum\limits_{k=1}^{\infty}\langle x,e_k\rangle e_k$。

(2) $\Rightarrow$ (3) (分析：根据正交基的定义，只需证明：由条件 $x=\sum\limits_{k=1}^{\infty}\langle x,e_k\rangle e_k$，可推出 $\overline{\operatorname{span}\{e_k\}}=H$，即对任何 $x\in H$，要证明 $x\in\overline{\operatorname{span}\{e_k\}}$)

由命题 (2)，对 $\forall x\in H$，

$$x=\sum_{k=1}^{\infty}\langle x,e_k\rangle e_k=\lim_{n\to\infty}\sum_{k=1}^{n}\langle x,e_k\rangle e_k$$

而

$$\sum_{k=1}^{n}\langle x,e_k\rangle e_k\in\operatorname{span}\{e_k\}$$

所以 $x\in\overline{\operatorname{span}\{e_k\}}$，即 $\overline{\operatorname{span}\{e_k\}}=H$。

(3) $\Rightarrow$ (1) (分析：要证 "$\overline{\operatorname{span}\{e_k\}}=H\Rightarrow\{e_k\}^{\perp}=\{0\}$"，只要证明对 $\forall y\in\{e_k\}^{\perp}$，有 $y=0$)

事实上，若 $y\in\{e_k\}^{\perp}$，则

$$\langle y,e_k\rangle=0,k=1,2,\cdots,n$$

即 $e_k\in\{y\}^{\perp}$ $(\forall k\in\mathbb{Z}^+)$，即 $\operatorname{span}\{e_k\}\subset\{y\}^{\perp}$。根据定理 4.9，由内积空间中一个集合的正交补是一闭子空间知，$\{y\}^{\perp}$ 是一个闭子空间，于是 $\overline{\operatorname{span}\{e_k\}}\subset\{y\}^{\perp}$。由条件 $\overline{\operatorname{span}\{e_k\}}=H$，即 $\{y\}^{\perp}=H$，于是 $\langle y,y\rangle=0$，所以 $y=0$。

以上的证明说明命题 (1) 和 (3) 是等价的。

(2) ⇒ (4) (分析：$\forall x \in H$，要证明 $x=\sum\limits_{k=1}^{\infty}\langle x,e_k\rangle e_k \Rightarrow \|x\|^2=\sum\limits_{k=1}^{\infty}|\langle x,e_k\rangle|^2$，考虑运用内积的性质和范数的连续性来证明)

因为 $\forall x \in H$，$x=\sum\limits_{k=1}^{\infty}\langle x,e_k\rangle e_k$，于是

$$\|x\|^2=\left\|\sum_{k=1}^{\infty}\langle x,e_k\rangle e_k\right\|^2=\lim_{n\to\infty}\left\|\sum_{k=1}^{n}\langle x,e_k\rangle e_k\right\|^2$$
$$=\lim_{n\to\infty}\sum_{k=1}^{n}|\langle x,e_k\rangle|^2=\sum_{k=1}^{\infty}|\langle x,e_k\rangle|^2$$

这里用到了范数的连续性，因此 $\{e_k\}$ 是完备的。

(4) ⇒ (1) (分析：“ $\forall x \in H$, $\|x\|^2=\sum\limits_{k=1}^{\infty}|\langle x,e_k\rangle|^2 \Rightarrow \{e_k\}^{\perp}=\{0\}$”，即完备推出完全。只要证明下面事实：若 $x\in H$，满足 $\langle x,e_k\rangle=0$, $\forall k\in\mathbb{Z}^+$，则推出 $x=0$)

事实上，由已知Parseval等式(4.6)成立，因为 $\langle x,e_k\rangle=0$ ($\forall k\in\mathbb{Z}^+$)，所以

$$\|x\|^2=\sum_{k=1}^{\infty}|\langle x,e_k\rangle|^2=0$$

于是 $x=0$。结论得证。

(2) ⇒ (5) 将 $x=\sum\limits_{k=1}^{\infty}\langle x,e_k\rangle e_k$ 代入式 (4.7) 得

$$\langle x,y\rangle=\langle y,x\rangle=\left\langle y,\sum_{k=1}^{\infty}\langle x,e_k\rangle e_k\right\rangle=\sum_{k=1}^{\infty}\langle x,e_k\rangle\langle y,e_k\rangle$$

(5) ⇒ (4) 在式 (4.7) 中，令 $y=x$，直接可得

$$\langle x,x\rangle=\sum_{k=1}^{\infty}\langle x,e_k\rangle\langle x,e_k\rangle=\|x\|^2$$

即

$$\|x\|^2=\sum_{k=1}^{\infty}|\langle x,e_k\rangle|^2$$

■

注记 4.16 当 $\{e_k\}$ 是标准正交基时，Bessel 不等式中的“小于或等于”成为等号，即成为 Parseval 等式。

定理 4.18 Hilbert 空间 H 有一个至多可数的标准正交基，当且仅当 H 可分。

证明　必要性　设 $\{e_k\}$ 是 H 中的一个标准正交基，则

$$M=\left\{\sum_{k=1}^{n} r_k e_k : r_k \in \mathbb{Q},\ k=1,2,\cdots,n,\ n\in\mathbb{Z}^+\right\}$$

是 H 的一个可数的稠密子集，H 可分。

充分性　设 H 可分，则 H 有一个可数的稠密子集

$$M=\{x_k\}$$

取 y_1 为 M 中的第1个非零元素，y_2 为 M 中第 1 个与 x_1 线性无关的元素，y_3 为 M 中第 1 个与 y_1, y_2 线性无关的元素，如此下去，则 $\{y_k\}$ 为线性无关集，将其标准正交化，得 H 的一个标准正交系 $\{e_k\}$。由于

$$\operatorname{span}\{e_k\}=\operatorname{span}\{y_k\}=\operatorname{span}\{x_k\}$$

则由 $\overline{M}=H$，得

$$\overline{\operatorname{span}\{e_k\}}=\overline{\operatorname{span}\{x_k\}}=H$$

由定理 4.17 等价命题 (3)，$\{\boldsymbol{e}_k\}$ 是 H 的标准正交基。证毕。■

在无穷维空间，确定一组元素是否正交相对较为容易，但是要确定一组正交系是否是空间的正交基相对较为困难。

例 4.20　在 l^2 中，

$$e_k=(\underbrace{0,\cdots,0}_{k-1},1,0,\cdots),\quad k=1,2,\cdots$$

是一个标准正交基。

证明　由 l^2 中定义的内积：$\forall x,y\in l^2, x=(\xi_k), y=(\eta_k)$，定义

$$\langle x,y\rangle=\sum_{k=1}^{\infty}\xi_k\overline{\eta_k}$$

(1) 易验证 $\{e_k\}$ 是 l^2 中的标准正交系。

(2) 下面证明 $\{e_k\}$ 是标准正交基 (分析：按照正交基的定义，只需证明包含正交系的最小闭子空间是全空间，即证明全空间 l^2 包含在由 $\{e_k\}$ 张成的最小闭子空间中。于是要证明：$\forall x\in l^2$，$\exists x_n\subseteq \operatorname{span}\{e_k\}$，使得 $x_n\to x\ (n\to\infty)$。

事实上，对于 $x \in l^2$，$x=(\xi_1,\xi_2,\cdots)$，令

$$x_n=\sum_{k=1}^{n}\xi_k e_k$$

则

$$\begin{aligned}\|x_n-x\| &= \left\langle \sum_{k=n+1}^{\infty}\xi_k e_k, \sum_{k=n+1}^{\infty}\xi_k e_k \right\rangle^{\frac{1}{2}} \\ &= \left(\sum_{k=n+1}^{\infty}|\xi_k|^2\right)^{\frac{1}{2}} \to 0\ (n\to\infty)\end{aligned}$$

即 x 可以由 $\{e_k\}$ 的线性组合逼近，所以 l^2 包含在由 $\{e_k\}$ 张成的最小闭子空间中，因此 $\{e_k\}$ 是一个标准正交基。 ■

例 4.21 在空间 $L^2[-\pi,\pi]$ 中定义内积

$$\langle x,y\rangle=\int_{-\pi}^{\pi}x(t)y(t)\mathrm{d}t$$

则三角函数系

$$\left\{\frac{1}{\sqrt{2\pi}},\frac{\cos t}{\sqrt{\pi}},\frac{\sin t}{\sqrt{\pi}},\frac{\cos 2t}{\sqrt{\pi}},\frac{\sin 2t}{\sqrt{\pi}},\cdots\right\}$$

是 $L^2[-\pi,\pi]$ 中的一组标准正交基。

证明 (1) 因为

$$\int_{-\pi}^{\pi}\frac{1}{\sqrt{2\pi}}\frac{1}{\sqrt{2\pi}}\mathrm{d}t=1$$

$$\int_{-\pi}^{\pi}\frac{1}{\sqrt{2\pi}}\cdot\frac{1}{\sqrt{\pi}}\cos nt\mathrm{d}t=0\ (n=1,2,\cdots)$$

$$\int_{-\pi}^{\pi}\frac{1}{\sqrt{2\pi}}\cdot\frac{1}{\sqrt{\pi}}\sin nt\mathrm{d}t=0\ (n=1,2,\cdots)$$

$$\int_{-\pi}^{\pi}\frac{1}{\sqrt{\pi}}\cos nt\cdot\frac{1}{\sqrt{\pi}}\cos mt\mathrm{d}t=\begin{cases}0, & n\neq m\\ 1, & n=m\end{cases}$$

$$\int_{-\pi}^{\pi}\frac{1}{\sqrt{\pi}}\sin nt\cdot\frac{1}{\sqrt{\pi}}\sin mt\mathrm{d}t=\begin{cases}0, & n\neq m\\ 1, & n=m\end{cases}$$

$$\int_{-\pi}^{\pi} \frac{1}{\sqrt{\pi}} \cos nt \cdot \frac{1}{\sqrt{\pi}} \sin mt \mathrm{d}t = 0$$

即

$$\int_{-\pi}^{\pi} e_i e_j \mathrm{d}x = \langle e_i, e_j \rangle = \begin{cases} 0, & i \neq j \\ 1, & i = j \end{cases}$$

所以 $\{e_n\}$ 是 $L^2[-\pi, \pi]$ 中的一组标准正交系。

(2) 由注 2.5 可知：连续函数在 $L^2[-\pi, \pi]$ 中稠密。即对 $\forall x \in L^2[-\pi, \pi]$ 及 $\forall \varepsilon > 0$，都存在周期为 2π 的连续函数 $y(t)$，使得

$$\|x(t) - y(t)\| < \frac{\varepsilon}{2}$$

对于这个连续函数 $y(t)$ 和 $\varepsilon > 0$，根据 Weierstrass 多项式逼近定理 1.5，存在三角"多项式"在 $[-\pi, \pi]$ 上一致收敛到 $y(t)$，即存在

$$P(t) = \alpha_0 + \sum_{k=1}^{\infty} \alpha_k \cos kt + \beta_k \sin kt$$

使得

$$\|y(t) - P(t)\|_{L^2} < \frac{\varepsilon}{2}$$

于是

$$\|x(t) - P(t)\|_{L^2} \leqslant \|x(t) - y(t)\| + \|y(t) - P(t)\| < \varepsilon$$

即全体三角"多项式"($\mathrm{span}\{e_n\}$) 在 $L^2[-\pi, \pi]$ 中稠密。因此，$\{e_n\}$ 是 $L^2[-\pi, \pi]$ 中的一组标准正交基。 ■

注记 4.17 在 $L^2[-\pi, \pi]$ 中，$\forall x \in L^2[-\pi, \pi]$，在标准正交基

$$\left\{ \frac{1}{\sqrt{2\pi}}, \frac{\cos t}{\sqrt{\pi}}, \frac{\sin t}{\sqrt{\pi}}, \frac{\cos 2t}{\sqrt{\pi}}, \frac{\sin 2t}{\sqrt{\pi}}, \cdots \right\}$$

下的 Fourier 级数形式为

$$x(t) = \sum_{n=1}^{\infty} \langle x, e_n \rangle e_n = \frac{a_0}{2} + \sum_{k=1}^{\infty} a_k \cos kt + b_k \sin kt \tag{4.8}$$

且 $\|x\|^2 = \sum\limits_{n=1}^{\infty} |\langle x, e_n \rangle|^2$，其中展开式中的系数为

$$
\begin{cases}
\dfrac{a_0}{2}=\dfrac{1}{2\pi}\int_{-\pi}^{\pi}x(t)\mathrm{d}t=\dfrac{1}{\sqrt{2\pi}}\left\langle x,\dfrac{1}{\sqrt{2\pi}}\right\rangle \\
a_k=\dfrac{1}{\pi}\int_{-\pi}^{\pi}x(t)\cos kt\ \mathrm{d}t=\dfrac{1}{\sqrt{\pi}}\left\langle x,\dfrac{\cos kt}{\sqrt{\pi}}\right\rangle \\
b_k=\dfrac{1}{\pi}\int_{-\pi}^{\pi}x(t)\sin kt\ \mathrm{d}t=\dfrac{1}{\sqrt{\pi}}\left\langle x,\dfrac{\sin kt}{\sqrt{\pi}}\right\rangle
\end{cases} \tag{4.9}
$$

注记 4.18 式 (4.8) 中的相等是指在 L^2 空间中“积分意义下的平方平均”收敛意义下的相等，即

$$
\int_0^{2\pi}\left|x(t)-\left(\frac{a_0}{2}+\sum_{k=1}^{n}a_k\cos kt+b_k\sin kt\right)\right|^2\mathrm{d}t\to 0,\quad n\to\infty
$$

这与数学分析中经典的 Fourier 级数的收敛意义不同，数学分析中 Fourier 级数的收敛是指逐点收敛，这里的收敛是在 L^2 空间中按范数收敛。

注记 4.19 Hilbert 空间中的正交系不仅仅可以由例 4.21 给出的“三角函数系”构成，我们希望正交系也可由一些更容易处理的函数系组成，比如说多项式。在 4.2.2 节中给出的 Legendre 多项式 (参阅例 4.16) 就是由多项式构成的正交系。

注记 4.20 在一个 Hilbert 空间中可以有无穷多组正交基，适当选择正交基是十分重要的，不同的问题要选择不同的正交基。

4.3.3 Hilbert 空间的同构

本节最后介绍 Hilbert 空间同构的性质。

定义 4.9 设 $(X,\langle\cdot,\cdot\rangle_X)$ 与 $(Y,\langle\cdot,\cdot\rangle_Y)$ 是两个内积空间。如果存在线性同构映射 $T:X\to Y$ 使得

$$
\langle Tx,Ty\rangle_Y=\langle x,y\rangle_X,\quad \forall x,y\in X
$$

则称 T 是从 X 到 Y 的**内积同构映射**，并称 $(X,\langle\cdot,\cdot\rangle_X)$ 与 $(Y,\langle\cdot,\cdot\rangle_Y)$ **内积同构**。

到目前为止，我们在距离空间、线性空间、赋范空间和内积空间中已介绍了四种同构的概念，它们都是相应空间中的等价关系，表 4.2 比较了它们的异同。

由于内积同构映射保持范数不变：

$$
\|Tx\|_Y=\sqrt{\langle Tx,Tx\rangle_Y}=\sqrt{\langle x,x\rangle_X}=\|x\|_X
$$

故 $\forall x, y \in X$，有

$$\|Tx - Ty\|_Y = \|T(x-y)\|_Y = \|x-y\|_X$$

由此可知，内积同构是一种等距同构，且 T, T^{-1} 均连续，从而内积同构也是一种拓扑同构。因此，内积同构的空间，不仅代数结构相同，拓扑结构相同，而且向量的长度、两向量间的夹角都对应相同，在本质上可以看作同一空间。

表 4.2　不同空间的同构概念的比较

<table>
<tr><th>空　间</th><th>概　念</th><th colspan="2">存在一一映射 $T: X \to Y$ 使得</th></tr>
<tr><td>距离空间</td><td>等距同构</td><td colspan="2">$d(Tx, Ty) = d(x, y)$</td></tr>
<tr><td>线性空间</td><td>线性同构</td><td rowspan="3">$T(\alpha x + \beta y) = \alpha Tx + \beta Ty$</td><td>—</td></tr>
<tr><td>赋范空间</td><td>拓扑同构</td><td>T, T^{-1} 连续</td></tr>
<tr><td>内积空间</td><td>内积同构</td><td>$\langle Tx, Ty \rangle_Y = \langle x, y \rangle_X$</td></tr>
</table>

定理 4.19　n 维 Hilbert 空间与 $\mathbb{K}^n$ 空间内积同构。

证明　设 H 是 n 维 Hilbert 空间，则 H 中有 n 个线性无关的向量，由 Schmidt 正交化过程，可将它们改造为标准正交基 $\{\boldsymbol{e}_1, \boldsymbol{e}_2, \cdots, \boldsymbol{e}_n\}$。作 H 到 $\mathbb{K}^n$ 的线性映射 T

$$T\boldsymbol{x} = (\langle \boldsymbol{x}, \boldsymbol{e}_1 \rangle, \cdots, \langle \boldsymbol{x}, \boldsymbol{e}_n \rangle)$$

则 T 是一一映射，且由定理 4.17，有

$$\langle \boldsymbol{x}, \boldsymbol{y} \rangle = \sum_{k=1}^{n} \langle \boldsymbol{x}, \boldsymbol{e}_k \rangle \overline{\langle \boldsymbol{y}, \boldsymbol{e}_k \rangle} = \langle T\boldsymbol{x}, T\boldsymbol{y} \rangle$$

故 T 是 H 到 $\mathbb{K}^n$ 上的内积同构映射。证毕。 ■

定理 4.20　无限维可分 Hilbert 空间与 l^2 空间内积同构。

证明　设 H 是无限维的可分 Hilbert 空间，则由定理 4.18，H 中有一个至多可数的标准正交基 $\{e_n\}$。$\forall x \in H$，令

$$Tx = (\langle x, e_1 \rangle, \langle x, e_2 \rangle, \cdots)$$

则由 Parseval 等式，有

$$\sum_{k=1}^{\infty} |\langle x, e_k \rangle|^2 = \|x\|^2 < \infty$$

故 $Tx \in l^2$，T 是 H 到 l^2 的线性映射。

首先，证 T 是单射。若对 $x, y \in H$，$\forall n \in \mathbb{Z}^+$ 有

$$\langle x, e_n \rangle = \langle y, e_n \rangle$$

则

$$x = \sum_{k=1}^{\infty} \langle x, e_k \rangle e_k = \sum_{k=1}^{\infty} \langle y, e_k \rangle e_k = y$$

其次，证 T 是满射。$\forall (\alpha_1, \alpha_2, \cdots) \in l^2$，令

$$x = \sum_{k=1}^{\infty} \alpha_k e_k$$

则由定理 4.15 知，级数 $\sum_{k=1}^{\infty} \alpha_k e_k$ 在 H 中收敛，故 $x \in H$。

最后，再由

$$\langle Tx, Ty \rangle = \sum_{k=1}^{\infty} \langle x, e_k \rangle \overline{\langle y, e_k \rangle} = \langle x, y \rangle$$

知，T 是 H 到 l^2 上的内积同构映射。证毕。■

定理4.20表明，一切无限维的 Hilbert 空间，不管形式如何复杂，只要它是可分的，在实质上与 l^2 并无不同。

4.4 最佳逼近和正交分解定理

4.4.1 最佳逼近

在许多的数学问题中，比如函数逼近论、最优控制，常常会遇到最佳逼近的问题。

定义 4.10 设 M 为内积空间 X 的子集，若对于 $x \in X$，$\exists a \in M$ 使得

$$d(x, M) = \inf_{y \in M} d(x, y) = \inf_{y \in M} \|x - y\| = \|x - a\|$$

则称 $a \in M$ 是 x 在 M 中的**最佳逼近元**。

明显地，如果对于 M 不加限制，即使在有限维空间中最佳逼近元也不一定存在，或者存在但不是唯一的。例如，当 $M = \{(s, t) : s^2 + t^2 = 1\}$ 时，M 中的任一点都是 $x = (0, 0)$ 在 M 中的最佳逼近元。

下面给出内积空间中最佳逼近元存在唯一的充分条件，它在微分方程、现代

控制论、逼近论中都有重要的应用。

定义 4.11 设 X 是赋范空间，集合 $M \subset X$。如果 $\forall x, y \in M$ 都有

$$\{tx + (1-t)y : 0 \leqslant t \leqslant 1\} \subset M$$

那么称 M 是 X 中的**凸集**。

引理 4.1 (**变分引理**) 设 M 是内积空间 X 中的完备凸集，则 $\forall x \in X \backslash M$，必在 M 中存在唯一的最佳逼近元 $a \in M$，使得

$$\|x - a\| = d(x, M) = \inf_{y \in M} \|x - y\|$$

证明 (1) 存在性：设 $d = d(x, M)$，则由下确界的定义，$\exists \{y_n\} \subset M$，使得

$$\lim_{n \to \infty} \|x - y_n\| = d$$

下证 $\{y_n\}$ 是 Cauchy 列。由 M 是凸集，$\forall m, n \in \mathbb{Z}^+$ 有

$$\frac{y_n + y_m}{2} \in M, \ \left\| x - \frac{y_n + y_m}{2} \right\| \geqslant d$$

再根据平行四边形法则得到

$$\begin{aligned}
\|y_m - y_n\|^2 &= \|(x - y_n) - (x - y_m)\|^2 \\
&= 2\left(\|x - y_n\|^2 + \|x - y_m\|^2\right) - \|(x - y_n) + (x - y_m)\|^2 \\
&= 2\left(\|x - y_n\|^2 + \|x - y_m\|^2\right) - 4\left\| x - \frac{y_n + y_m}{2} \right\|^2 \\
&\leqslant 2\left(\|x - y_n\|^2 + \|x - y_m\|^2\right) - 4d^2 \to 0 \ (m, n \to \infty)
\end{aligned}$$

故 $\{y_n\}$ 是 M 中的 Cauchy 列。由 M 的完备性知，$\exists a \in M$ 使得

$$y_n \to a \quad (n \to \infty)$$

所以利用范数的连续性推出

$$\|x - a\| = \lim_{n \to \infty} \|x - y_n\| = d$$

(2) 唯一性：假设还有 $b \in M$，使得

$$\|x - b\| = d$$

再次使用平行四边形法则得到

$$\begin{aligned}\|a-b\|^2 &= \|(x-b)-(x-a)\|^2 \\ &= 2\left(\|x-b\|^2+\|x-a\|^2\right)-4\left\|x-\frac{a+b}{2}\right\|^2 \\ &\leqslant 2\left(d^2+d^2\right)-4d^2=0\end{aligned}$$

故有 $a=b$，从而唯一性得证。 ■

注记 4.21 根据定理 2.8 以及线性空间的子空间一定是凸集的事实，上面定理中的条件变为下列条件之一，结论仍成立。

(1) M 是内积空间 X 的完备线性子空间；

(2) M 是 Hilbert 空间 X 的闭凸集；

(3) M 是 Hilbert 空间 X 的闭线性子空间。

注记 4.22 在一般的无穷维赋范空间 X 中，如果 M 是 X 的有限维子空间，则对于 $x\in X$，x 在 M 中存在最佳逼近元。但是对于一般的非空闭的凸子集 M，最佳逼近元可能不存在；即使存在，也未必唯一。

4.4.2 正交分解定理

对于任意的 $(x,y)\in\mathbb{R}^2$，我们可以将其分解为 $(x,y)=(x,0)+(0,y)$，其中 $(x,0)$ 是坐标轴 x 轴上的点，相应的 $(0,y)$ 是 y 轴上的点，更主要的是两个分量的内积是 0

$$\langle (x,0),(0,y)\rangle = x\cdot 0+0\cdot y=0$$

即两个分量是正交的。同理，三维欧氏空间可以分解为三个一维子空间的正交和，使问题的处理变得更加简单。我们把这一想法推广到一般的 Hilbert 空间。

定义 4.12 设 M 是内积空间 X 的线性子空间，$x\in X$，若存在 $a\in M, z\in M^{\perp}$，使得 $x=a+z$，则 a 称为 x 在 M 上的**投影**，称 $a+z$ 为 x 的**正交分解**。

一般情况下，X 中的某一元素在 X 的某线性子空间 M 上的投影未必存在，但若投影存在，则投影必是唯一的。

定理 4.21 (**正交分解定理**) 设 M 是内积空间 X 的完备线性子空间，则 $\forall x\in X$，必在 M 中存在唯一的 $a\in M$，使得

(1) a 是 x 在 M 上的**最佳逼近元**，即

$$\|x-a\|=d(x,M)$$

(2) a 是 x 在 M 上的**投影**，即 x 按 M 有唯一的分解

$$x=a+z$$

其中 $z\triangleq x-a,\ z\perp M$，如图4.1所示。

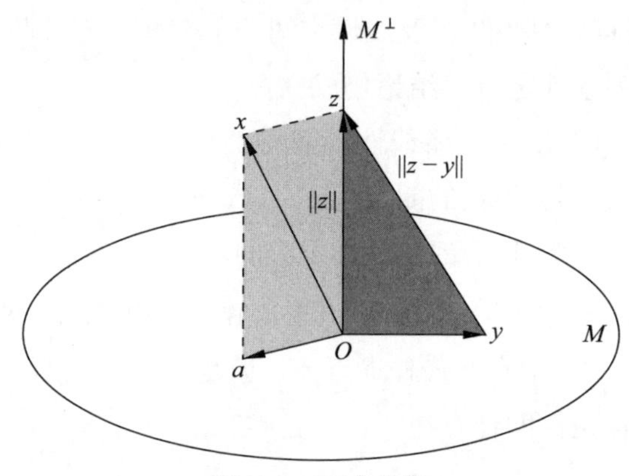

图 4.1 正交分解

证明 (1) 因 M 是内积空间 X 的完备线性子空间，故 M 是一个完备凸集，由变分引理 4.1 知，存在唯一的 $a\in M$，使得

$$\|x-a\|=d(x,M)$$

(2) 由a的唯一性易知分解是唯一的，我们只需证明 $z\perp M$。对任意 $y\in M$，有

$$\|z-y\|=\|x-(a+y)\|\geqslant\|x-a\|=\|z\|$$

则由定理 4.10 可知，$z\perp M$。证毕。 ■

注记 4.23 上述定理中，由于 $a\in M$ 和 $z\in M^{\perp}$，由勾股定理知

$$\|x\|^2=\|a\|^2+\|z\|^2$$

成立。

注记 4.24 若定理 4.21 中的条件换成 M 是 Hilbert 空间 X 的闭线性子空间，结论也成立。对于 Hilbert 空间 X 的闭线性子空间 M，有

$$H=M\oplus M^{\perp}$$

其中 $\oplus$ 表示两个子空间的正交直和。

推论 4.3　设 M 是 Hilbert 空间 H 的真闭线性子空间，则 $M^{\perp}$ 中必有非零元素。

证明　因 M 是 H 的真闭线性子空间，故 $M \neq H$，即存在 $x \in H\backslash M$。由正交分解定理知，存在 $a \in M, z \in M^{\perp}$，使得 $x = a + z$，于是必有 $z \neq \theta$，否则 $x = a \in M$，产生矛盾。 ■

注记 4.25　正交分解定理在 $\mathbb{R}^3$ 中有非常直观的几何意义。设 M 是 $\mathbb{R}^3$ 中的一个平面，点 x_0 在平面外，则点 x_0 到平面的最小距离点就是 x_0 在平面 M 上的投影 y_0，并且 x_0 与 y_0 的连线垂直于平面 M。

下述定理给出了有限维子空间下最佳逼近元的具体实现。

定理 4.22　设 M 是 Hilbert 空间 H 的有限维子空间，$\boldsymbol{e}_1, \boldsymbol{e}_2, \cdots, \boldsymbol{e}_n$ 为 M 的基，则 $\forall \boldsymbol{x} \in M$，存在唯一最佳逼近元 $\boldsymbol{a} = \sum\limits_{k=1}^{n} \beta_k \boldsymbol{e}_k$，且最佳逼近系数为

$$\begin{bmatrix} \beta_1 \\ \beta_2 \\ \vdots \\ \beta_n \end{bmatrix} = \boldsymbol{G}^{-1} \begin{bmatrix} \langle \boldsymbol{x}, \boldsymbol{e}_1 \rangle \\ \langle \boldsymbol{x}, \boldsymbol{e}_2 \rangle \\ \vdots \\ \langle \boldsymbol{x}, \boldsymbol{e}_n \rangle \end{bmatrix} \tag{4.10}$$

其中

$$\boldsymbol{G} = \begin{bmatrix} \langle \boldsymbol{e}_1, \boldsymbol{e}_1 \rangle & \langle \boldsymbol{e}_2, \boldsymbol{e}_1 \rangle & \cdots & \langle \boldsymbol{e}_n, \boldsymbol{e}_1 \rangle \\ \langle \boldsymbol{e}_1, \boldsymbol{e}_2 \rangle & \langle \boldsymbol{e}_2, \boldsymbol{e}_2 \rangle & \cdots & \langle \boldsymbol{e}_n, \boldsymbol{e}_2 \rangle \\ \vdots & \vdots & \cdots & \vdots \\ \langle \boldsymbol{e}_1, \boldsymbol{e}_n \rangle & \langle \boldsymbol{e}_2, \boldsymbol{e}_n \rangle & \cdots & \langle \boldsymbol{e}_n, \boldsymbol{e}_n \rangle \end{bmatrix}$$

为基 $\boldsymbol{e}_1, \boldsymbol{e}_2, \cdots, \boldsymbol{e}_n$ 的**格拉姆** (Gram) **矩阵**。

证明　由于 $\boldsymbol{e}_1, \boldsymbol{e}_2, \cdots, \boldsymbol{e}_n$ 为 M 的基，所以对任意 $\boldsymbol{a} \in M$，都可以由这组基线性表示，并设 $\boldsymbol{a} = \sum\limits_{k=1}^{n} \beta_k \boldsymbol{e}_k$。又由于 M 是有限维的，故它是 Hilbert 空间 H 的闭子空间。由正交分解定理 4.21 知，存在唯一最佳逼近元 $\boldsymbol{a}$ 满足 $\boldsymbol{x} - \boldsymbol{a} \perp M$，

故有

$$\langle \boldsymbol{x}, \boldsymbol{e}_j \rangle = \langle \boldsymbol{x} - \boldsymbol{a} + \boldsymbol{a}, \boldsymbol{e}_j \rangle = \langle \boldsymbol{x} - \boldsymbol{a}, \boldsymbol{e}_j \rangle + \langle \boldsymbol{a}, \boldsymbol{e}_j \rangle = \langle \boldsymbol{a}, \boldsymbol{e}_j \rangle$$

将 $\boldsymbol{a} = \sum\limits_{k=1}^{n} \beta_k \boldsymbol{e}_k$ 代入上式得

$$\langle \boldsymbol{x}, \boldsymbol{e}_j \rangle = \begin{bmatrix} \langle \boldsymbol{e}_1, \boldsymbol{e}_j \rangle & \langle \boldsymbol{e}_2, \boldsymbol{e}_j \rangle & \cdots & \langle \boldsymbol{e}_n, \boldsymbol{e}_j \rangle \end{bmatrix} \begin{bmatrix} \beta_1 \\ \beta_2 \\ \vdots \\ \beta_n \end{bmatrix}$$

进一步地，有

$$\begin{bmatrix} \langle \boldsymbol{x}, \boldsymbol{e}_1 \rangle \\ \langle \boldsymbol{x}, \boldsymbol{e}_2 \rangle \\ \vdots \\ \langle \boldsymbol{x}, \boldsymbol{e}_n \rangle \end{bmatrix} = \boldsymbol{G} \begin{bmatrix} \beta_1 \\ \beta_2 \\ \vdots \\ \beta_n \end{bmatrix}$$

从而可得式 (4.10)。证毕。 ■

4.4.3 正交投影算子

我们从正交投影的角度来分析最佳逼近。

定理 4.23 设 $\{e_k\}$ 是内积空间 X 中的标准正交系，$x \in X$，$a_1, a_2, \cdots, a_n$ 是 n 个数，当且仅当 $a_k = \langle x, e_k \rangle$ $(k = 1, 2, \cdots, n)$ 时

$$\left\| x - \sum_{k=1}^{n} a_k e_k \right\| \tag{4.11}$$

取得最小值。

证明 由于

$$\left\langle x - \sum_{k=1}^{n} \langle x, e_k \rangle e_k,\ e_i \right\rangle = (x, e_i) - (x, e_i) = 0 \quad (i = 1, 2, \cdots, n) \tag{4.12}$$

应用勾股定理，有

$$\begin{aligned}\left\|x-\sum_{k=1}^{n} a_k e_k\right\|^2 &= \left\|x-\sum_{k=1}^{n}\langle x, e_k\rangle e_k+\sum_{k=1}^{n}\left(\langle x, e_k\rangle - a_k\right) e_k\right\|^2 \\ &= \left\|x-\sum_{k=1}^{n}\langle x, e_k\rangle e_k\right\|^2+\left\|\sum_{k=1}^{n}\left(\langle x, e_k\rangle - a_k\right) e_k\right\|^2 \\ &= \left\|x-\sum_{k=1}^{n}\langle x, e_k\rangle e_k\right\|^2+\sum_{k=1}^{n}\left|\langle x, e_k\rangle - a_k\right|^2\end{aligned}$$

所以当且仅当 $a_k=\langle x, e_k\rangle$ $(k=1,2,\cdots,n)$ 时，$\left\|x-\sum\limits_{k=1}^{n} a_k e_k\right\|$ 取最小值。 ■

注记 4.26 从证明中看到 $x-\sum\limits_{k=1}^{n}\langle x, e_k\rangle e_k$ 和 $\{e_1, e_2, \cdots, e_n\}$ 张成的子空间 M 正交。x 在 M 上的最佳逼近元 a 正是 x 在 M 上的正交投影，其中 $a=\sum\limits_{k=1}^{n}\langle x, e_k\rangle e_k$，$x$ 到 M 的距离为 $\|x-a\|$。特别地，当 $M=\operatorname{span}\{e_1\}$ 是一维子空间时，x 在 M 上的投影为：$\langle x, e_1\rangle e_1$。

定义 4.13 设 M 是 Hilbert 空间 X 的闭线性子空间。$\forall x \in X$，设 $a \in M$ 是 x 在 M 上的投影，定义算子 $P: X \rightarrow M$ 如下

$$Px=a$$

称 P 为从空间 X 到 M 的**正交投影算子**。

定理 4.24 设 M 是 Hilbert 空间 H 的闭线性子空间，P 为从空间 H 到 M 的正交投影算子，则有

(1) P 为 X 上线性算子，且 $\|Px\| \leqslant \|x\|$；

(2) $P^2=P$。

证明 (1) $\forall x, y \in H$，设

$$x=a_1+b_1, \quad y=a_2+b_2$$

并且

$$Px=a_1, \quad Py=a_2$$

即 b_1，$b_2 \in M^{\perp}$，则 $\forall \alpha, \beta \in \mathbb{R}$，有

$$\alpha x+\beta y=(\alpha a_1+\beta a_2)+(\alpha b_1+\beta b_2)$$

根据正交分解定理及 $M^{\perp}$ 是 H 的子空间，得

$$\alpha a_1 + \beta a_2 \in M, \quad \alpha b_1 + \beta b_2 \in M^{\perp}$$

再由正交分解的唯一性得

$$P(\alpha x + \beta y) = \alpha a_1 + \beta a_2 = \alpha(Px) + \beta(Py)$$

所以 P 是线性算子。

再根据正交分解定理有

$$Px \perp (x - Px)$$

所以

$$\|x\|^2 = \|Px + (x - Px)\|^2 = \|Px\|^2 + \|x - Px\|^2 \geqslant \|Px\|^2$$

得到 $\|Px\| \leqslant \|x\|$。

(2) $\forall x \in H$，设 $Px = a$；再根据 $a \in M$，易知 $Pa = a$，故

$$P^2 x = P(Px) = Pa = a = Px$$

根据 x 的任意性，有 $P^2 = P$。 ■

4.5 正交分解定理的应用

正交分解定理是内积空间理论的一个重要定理，在逼近论、概率论、优化方法和控制论等问题中都有广泛的应用。

4.5.1 最优控制

例 4.22 (**电机最小能量控制**) 考虑一个简化直流电机系统

$$\dot{w}(t) = u(t) - w(t)$$

其中 $w(t) \triangleq \dot{\theta}(t)$ 表示电机角速度，$\theta(t)$ 表示电机转角，$u(t)$ 表示外部电流源。

设初始条件为 $\theta(0) = w(0) = 0$。系统控制目标是寻找最小能量控制律 $u(t)$ 使得

$$\min \int_0^1 u^2(t)\mathrm{d}t$$

$$
\begin{aligned}
\text{s.t.}\ \ & \dot{w}(t)=u(t)-w(t) \\
& w(1)=0 \\
& \theta(1)=1
\end{aligned}
\tag{4.13}
$$

解 由式 (4.13) 知，$u\in L^2[0,1]$。于是，可以将最优控制问题 (4.13) 看成 Hilbert 空间 $L^2[0,1]$ 中的最小范数问题。求解微分方程 $\dot{w}(t)=u(t)-w(t)$ 得

$$
w(t)=\mathrm{e}^{-t}w(0)+\int_0^t \mathrm{e}^{s-t}u(s)\mathrm{d}s
$$

于是

$$
\begin{aligned}
w(1)&=\mathrm{e}^{-1}w(0)+\int_0^1 \mathrm{e}^{s-1}u(s)\mathrm{d}s \\
&=\int_0^1 \mathrm{e}^{s-1}u(s)\mathrm{d}s
\end{aligned}
\tag{4.14}
$$

将 $w(t)\triangleq\dot{\theta}(t)$ 代入 $\dot{w}(t)=u(t)-w(t)$ 得 $\dot{\theta}(t)=u(t)-\dot{w}(t)$。于是

$$
\begin{aligned}
\theta(1)&=\theta(0)+\int_0^1 u(s)\mathrm{d}s-(w(1)-w(0)) \\
&=\int_0^1 u(s)\mathrm{d}s-w(1)
\end{aligned}
\tag{4.15}
$$

将式 (4.14) 代入式 (4.15) 得

$$
\theta(1)=\int_0^1 [1-\mathrm{e}^{s-1}]u(s)\mathrm{d}s
$$

令 $y_1(t)\triangleq\mathrm{e}^{t-1}$，$y_2(t)\triangleq 1-\mathrm{e}^{t-1}$，则式 (4.14) 和式 (4.15) 可等价表示为

$$
\begin{cases}
w(1)=\langle u,y_1\rangle \\
\theta(1)=\langle u,y_2\rangle
\end{cases}
$$

于是，最优控制问题式 (4.13) 转化为

$$
\begin{aligned}
& \min \int_0^1 u^2(t)\mathrm{d}t \\
& \text{s.t.}\ \ \langle u,y_1\rangle=0 \\
& \qquad\ \ \langle u,y_2\rangle=1
\end{aligned}
\tag{4.16}
$$

易知，$M=\operatorname{span}\{y_1,y_2\}$ 是 $L^2[0,1]$ 的一个完备子空间。根据定理4.22，最优控制律为 $u(t)=\beta_1y_1+\beta_2y_2$，其中最佳逼近系数为

$$\begin{bmatrix}\beta_1\\ \beta_2\end{bmatrix}=\boldsymbol{G}^{-1}\begin{bmatrix}\langle u,y_1\rangle\\ \langle u,y_2\rangle\end{bmatrix}=\boldsymbol{G}^{-1}\begin{bmatrix}0\\ 1\end{bmatrix}=\begin{bmatrix}\dfrac{\mathrm{e}-1}{\mathrm{e}-3}\\ \dfrac{\mathrm{e}+1}{3-\mathrm{e}}\end{bmatrix} \tag{4.17}$$

其中 Gram 矩阵为

$$\begin{aligned}\boldsymbol{G}&=\begin{bmatrix}\langle y_1,y_1\rangle & \langle y_2,y_1\rangle\\ \langle y_1,y_2\rangle & \langle y_2,y_2\rangle\end{bmatrix}\\ &=\frac{1}{2}\begin{bmatrix}1-\mathrm{e}^{-2} & 1-2\mathrm{e}^{-1}+\mathrm{e}^{-2}\\ 1-2\mathrm{e}^{-1}+\mathrm{e}^{-2} & 4\mathrm{e}^{-1}-1-\mathrm{e}^{-2}\end{bmatrix}\end{aligned}$$

因此，最终得到最优控制律为

$$u(t)=\frac{1+\mathrm{e}-2\mathrm{e}^t}{3-\mathrm{e}}$$

♦

4.5.2 函数逼近问题

例 4.23 (**最佳均方逼近多项式**) 在闭区间 $[0,1]$ 上，求最佳均方逼近函数 $x(t)=\mathrm{e}^t$ 二次多项式。

解 记 $P_2[0,1]$ 为 $[0,1]$ 上次数不大于 2 的多项式全体,则 $P_2[0,1]$ 是 $L^2[0,1]$ 的一个完备子空间，$\{1,t,t^2\}$ 是 $P_2[0,1]$ 的一个基。根据定理 4.22，计算基 $\{1,t,t^2\}$ 的 Gram 矩阵为

$$\boldsymbol{G}=\begin{bmatrix}1 & 1/2 & 1/3\\ 1/2 & 1/3 & 1/4\\ 1/3 & 1/4 & 1/5\end{bmatrix}$$

再由

$$\begin{aligned}\langle x,1\rangle&=\int_0^1\mathrm{e}^t\mathrm{d}t=\mathrm{e}-1\\ \langle x,t\rangle&=\int_0^1 t\mathrm{e}^t\mathrm{d}t=1\\ \langle x,t^2\rangle&=\int_0^1 t^2\mathrm{e}^t\mathrm{d}t=\mathrm{e}-2\end{aligned}$$

得 $x(t)=\mathrm{e}^t$ 的最佳均方逼近二次多项式 (最佳逼近元) 为

$$\begin{aligned}P(t)&=[1\quad t\quad t^2]^\top \boldsymbol{G}^{-1}\begin{bmatrix}\mathrm{e}-1\\1\\\mathrm{e}-2\end{bmatrix}\\&=(210\mathrm{e}-570)t^2+(588-216\mathrm{e})t+39\mathrm{e}-105\\&\approx 0.8392t^2+0.8511t+1.013\end{aligned}$$

◆

例 4.24　设 $M\subset L^2[-\pi,\pi]$，其中

$$M=\{a\sin x+b\cos x: a,b\in\mathbb{R}\}$$

求 $y_0=a_1\sin x+b_1\cos x$ 使得

$$\|x-y_0\|=d(x,M)=\min_{a,b\in\mathbb{R}}\|x-(a\sin x+b\cos x)\|$$

解　由已知条件，M 是由 $\{\sin x,\cos x\}$ 张成的空间。根据正交分解定理有 $x-y_0\in M^\perp$，则

$$\langle x-y_0,\sin x\rangle=\langle x-y_0,\cos x\rangle=0$$

即 $\langle x,\sin x\rangle=\langle y_0,\sin x\rangle$ 及 $\langle x,\cos x\rangle=\langle y_0,\cos x\rangle$。

一方面

$$\begin{aligned}\langle y_0,\sin x\rangle&=\int_{-\pi}^{\pi}y_0\sin x\ \mathrm{d}x=\int_0^{\pi}(a_1\sin x+b_1\cos x)\sin x\ \mathrm{d}x\\&=a_1\int_0^{\pi}\sin^2 x\ \mathrm{d}x+b_1\int_0^{\pi}\cos x\sin x\ \mathrm{d}x=\pi a_1\\\langle y_0,\cos x\rangle&=\int_{-\pi}^{\pi}y_0\cos x\ \mathrm{d}x=\int_0^{\pi}(a_1\sin x+b_1\cos x)\cos x\ \mathrm{d}x\\&=a_1\int_0^{\pi}\sin x\cos x\ \mathrm{d}x+b_1\int_0^{\pi}\cos^2 x\ \mathrm{d}x=\frac{\pi}{2}b_1\end{aligned}$$

另一方面

$$\int_{-x}^{\pi}x\sin x\ \mathrm{d}x=-2\int_0^{\pi}x\ \mathrm{d}\cos x=-\ 2x\cos x|_0^{\pi}+2\int_0^{\pi}\cos x\ \mathrm{d}x=2\pi$$

$$\int_{-\pi}^{\pi}x\cos x\ \mathrm{d}x=0$$

从而得到 $a_1=2$，$b_1=0$。因此 $y_0=a_1\sin x+b_1\cos x=2\sin x$。

◆

4.5.3 最小二乘法

在许多实际问题中，经常要求利用观测数据拟合系统的真实模型。例如，在考查某化学反应时，发现反应的速度 y 主要取决于所用催化剂的用量 x_1 及温度 x_2，当 x_1 和 x_2 改变时反应速度也跟着改变。我们希望通过试验，在不同 x_1 和 x_2 值的条件下，观察反应速度 y 的值，找出 $y = f(x_1, x_2)$ 的具体形式，从而通过 x_1 和 x_2 来控制反应速度。为简单起见，假定所考虑的系统模型是线性模型。具体提法如下：

已知量 y 与量 $x_1, x_2, \cdots, x_n$ 之间呈线性关系

$$y = \alpha_1 x_1 + \alpha_2 x_2 + \cdots + \alpha_n x_n$$

但事先这些系数 $\alpha_1, \alpha_2, \cdots, \alpha_n$ 是不知道的。如果观测绝对精确，确定 $\alpha_1, \alpha_2, \cdots, \alpha_n$ 仅需测量 n 次，通过解线性方程组就可解出 $\alpha_1, \alpha_2, \cdots, \alpha_n$。现假定由于某些原因，观测值不能被精确测量而是带有随机的测量误差。因此，我们可以多取几组观测值并利用最小二乘原理消去由于数据误差所造成的随机干扰。根据概率论的理论，观测数据越多，误差就越小。

例 4.25 设给出 m 组观测值

$$\begin{gathered}
y^{(1)}, x_1^{(1)}, x_2^{(1)}, \cdots, x_n^{(1)} \\
y^{(2)}, x_1^{(2)}, x_2^{(2)}, \cdots, x_n^{(2)} \\
\vdots \\
y^{(m)}, x_1^{(m)}, x_2^{(m)}, \cdots, x_n^{(m)}
\end{gathered}$$

试确定 $\boldsymbol{\beta} = [\beta_1, \beta_2, \cdots, \beta_n]^n$，使得

$$\|\boldsymbol{y} - \boldsymbol{A}\boldsymbol{\beta}\| = \sum_{i=1}^{m} \left(y^{(i)} - \sum_{k=1}^{n} x_k^{(i)} \beta_k \right)^2$$

达到最小，确定出的系数 $\beta_1, \beta_2, \cdots, \beta_n$ 称为最小二乘解。

解 引入向量 $\boldsymbol{y} = [y^{(1)}, y^{(2)}, \cdots, y^{(m)}]^\top$，$\boldsymbol{e}_k = [x_k^{(1)}, x_k^{(2)}, \cdots, x_k^{(m)}]^\top$ $(k = 1, 2, \cdots, n)$, $\boldsymbol{A} = [\boldsymbol{e}_1, \boldsymbol{e}_2, \cdots, \boldsymbol{e}_n] \in \mathbb{R}^{m \times n}$。于是，原问题转化为求 $\boldsymbol{y}$ 在 $\operatorname{span}\{\boldsymbol{e}_1, \boldsymbol{e}_2, \cdots, \boldsymbol{e}_n\} \subset \mathbb{R}^n$ 中的最佳逼近元。

由独立性，不妨设 $\{\boldsymbol{e}_1, \boldsymbol{e}_2, \cdots, \boldsymbol{e}_n\}$ 为 $\operatorname{span}\{\boldsymbol{e}_1, \boldsymbol{e}_2, \cdots, \boldsymbol{e}_n\}$ 的基 (假定上述

观测值中给定的后 n 列向量线性无关)，则利用定理 4.22 知，$\boldsymbol{y}$ 在 $\mathrm{span}\{\boldsymbol{e}_1,\boldsymbol{e}_2,\cdots,\boldsymbol{e}_n\}\subset\mathbb{R}^n$ 中最佳逼近元

$$\boldsymbol{a}=\sum_{k=1}^{n}\beta_k\boldsymbol{e}_k$$

的系数为

$$\begin{bmatrix}\beta_1\\ \beta_2\\ \vdots\\ \beta_n\end{bmatrix}=\boldsymbol{G}^{-1}\begin{bmatrix}\langle\boldsymbol{y},\boldsymbol{e}_1\rangle\\ \langle\boldsymbol{y},\boldsymbol{e}_2\rangle\\ \vdots\\ \langle\boldsymbol{y},\boldsymbol{e}_n\rangle\end{bmatrix}=\begin{bmatrix}\boldsymbol{e}_1^\top\boldsymbol{e}_1 & \boldsymbol{e}_1^\top\boldsymbol{e}_2 & \cdots & \boldsymbol{e}_1^\top\boldsymbol{e}_n\\ \boldsymbol{e}_2^\top\boldsymbol{e}_1 & \boldsymbol{e}_2^\top\boldsymbol{e}_2 & \cdots & \boldsymbol{e}_2^\top\boldsymbol{e}_n\\ \vdots & \vdots & & \vdots\\ \boldsymbol{e}_n^\top\boldsymbol{e}_1 & \boldsymbol{e}_n^\top\boldsymbol{e}_2 & \cdots & \boldsymbol{e}_n^\top\boldsymbol{e}_n\end{bmatrix}^{-1}\begin{bmatrix}\boldsymbol{e}_1^\top\boldsymbol{y}\\ \boldsymbol{e}_2^\top\boldsymbol{y}\\ \vdots\\ \boldsymbol{e}_n^\top\boldsymbol{y}\end{bmatrix}$$

$$=(\boldsymbol{A}^\top\boldsymbol{A})^{-1}\boldsymbol{A}^\top\boldsymbol{y}$$

这与回归分析中所熟知的最小二乘估计的结论相同。 ♦

习题4

4-1 $\forall x(t),y(t)\in L^2[a,b]$，定义

$$\langle x,y\rangle=\int_a^b x(t)y(t)\mathrm{d}t$$

证明 $\left(L^2[a,b],\langle\cdot,\cdot\rangle\right)$ 是一个内积空间。

4-2 设 X 是内积空间，证明：$\forall x\in X$，有 $\langle x,0\rangle=\langle 0,x\rangle=0$。

4-3 设 X 是内积空间，$u,v\in X$，若 $\forall x\in X$，有 $\langle x,u\rangle=\langle x,v\rangle$，试证明 $u=v$。

4-4 设 X 是内积空间，若 $x_1,x_2,\cdots,x_n$ 在 X 中两两正交，试证

$$\left\|\sum_{k=1}^{n}x_k\right\|^2=\sum_{k=1}^{n}\|x_k\|^2$$

4-5 设 X 是实内积空间，$x,y\in X$ 为非零向量，试证

$$\|x+y\|=\|x\|+\|y\| \ \Leftrightarrow\ \exists\lambda>0 \text{ 使得 } y=\lambda x$$

4-6 设 X 是 Hilbert 空间，$x_n,x\in X$，求证 $x_n\to x\ (n\to\infty)$ 的充要条件是 $\|x_n\|\to\|x\|$ 且 $\langle x_n,x\rangle\to\langle x,x\rangle\ (n\to\infty)$。

4-7 不含零元素的正交系中的向量组是线性无关的。

4-8 设 M 是 Hilbert 空间 H 的子空间，证明 $\overline{M}=\left(M^{\perp}\right)^{\perp}$；若设 M 是 Hilbert 空间的闭子空间，证明 $M=\left(M^{\perp}\right)^{\perp}$。

4-9 证明: 若 X 是实内积空间, 则 $\|x+y\|=\|x\|+\|y\| \Rightarrow x\perp y$; 但若 X 是复内积空间时，$x\perp y$ 未必成立。举例说明。

4-10 设 X 是数域 $\mathbb{K}$ 上的内积空间，$x,y\in X$，求证 $x\perp y \Leftrightarrow \forall\lambda\in\mathbb{K}$，有 $\|x+\lambda y\|=\|x-\lambda y\|$。

4-11 设 $M=\{x:x=\{\xi_n\}\in l^2,\xi_{2n}=0,n=1,2,\cdots\}$，证明 M 是 l^2 的闭子空间，并求出 $M^{\perp}$。

4-12 在 $L^2[-1,1]$ 中，试将 $x_1=1$，$x_2=t$，$x_3=t^2$ 标准正交化。

4-13 设 $\{x_n\}$ 为 Hilbert 空间 X 中的正交系，证明:

$$\sum_{n=1}^{\infty}x_n \text{ 收敛 } \Leftrightarrow \sum_{n=1}^{\infty}\|x_n\|^2<\infty$$

4-14 设 $\{e_n\}$ 为内积空间 X 中的标准正交系，证明 $\forall x,y\in X$，有

$$\sum_{n=1}^{\infty}|\langle x,e_n\rangle\langle y,e_n\rangle|\leqslant\|x\|\|y\|$$

4-15 试证 $\left\{\sqrt{2\pi}\sin nt\right\}$ 构成 $L^2[0,2\pi]$ 的正交基,但不是 $L^2[-\pi,\pi]$ 的正交基。

4-16 内积空间中的完全标准正交系一定完备吗？举例说明。

4-17 证明 $L^2[a,b]$ 与 l^2 内积同构。

4-18 设 M 是 Hilbert 空间 H 的闭线性子空间，P 为从 H 到 M 的正交投影算子，证明 $\forall x\in H$，有

$$\|Px\|^2=\langle Px,x\rangle,\quad \forall x\in H$$

4-19 求最小值

$$\min_{a,b,c\in\mathbb{R}}\int_{-1}^{1}|t^3-a-bt-ct^2|\mathrm{d}t$$

4-20 设 $\{x_1,x_2,x_3\}$ 为内积空间 X 中的线性无关集，假定 $\{x_1,x_2\}$ 满足 $\langle x_1,x_2\rangle=0$ 以及 $\|x_i\|=1$, $i=1,2$。定义 $f:\mathbb{C}^2\to\mathbb{R}$ 如下

$$f(a_1,a_2)=\|a_1x_1+a_2x_2-x_3\|$$

证明当 $a_i=\langle x_3,x_i\rangle$，$i=1,2$ 时，f 取得最小值。

第5章

有界线性算子理论

前面几章关注的空间是函数空间 (或数列组成的空间)，运用类比、联想、归纳等数学研究方法，把有限维空间的代数结构和几何特征延伸、拓展到无穷维空间，建立了距离空间、赋范空间、内积空间的概念。

本章主要介绍赋范空间中的线性算子，并重点介绍 Banach 空间中的几个基本定理。空间结构和算子理论是泛函分析的核心内容，也是泛函分析应用于各个领域的主要工具。事实上，在研究物理、生物及工程技术等实际问题时，往往可以将具体模型转化为某空间上的算子方程，进而利用泛函分析的方法加以研究。线性算子理论把线性算子抽象为线性算子空间中的元素，在新的赋范空间 (线性算子空间) 的框架下，研究线性运算的性质，将得到一些很深刻的结论，例如一致有界定理、逆算子定理、闭图像定理，这三个定理和哈恩-巴拿赫 (Hahn-Banach) 泛函延拓定理可以看作赋范空间中线性算子理论的基石，其应用几乎贯穿于整个泛函分析。

5.1 线性算子

背景说明 近代数学与工程实践中的许多问题都可抽象为定义在某抽象空间上的算子或算子方程问题。线性算子理论的形成有一个很长的演变过程，美国数学家摩尔 (Moore) 早在 1906 年开始就试图建立线性算子的一般理论，但他的实质性结果很少，因而影响有限。匈牙利数学家里斯 (F. Riesz, 1880—1956) 于 1910 年前后在线性算子理论形成的基础方面做了开创性工作，波兰数学家 Banach 在 1920—1930 年期间作出更多实质性的贡献，泛函分析中的不少著名定理都是以他的名字命名的。

5.1.1 有界线性算子

算子的概念起源于运算，如代数运算、微分运算、积分运算等。许多数学问题，例如中学解析几何中的平移和旋转是一些线性变换 (运算)。高等数学研究的微分、不定积分也都是线性运算，它们与 $\mathbb{R}^n$ 空间中线性变换有些相同的运算性质，线性方程组、微分方程、积分方程都可以看作特定空间中的线性运算 (或者称为线性变换或线性映射)。把所有运算抽象化后，就得到了一般赋范空间中的算子概念。线性算子的有界性是一个非常重要的性质，它和线性算子的连续性是等价的，也有很好的应用。下面先回顾 3.1.2 节介绍的线性算子概念，再给出赋范空间下有界线性算子的定义。

微分运算是线性的

$$(x+y)'=x'+y', \quad (ax)'=ax'$$

不定积分运算是线性的

$$\int(x+y)\mathrm{d}t=\int x\mathrm{d}t+\int y\mathrm{d}t, \quad \int ax\mathrm{d}t=a\int x\mathrm{d}t$$

即满足性质 $T(ax+by)=aT(x)+bT(y)$。

我们把具有这样性质的运算称为线性算子。

定义 5.1 设 T 是线性空间 X 的子空间 $D(T)$ 到线性空间 Y 的算子，若 $\forall x, y\in D(T)$ 及 $\forall\alpha\in\mathbb{K}$，$T$ 具有：① **可加性**：$T(x+y)=Tx+Ty$；② **齐次性**：$T(\alpha x)=\alpha Tx$，则称 T 是从 X 到 Y 的**线性算子**，$D(T)$ 称为 T 的定义域。当 $Y=\mathbb{K}$ 时，称 T 为**线性泛函**。

一般地，$D(T)\subsetneqq X$，如果 $D(T)=X$，则称 T 是 X 上到 Y 的线性算子。不满足可加性或齐次性的算子称为**非线性算子**。因此，算子可分为线性算子和非线性算子两大类；同理，泛函亦有线性泛函和非线性泛函。本书的研究范围仅限于线性算子与线性泛函的相关理论。

3.1.2 节给出了一些线性算子和线性泛函的例子，下面再给出一个线性泛函的例子。

例 5.1 给定 $y \in C[a,b]$，在空间 $C[a,b]$ 上定义

$$f(x) = \int_a^b y(t)x(t)\mathrm{d}t, \quad x \in C[a,b]$$

则 f 是空间 $C[a,b]$ 上的一个线性泛函。

定义 5.2 设 X, Y 是同一数域 $\mathbb{K}$ 上的两个线性空间，$T: D(T)(\subset X) \to Y$ 是线性算子，称

$$\{x \in D(T): Tx = 0\}$$

为 T 的**零空间** (null space) 或**核** (kernel)，记作 $N(T)$ 或 $\ker(T)$；称

$$\{y \in T: y = Tx, x \in D(T)\}$$

为 T 的**值域** (range)，记作 $R(T)$。

注记 5.1 对线性算子 T，一定有 $\theta \in N(T)$，因为

$$T\theta = T(\theta + \theta) = T\theta + T\theta = 2T\theta \Rightarrow T\theta = 0$$

线性算子 T 的零空间和值域可以用来判定 T 的属性。

命题 5.1 设 X, Y 是同一数域 $\mathbb{K}$ 上的两个线性空间，$T: D(T)(\subset X) \to Y$ 是线性算子，则

(1) T 是单射的充要条件是

$$N(T) = \{\theta\}$$

(2) T 是满射的充要条件是

$$R(T) = Y$$

证明 (1) **必要性** $\forall x \in N(T)$，有

$$Tx = 0$$

又 $T\theta = 0$，由 T 是单射知，$x = \theta$，从而 $N(T) = \{\theta\}$。

充分性 设有 $x, y \in X$，使得 $Tx = Ty$，则由

$$T(x - y) = Tx - Ty = 0$$

及 $N(T) = \{\theta\}$，得 $x - y = \theta$，$x = y$。

(2) 由定义 3.11 可以直接看出。证毕。 ■

下面给出有界线性算子、有界线性泛函的定义。

定义 5.3 设X,Y是赋范空间,$T:D(T)(\subset X)\to Y$是线性算子。若$\exists M>0$,使得

$$\|Tx\|\leqslant M\|x\|,\quad \forall x\in D(T)$$

则称 T 为**有界线性算子**；否则，称 T 为**无界线性算子**。

如果一个线性泛函 $f:D(f)(\subset X)\to \mathbb{K}$ 有界，即 $\exists M>0$，使得

$$|f(x)|\leqslant M\|x\|,\quad \forall x\in D(f)$$

则称 f 为**有界线性泛函**。

注记 5.2 线性算子(泛函)的有界和函数的有界意义并不相同。例如，在实数空间 $\mathbb{R}$ 中，把 $y=Tx=x$ 看作普通的实函数是无界函数，但是把 $Tx=x$ 看作 $\mathbb{R}$ 到 $\mathbb{R}$ 的线性算子，则 T 是有界线性算子，此时 $M=1$。

定理 5.1 设 X,Y 是赋范空间，$T:D(T)(\subset X)\to Y$ 是线性算子，则 T 有界 $\Leftrightarrow$ T 将 $D(T)$ 中的有界集映成 Y 中的有界集。

证明 **必要性** 设 A 为 $D(T)$ 中的有界集，则 $\exists L>0$，使得

$$\|x\|\leqslant L,\quad \forall x\in A$$

再由 T 有界，$\exists M>0$，使得

$$\|Tx\|\leqslant M\|x\|\leqslant ML,\quad \forall x\in A$$

故 $T(A)$ 为 Y 中的有界集。

充分性 由于集合

$$\left\{\frac{1}{\|x\|}x:x\in D(T)\backslash\{\theta\}\right\}$$

在单位球面上，故是 $D(T)$ 中的有界集，从而有

$$\left\{T\left(\frac{1}{\|x\|}x\right):x\in D(T)\backslash\{\theta\}\right\}$$

是 Y 中的有界集，于是 $\exists M>0$，使得 $\forall x\in X\backslash\{\theta\}$，有

$$\frac{\|Tx\|}{\|x\|}=\left\|\frac{1}{\|x\|}Tx\right\|=\left\|T\left(\frac{1}{\|x\|}x\right)\right\|\leqslant M$$

即

$$\|Tx\| \leqslant M\|x\|$$

显然，当 $x=\theta$ 时，此式也成立，故 T 有界。证毕。■

例 5.2　单位算子、零算子都是有界线性算子。

例 5.3　设 M 是 Hilbert 空间 H 的闭子空间，则从 H 到 M 的正交投影算子 P 是有界线性算子。

证明　由定理 4.24 有

$$\|Px\| \leqslant \|x\|$$

故 P 是有界线性算子。■

例 5.4　定义 $[a,b]$ 上的连续函数的积分

$$(Tx)(t)=\int_a^t x(t)\mathrm{d}t$$

则 T 是 $C[a,b]$ 到自身的一个有界线性算子。

例 5.5　定义 $[a,b]$ 上的连续函数的积分

$$f(x)=\int_a^b x(t)\mathrm{d}t$$

则 f 是 $C[a,b]$ 上的有界线性泛函。

证明　显然 f 是线性泛函；$\forall x \in C[a,b]$，

$$\begin{aligned}|f(x)| &= \left|\int_a^b x(t)\mathrm{d}t\right| \leqslant \int_a^b |x(t)|\mathrm{d}t \\ &\leqslant \int_a^b \max_{t\in[a,b]} |x(t)|\mathrm{d}t=(b-a)\|x\|\end{aligned}$$

故 f 有界。■

下面举一个无界算子的例子。

例 5.6　将 $C^1[0,1]$ 看作 $C[0,1]$ 的子空间，则微分算子

$$T=\frac{\mathrm{d}}{\mathrm{d}t}x(t): C^1[0,1] \to C[0,1]$$

是一个无界线性算子。

证明 (1) $\forall x, y \in C^1[0,1]$ 及 $\forall a, b \in \mathbb{R}$ 有

$$T(ax+by) = \frac{\mathrm{d}}{\mathrm{d}t}(ax+by) = aTx + bTy$$

故 T 是一个线性算子。

(2) $\forall M > 0$，取 $x = t^{M+1}$，则有

$$\|x\| = \max_{t\in[0,1]} \left|t^{M+1}\right| = 1$$

又因为

$$\|Tx\| = \left\|(M+1)t^M\right\| = \max_{t\in[0,1]} \left|(M+1)t^M\right| = M+1 > M\|x\|$$

故 T 是无界算子。 ■

5.1.2 连续算子

定义 5.4 设 X, Y 是赋范空间，$T: D(T)(\subset X) \to Y$ 是线性算子。若 $x_n \to x_0$ 时，$Tx_n \to Tx_0$，则称算子 T 在 x_0 点**连续**。若 T 在 $D(T)$ 中每一点处都连续，则称 T 是 $D(T)$ 上的**连续算子**。

下面列举几个连续算子的性质。

定理 5.2 (**点点连续**) 设 X, Y 是赋范空间，$T: D(T)(\subset X) \to Y$ 是线性算子，若 T 在某一点 $x_0 \in D(T)$ 连续，则 T 在 $D(T)$ 上连续。

证明 任取 $x \in D(T)$ 及 $\{x_n\} \subset D(T)$ $(n = 1, 2, \cdots)$，使得 $x_n \to x$ $(n \to \infty)$，则 $x_n - x + x_0 \to x_0$。由于 T 在 x_0 处连续，故 $T(x_n - x + x_0) \to Tx_0$。注意到 T 是可加的，那么 $Tx_n \to Tx$ $(n \to \infty)$ 成立，由 x 的任意性知，T 在 $D(T)$ 上连续。 ■

注记 5.3 对于线性算子来说，一点连续意味着点点连续。线性算子连续意味着

$$\lim_{n\to\infty} T(x_n) = T(\lim_{n\to\infty} x_n)$$

即极限运算和 T 可以交换顺序。根据定理 5.2，要验证一个线性算子是否连续，只需验证它在一点 (例如 0 点) 的连续性即可。

定理 5.3 设 X, Y 是赋范空间，$T: X \to Y$ 为连续算子，则 T 将 X 中的紧集映射为 Y 中的紧集。

证明　设 A 为 X 的紧子集，$\{y_n\}$ 为 $T(A)$ 中的一个点列，则有 A 中的点列 $\{x_n\}$ 使得

$$y_n = Tx_n$$

由 A 的紧性 (定义 2.17) 知，存在 $\{x_n\}$ 的一个子列 $\{x_{n_k}\}$ 使得

$$x_{n_k} \to x_0 \in A \ (n_k \to \infty)$$

此时

$$\lim_{k\to\infty} y_{n_k} = \lim_{k\to\infty} Tx_{n_k} = Tx_0 \in T(A)$$

故 $T(A)$ 是 Y 中的紧集。■

下面定理说明了有界算子和连续算子的等价性。

定理 5.4　(**有界算子等价于连续算子**) 设 X, Y 是赋范空间，$T: D(T)(\subset X) \to Y$ 是线性算子，则 T 有界当且仅当 T 连续。

证明　**必要性**　因为 T 有界，所以 $\exists M > 0$，当 $x_n \to x$ 时 (连续算子的基本条件)

$$\|Tx_n - Tx\| = \|T(x_n - x)\| \leqslant M\|x_n - x\| \to 0 \ (n \to \infty)$$

即 $Tx_n \to Tx$，因此 T 连续。

充分性　当 T 连续时，反设 T 无界，则可设存在点列 $\{x_n\}$ 满足

$$\|Tx_n\| \geqslant n\|x_n\|$$

若设 $y_n = \dfrac{x_n}{n\|x_n\|}$，则

$$\|y_n\| = \left\|\frac{x_n}{n\|x_n\|}\right\| = \frac{\|x_n\|}{n\|x_n\|} = \frac{1}{n} \to 0$$

由 T 连续知，$\|Ty_n\| = \|Ty_n - T0\| \to 0$；但是

$$\|Ty_n\| = T\left(\frac{x_n}{n\|x_n\|}\right) = \frac{1}{n\|x_n\|}T(x_n) \geqslant \frac{n\|x_n\|}{n\|x_n\|} = 1$$

与 $\|Ty_n\| \to 0$ 矛盾，因此 T 为有界算子。■

下面再给出几个常见有界线性算子的例子。

例 5.7　考虑 n 阶方阵 $\boldsymbol{A} = (a_{ij}) \in \mathbb{R}^{n\times n}$，对于任意的 $\boldsymbol{x} \in \mathbb{R}^n$，$\boldsymbol{x} = [x_1, x_2, \cdots, x_n]^\top$，定义

$$\boldsymbol{Ax}=(a_{ij})=\begin{bmatrix}x_1\\x_2\\\vdots\\x_n\end{bmatrix}=\begin{bmatrix}y_1\\y_2\\\vdots\\y_n\end{bmatrix}\in\mathbb{R}^n$$

其中 $y_i=\sum\limits_{j=1}^{n}a_{ij}x_j$。

显然，矩阵 $\boldsymbol{A}$ 是从 $\mathbb{R}^n$ 到 $\mathbb{R}^n$ 的线性算子。由 Cauchy 不等式，可得

$$\begin{aligned}\|\boldsymbol{Ax}\|&=\left(\sum_{i=1}^{n}|y_i|^2\right)^{\frac{1}{2}}=\left(\sum_{i=1}^{n}\left|\sum_{j=1}^{n}a_{ij}x_j\right|^2\right)^{\frac{1}{2}}\\&\leqslant\left(\sum_{i=1}^{n}\sum_{j=1}^{n}|a_{ij}|^2\right)^{\frac{1}{2}}\left(\sum_{j=1}^{n}|x_j|^2\right)^{\frac{1}{2}}\leqslant\left(\sum_{i=1}^{n}\sum_{j=1}^{n}|a_{ij}|^2\right)^{\frac{1}{2}}\|\boldsymbol{x}\|\end{aligned}$$

令 $M=\left(\sum\limits_{i=1}^{n}\sum\limits_{j=1}^{n}|a_{ij}|^2\right)^{\frac{1}{2}}$，则有 $\|\boldsymbol{Ax}\|\leqslant M\|\boldsymbol{x}\|$，由定义知，$T$ 有界。

例 5.8 设 $k(t,s)$ 是矩形区域 $a\leqslant t\leqslant b, a\leqslant s\leqslant b$ 上的连续函数，定义

$$Tx(t)=\int_a^b k(t,s)x(s)\mathrm{d}s,\quad \forall x\in C[a,b]$$

则 T 是空间 $C[a,b]$ 到其自身的一个有界线性算子。

证明 先证 T 是 $C[a,b]$ 到 $C[a,b]$ 的算子。由条件知，$\forall s\in[a,b]$，$k(t,s)$ 关于 t 在区间 $[a,b]$ 上一致连续。于是，$\forall\varepsilon>0$，$\exists\delta>0$，当 $|t_2-t_1|<\delta$ 时

$$|k(t_2,s)-k(t_1,s)|<\frac{\varepsilon}{b-a},\quad s\in[a,b]$$

从而对 $\forall x\in C[a,b]$，当 $|t_2-t_1|<\delta$ 时，有

$$\begin{aligned}|(Tx)(t_1)-(Tx)(t_2)|&=\left|\int_a^b k(t_2,s)x(s)\mathrm{d}s-\int_a^b k(t_1,s)x(s)\mathrm{d}s\right|\\&=\left|\int_a^b (k(t_2,s)-k(t_1,s))x(s)\mathrm{d}s\right|\\&\leqslant\int_a^b |k(t_2,s)-k(t_1,s)|\cdot|x(s)|\mathrm{d}s\\&<\varepsilon\|x\|\end{aligned}$$

故 $Tx \in C[a,b]$。

再证 T 有界。对 $\forall x \in C[a,b]$，由于

$$\begin{aligned}\|Tx\| &= \max_{t\in[a,b]}\left|\int_a^b k(t,s)x(s)\mathrm{d}s\right| \\ &\leqslant \max_{t\in[a,b]}\int_a^b |k(t,s)x(s)|\mathrm{d}s \\ &\leqslant \|x\|\max_{t\in[a,b]}\int_a^b |k(t,s)|\mathrm{d}s\end{aligned}$$

令 $M = \max\limits_{t\in[a,b]}\int_a^b |k(t,s)|\mathrm{d}s$，由定义知，$T$ 是空间 $C[a,b]$ 到其自身的一个有界线性算子。 ■

5.2 算子空间

本节继续学习有界线性算子的性质。我们将要说明有界线性算子的集合也是一个线性空间，并且当算子赋予范数后，此线性空间还是赋范空间。

5.2.1 算子范数和算子空间

定义 5.5 设 X,Y 是赋范空间，$T: X \to Y$ 是有界线性算子，设

$$\|T\| = \sup_{x\neq 0}\frac{\|Tx\|}{\|x\|}$$

称 $\|T\|$ 为算子 T 的**算子范数**，简称为**范数**。

从几何上看，$\forall x \in X\ (x \neq 0)$，$\alpha \in \mathbb{K}\ (\alpha \neq 0)$，有

$$\frac{\|T(\alpha x)\|}{\|\alpha x\|} = \frac{\|\alpha Tx\|}{\|\alpha x\|} = \frac{|\alpha|\|Tx\|}{|\alpha|\|x\|} = \frac{\|Tx\|}{\|x\|}$$

故 $\dfrac{\|Tx\|}{\|x\|}$ 是 T 在 x 方向上的伸缩率，从而 $\|T\|$ 代表了 T 在所有方向上的最大伸缩率。

定理 5.5 设 X,Y 是赋范空间，$T: X \to Y$ 是有界线性算子，则有如下常用的结论：

(1) $\|Tx\| \leqslant \|T\|\|x\|,\quad \forall x \in X$；

(2) $\|T\| < +\infty$；

(3) $\|T\|=\sup_{\|x\|\leqslant 1}\|Tx\|=\sup_{\|x\|=1}\|Tx\|$。

证明 (1)、(2) 显然成立。下面证 (3) 成立。

一方面，对于任意非零元素 $x_0\in X$，设 $x=x_0/\|x_0\|$，则 $\|x\|=1$，所以

$$\frac{\|Tx_0\|}{\|x_0\|}=\|Tx\|\leqslant\sup_{\|x\|=1}\|Tx\|$$

再根据 x_0 的任意性，得到

$$\|T\|=\sup_{x\neq 0}\frac{\|Tx\|}{\|x\|}\leqslant\sup_{\|x\|=1}\|Tx\|$$

另一方面，由算子的性质得到

$$\|T\|=\sup_{x\neq 0}\frac{\|Tx\|}{\|x\|}\geqslant\sup_{\|x\|\leqslant 1}\frac{\|Tx\|}{\|x\|}\geqslant\sup_{\|x\|\leqslant 1}\|Tx\|\geqslant\sup_{\|x\|=1}\|Tx\|$$

结合以上两方面得到我们的结论。 ■

注记 5.4 精确求出算子的范数往往比较困难。在大多数情况下，只能估计出算子范数的范围。设 X,Y 是赋范空间，$T:X\to Y$ 是有界线性算子，不妨设

$$\|Tx\|\leqslant M\|x\|,\ \forall x\in X$$

于是，当 $x\neq 0$ 时，对任意 $x\in X$ 有

$$\frac{\|Tx\|}{\|x\|}\leqslant M$$

由此可得

$$\|T\|=\sup_{x\neq 0}\frac{\|Tx\|}{\|x\|}\leqslant M$$

故算子 T 的范数是满足 $\|Tx\|\leqslant M\|x\|$ 的所有 M 的下确界。

注记 5.5 除直接使用定义外，求算子范数通常可以分为两个步骤。

(1) 对 $\|T\|$ 作初步估计。找到一个尽可能小的 M_0，使得

$$\|Tx\|\leqslant M_0\|x\|$$

由此可得

$$\|T\|\triangleq\sup_{x\in X\setminus\{0\}}\frac{\|Tx\|}{\|x\|}\leqslant M_0$$

(2) 通过取特殊元或元列以验证初步估计其实是最佳的。取一单位元 $x_0\in X$，

使得

$$\|Tx_0\| = M_0$$

由此可得

$$\|T\| = \sup_{\|x\|=1} \|Tx\| \geqslant \|Tx_0\| = M_0$$

或取一列单位元 $x_n \in X$，使得

$$\|Tx_n\| = M_0 - \frac{1}{n}$$

从而有

$$\|T\| = \sup_{\|x\|=1} \|Tx\| \geqslant \|Tx_n\| = M_0 - \frac{1}{n}$$

例 5.9 对纯量算子

$$Tx = ax, \quad \forall x \in X$$

求证 $\|T\| = |a|$。

证明 由算子范数的等价定义

$$\|T\| = \sup_{\|x\|=1} \|Tx\| = \sup_{\|x\|=1} \|ax\| \quad = \sup_{\|x\|=1} |a|\|x\| = |a|$$

所以 $\|T\| = a$。 ■

例 5.10 定义算子 $T: C[a,b] \to C[a,b]$ 如下：

$$(Tx)(t) = \int_a^t x(s)\mathrm{d}s$$

求证 $\|T\| = b - a$。

证明 $\forall x(t) \in C[a,b]$，有

$$\begin{aligned}\|Tx\| &= \max_{t\in[a,b]} |Tx| = \max_{t\in[a,b]} \left|\int_a^t x(s)\mathrm{d}s\right| \leqslant \max_{t\in[a,b]} \int_a^t |x(s)|\mathrm{d}s \\ &= \int_a^b |x(s)|\mathrm{d}s \leqslant \int_a^b \max_{t\in[a,b]} |x(t)|\mathrm{d}s = (b-a)\|x\|\end{aligned}$$

所以，$\|T\| \leqslant b - a$。

另外，取 $x_0(t) \equiv 1$ $(\forall t \in [a,b])$，则

$$\|x_0\| = \max_{t\in[a,b]} |x_0(t)| = 1$$

根据定义得

$$\|T\| = \sup_{\|x\|=1} \|Tx\| \geqslant \|Tx_0\| = \max_{t\in[a,b]} \left|\int_a^t x_0(s)\mathrm{d}s\right| = b-a$$

故 $\|T\| = b-a$。 ■

例 5.11 定义算子 $T: L^1[a,b] \to C[a,b]$ 如下：

$$(Tx)(t) = \int_a^t x(s)\mathrm{d}s, \quad \forall x \in L^1[a,b]$$

证明 T 是有界线性算子且 $\|T\| = 1$。

证明 显然 T 为线性算子。任取 $x \in L^1[a,b]$，则 $\|x\| = \int_a^b |x(t)|\mathrm{d}t$，于是

$$\begin{aligned}\|Tx\| &= \max_{a\leqslant t\leqslant b} |Tx(t)| = \max_{a\leqslant t\leqslant b} \left|\int_a^t x(\tau)\mathrm{d}\tau\right| \\ &\leqslant \max_{a\leqslant t\leqslant b} \int_a^t |x(\tau)|\mathrm{d}\tau = \int_a^b |x(\tau)|\mathrm{d}\tau = \|x\|\end{aligned}$$

这表明 T 有界且 $\|T\| \leqslant 1$。另外，取 $x_0(t) \equiv \dfrac{1}{b-a}$ $(\forall t \in [a,b])$，那么 $x_0 \in L^1[a,b]$ 且 $\|x_0\| = \displaystyle\int_a^b \frac{1}{b-a}\,\mathrm{d}t = 1$。于是

$$\|T\| \geqslant \|Tx_0\| = \max_{a\leqslant t\leqslant b} \left|\int_a^t x_0(\tau)\mathrm{d}\tau\right| = \int_a^b \frac{1}{b-a}\,\mathrm{d}\tau = 1$$

所以，$\|T\| = 1$。 ■

例 5.12 定义算子 $T: L^1[a,b] \to L^1[a,b]$ 如下：

$$(Tx)(t) = \int_a^t x(s)\mathrm{d}s, \quad \forall x \in L^1[a,b]$$

证明 T 是有界线性算子且 $\|T\| = b-a$。

证明 任取 $x \in L^1[a,b]$，则 $\|x\| = \int_a^b |x(t)|\mathrm{d}t$。由于 $Tx \in L^1[a,b]$，从而

$$\begin{aligned}\|Tx\| &= \int_a^b \left|\int_a^t x(s)\mathrm{d}s\right| \mathrm{d}t \leqslant \int_a^b \int_a^t |x(s)|\,\mathrm{d}s\mathrm{d}t \\ &\leqslant \int_a^b \int_a^b |x(s)|\,\mathrm{d}s\mathrm{d}t = (b-a)\|x\|\end{aligned}$$

这表明 T 有界且 $\|T\| \leqslant b-a$。

对任何使得 $a+\dfrac{1}{n}<b$ 成立的正整数 n，作函数

$$x_n(t)=\begin{cases} n, & t\in\left[a,a+\dfrac{1}{n}\right] \\ 0, & t\in\left(a+\dfrac{1}{n},b\right] \end{cases}$$

显然 $x_n\in L^1[a,b]$，且 $\|x_n\|=\int_a^b|x_n(t)|\mathrm{d}t=1$，而

$$\begin{aligned}\|Tx_n\|&=\int_a^b\left|\int_a^t x_n(s)\mathrm{d}s\right|\mathrm{d}t\\&=\int_a^{a+\frac{1}{n}}n(t-a)\mathrm{d}t+\int_{a+\frac{1}{n}}^b\left|\int_a^{a+\frac{1}{n}}n\mathrm{d}s+\int_{a+\frac{1}{n}}^t0\mathrm{d}s\right|\mathrm{d}t\\&=\frac{1}{2n}+b-a-\frac{1}{n}=b-a-\frac{1}{2n}\end{aligned}$$

所以，又有

$$\|T\|\geqslant\sup_{\|x_n\|=1}\|Tx_n\|=b-a$$

因此，$\|T\|=b-a$。■

下面给出由矩阵确定的算子范数，其证明可参考文献 [1]。

例 5.13 设 $\boldsymbol{A}=(a_{ij})\in\mathbb{R}^{m\times n}$，对于任意的 $\boldsymbol{x}=[x_1,x_2,\cdots,x_n]^\top$，定义矩阵 $\boldsymbol{A}$ 所对应的线性算子 $T:\mathbb{R}^n\to\mathbb{R}^m$ 如下

$$\boldsymbol{Tx}=\boldsymbol{Ax}$$

若在 $\mathbb{R}^n$ 中使用下面不同的范数

$$\|\boldsymbol{x}\|_p=\begin{cases}\left(\sum\limits_{j=1}^n|x_j|^p\right)^{\frac{1}{p}}, & 1\leqslant p<+\infty\\ \max\limits_{1\leqslant j\leqslant n}|x_j|, & p=+\infty\end{cases}$$

则算子 T 的范数为

$$\|T\|=\begin{cases}\max\limits_{1\leqslant j\leqslant n}\sum\limits_{i=1}^m|a_{ij}|, & p=1\\ \max\limits_{1\leqslant j\leqslant n}|\lambda_j|, & p=2\\ \max\limits_{1\leqslant i\leqslant m}\sum\limits_{j=1}^n|a_{ij}|, & p=+\infty\end{cases}$$

其中 $\lambda_j^2\ (j=1,2,\cdots,n)$ 为 $\boldsymbol{A}^{\top}\boldsymbol{A}$ 的特征值。

例 5.14 对于矩阵 $\boldsymbol{A}=\begin{bmatrix}1 & 2\\ 2 & 1\end{bmatrix}$，线性算子 $T:\mathbb{R}^2\to\mathbb{R}^2$ 定义如下

$$\boldsymbol{T}\boldsymbol{x}=\boldsymbol{A}\boldsymbol{x}$$

求算子 T 的范数。

解 因为矩阵 $\boldsymbol{A}$ 是对称阵，所以当 $\boldsymbol{A}$ 的特征值为 $\lambda_j\ (j=1,2)$ 时，

$$\|T\|=\max_{j=1,2}|\lambda_j|$$

根据

$$|\boldsymbol{A}-\lambda\boldsymbol{I}|=\begin{vmatrix}1-\lambda & 2\\ 2 & 1-\lambda\end{vmatrix}=(\lambda+1)(\lambda-3)=0$$

得 $\lambda_1=-1,\lambda_2=3$，所以 $\|T\|=3$。◆

下面把有界线性算子看作一个元素，构成一个新的线性空间，即由全体有界线性算子构成的空间，从赋范空间的角度研究线性算子的性质。

定义 5.6 设 X,Y 是数域 $\mathbb{K}$ 上的赋范空间，从 X 到 Y 的有界线性算子的全体记为 $B(X,Y)$。如果 $X=Y$，把 $B(X,Y)$ 简记为 $B(X)$。在 $B(X,Y)$ 中定义线性运算

$$\begin{aligned}&(T_1+T_2)\,x=T_1x+T_2x,\quad x\in X\\&(aT_1)\,x=a\,(T_1x)\,,\quad x\in X,a\in\mathbb{K}\end{aligned}\tag{5.1}$$

其中 $T_1,T_2\in B(X,Y)$，则 $B(X,Y)$ 是数域 $\mathbb{K}$ 上的线性空间，称为**有界线性算子空间**。

定理 5.6 $B(X,Y)$ 按算子范数成为一个赋范空间。

证明 容易看出，$B(X,Y)$ 按照式 (5.1) 确实构成线性空间。现证明 $B(X,Y)$ 是赋范空间，为此需要验证范数的三个性质。

(1) $\|T\|\geqslant 0$ 是显然的。若 $\|T\|=0$，则 $\forall x\in X$，根据定义有

$$\|Tx\|\leqslant\|T\|\|x\|=0$$

从而有 $Tx \equiv 0$，再由 x 的任意性知 $T=\theta$，即 T 为零算子；若 $T=\theta$，则有

$$\|T\| = \sup_{\|x\|=1} \|Tx\| = \sup_{\|x\|=1} \|\theta\| = 0$$

所以 $\|T\|=0 \Leftrightarrow T=\theta$。

(2) $\forall T_1 \in B(X,Y)$，以及 $\forall x \in X$ 与 $\forall a \in \mathbb{R}$，根据算子范数定义

$$\begin{aligned}\|aT_1\| &= \sup_{\|x\|=1} \|(aT_1)\,x\| = \sup_{\|x\|=1} \|a\,(T_1x)\| \\ &= |a| \sup_{\|x\|=1} \|T_1x\| = |a|\,\|T_1\|\end{aligned}$$

所以 $aT_1 \in B(X,Y)$，并且

$$\|aT_1\| = |a|\,\|T_1\|$$

(3) $\forall T_1, T_2 \in B(X,Y)$，以及 $\forall x \in X$，根据线性运算有

$$\begin{aligned}\|(T_1+T_2)\,x\| &= \|T_1x + T_2x\| \leqslant \|T_1x\| + \|T_2x\| \\ &\leqslant \|T_1\| \cdot \|x\| + \|T_2\| \cdot \|x\| \\ &= (\|T_1\| + \|T_2\|)\,\|x\|\end{aligned}$$

根据 $T_1, T_2 \in B(X,Y)$ 得到 $T_1+T_2 \in B(X,Y)$，并且

$$\|T_1+T_2\| \leqslant \|T_1\| + \|T_2\|$$

■

5.2.2 算子列的收敛性

由算子的范数 $\|\cdot\|$ 可以诱导出距离

$$d\,(T_1,T_2) = \|T_1 - T_2\|$$

因此，$B\,(X,Y)$ 也是距离空间。于是，在 $B\,(X,Y)$ 中可以讨论算子列按范数的收敛性。又因 $B\,(X,Y)$ 中元素的特殊性，故还可以引入更丰富的收敛概念。下面给出空间 $B\,(X,Y)$ 中的两种收敛性。

定义 5.7 设 $T_n \in B\,(X,Y)$，$T \in B\,(X,Y)$，如果 $\|T_n - T\| \to 0\ (n\to\infty)$，则称有界线性算子列 $\{T_n\}$ **按算子范数收敛或一致收敛**，记作 $T_n \to T\ (n\to\infty)$。

上述之所以使用“一致收敛”这一名称，原因在于下面定理所阐述的事实。

定理 5.7 设 $\{T_n\} \subset B(X,Y)$，$T \in B(X,Y)$，则 $T_n \to T \Leftrightarrow \{T_n\}$ 在 X 中任一有界集上一致收敛于 T。

证明 "$\Rightarrow$" 若 $T_n \to T$，则 $\forall \varepsilon > 0, \exists N \in \mathbb{Z}^+$，当 $n > N$ 时，$\|T_n - T\| < \varepsilon$。设 $A \subset X$ 且 A 有界，则 $\exists M > 0$，使得 $\|x\| \leqslant M, x \in A$。从而 $\forall x \in A$，有

$$\|T_n x - Tx\| \leqslant \|T_n - T\| \cdot \|x\| < M\varepsilon, \quad n > N$$

故 $\{T_n\}$ 在 A 上一致收敛于 T。

"$\Leftarrow$" 设 $\{T_n\}$ 在 X 中任一有界集上一致收敛于 T。取 X 的单位球面 $S = \{x \in X : \|x\| = 1\}$，依假设知，$T_n$ 在 S 上一致收敛于 T。$\forall \varepsilon > 0$，$\exists N \in \mathbb{Z}^+$，当 $n > N$ 时，

$$\|T_n x - Tx\| < \varepsilon, \quad \forall x \in S$$

于是

$$\|T_n - T\| = \sup_{\|x\|=1} \|T_n x - Tx\| < \varepsilon, \quad n > N$$

即 $T_n \to T$，证毕。 ■

定义 5.8 设 $T_n \in B(X,Y)$，$T \in B(X,Y)$，如果 $\forall x \in X$，

$$T_n x \to Tx \text{ 即 } \|T_n x - Tx\| \to 0 \quad (n \to \infty) \tag{5.2}$$

则称 $\{T_n\}$ **逐点收敛**到 T，或称 $\{T_n\}$ **强收敛**于 T，记作 $T_n \xrightarrow{s} T$。

显然，若 $\{T_n\}$ 一致收敛于 T，则 $\{T_n\}$ 必强收敛于 T，反之不然。

例 5.15 设 $T_n : l^1 \to l^1$ 为 n 步左移算子，即 $\forall x = (x_1, x_2, \cdots) \in l^1$，有

$$T_n x = (x_{n+1}, x_{n+2}, \cdots)$$

则 $T_n \in B\left(l^1\right)$，且当 $n \to \infty$ 时，

$$\|T_n x - \theta x\|_{l^1} = \|T_n x - 0\|_{l^1} = \sum_{k=n+1}^{\infty} |x_k| \to 0$$

故 $T_n x \to Tx\ (n \to \infty)$，即 $\{T_n\}$ 强收敛于 T。

但由于

$$\|T_n x\|_{l^1} = \sum_{k=n+1}^{\infty} |x_k| \leqslant \sum_{k=1}^{\infty} |x_k| = \|x\|_{l^1}$$

$$\|T_n(\underbrace{0, \cdots, 0}_{n}, 1, 0, \cdots)\|_{l^1} = 1$$

故有 $\|T_n\| = 1$，从而 $\|T_n - \theta\| \nrightarrow 0$，即 $\{T_n\}$ 不一致收敛到 θ。

5.2.3 算子空间的完备性

有界线性算子组成的空间是一个赋范空间，于是可以讨论它的完备性。一个赋范空间是完备的 (Banach 空间) $\Leftrightarrow$ 空间中的 Cauchy 列一定收敛。

定理 5.8　设 X 是赋范空间，Y 是 Banach 空间，则 $B(X,Y)$ 是 Banach 空间。

分析：(1) 要证明 $B(X,Y)$ 是 Banach 空间，只要证明此空间中的任一 Cauchy 列 $\{T_n\}$ 在 $B(X,Y)$ 中都收敛 (注意：$\{T_n\}$ 是按线性算子空间中的范数收敛)。

(2) 为此，对于空间中的任意一个 Cauchy 列 $\{T_n\}$，要做以下三件事情：① 构造一个线性算子 T；② 证明 T 是有界线性算子；③ 证明 $\{T_n\}$ 按算子的范数趋于 T。

证明　① 设 $\{T_n\}$ 是 $B(X,Y)$ 中的 Cauchy 列，则 $\forall \varepsilon > 0$，$\exists N \in \mathbb{Z}^+$，当 $n,m > N$ 时，有

$$\|T_n - T_m\| < \varepsilon$$

于是，$\forall x \in X$，

$$\|T_n x - T_m x\| \leqslant \|T_n - T_m\| \, \|x\| < \varepsilon \|x\| \tag{5.3}$$

这表明 $\forall x \in X$, $\{T_n x\}$ 是 Y 中的 Cauchy 列。因为 Y 完备，故 $\exists y \in Y$，使得

$$T_n x \to y$$

于是对于任给的 $x \in X$，有唯一确定的 $y \in Y$ 和它对应，可以定义

$$Tx = y = \lim_{n\to\infty} T_n x$$

由于极限运算是线性的，T 是从 X 到 Y 的线性算子。

② 证明 T 是有界线性算子。注意到

$$\Big| \|T_n\| - \|T_m\| \Big| \leqslant \|T_n - T_m\| \to 0 \ (n \to \infty)$$

即 $\{\|T_n\|\}$ 是 Cauchy 列。故 $\exists M > 0$，使得

$$\|T_n\| \leqslant M \ (n = 1, 2, \cdots)$$

由范数的连续性，有

$$\|Tx\| = \left\|\lim_{n\to\infty} T_n x\right\| \leqslant M\|x\|$$

故 T 是有界线性算子，即 $T \in B(X,Y)$。

③ 证明 $\{T_n\}$ 按算子范数收敛 (一致收敛) 到 T。

根据式 (5.3)，$\forall\varepsilon > 0$，$\exists N \in \mathbb{Z}^+$，当 $n, m > N$ 时，

$$\|T_n x - T_m x\| < \varepsilon\|x\|$$

令 $m \to \infty$，由范数的连续性和 $\lim\limits_{m\to\infty} T_m x = Tx$ 可推出

$$\|T_n x - Tx\| < \varepsilon\|x\|, \quad 即\ \|T_n - T\| < \varepsilon \quad (n > N)$$

于是有 $T_n \to T$ $(n \to \infty)$。综上可知，$B(X,Y)$ 是 Banach 空间。 ■

推论 5.1 设 X 是一个赋范空间，令

$$B(X,\mathbb{K}) = \{X\ 上定义的全体有界线性泛函\}$$

则 $B(X,\mathbb{K})$ 是完备的。

证明 由于数域 $\mathbb{K}$ (实的或复的) 是完备的，所以根据定理 5.8，赋范空间 X 上的有界线性泛函组成的全体按范数

$$\|f\| = \sup_{x\in X, \|x\|=1} |f(x)|$$

构成一个 Banach 空间，称为 X 的共轭空间，记作 $X^* = B(X,\mathbb{K})$。 ■

5.3 一致有界定理

背景说明 在 Banach 及其同胞斯坦因豪斯 (Hugo Steinhaus, 1887—1972) 之前很久，与共鸣定理有关的一系列特殊结果在各个领域陆续被数学家们发现，如 Fourier 级数的发散性，Lagrange 插值多项式序列的发散性、发散级数求和法，以及求积公式的收敛性等。直到很久以后，人们才发现这些结果都可以统一到 Banach 与 Steinhaus 在 1927 年提出的共鸣定理框架下。目前共鸣定理在 Fourier 分析、数值计算、偏微分方程、非线性泛函分析等学科中有广泛应用。

在实际应用中，我们处理的算子常常不止一个，而是一族，这就需要讨论算子族的一致有界性。下面研究算子列的一致有界性，并列举几个一致有界定理 (或者共鸣定理) 的应用。

5.3.1 一致有界定理与共鸣定理

对于有界线性算子，可以得到：一族点点有界的有界线性算子必定一致有界。

定理 5.9 (**一致有界定理或 Banach-Steinhaus 定理**) 设 X 是 Banach 空间，Y 是赋范空间，算子列 $\{T_n\} \subset B(X,Y)$。若对于每个 $x \in X$，有

$$\|T_n x\| \leqslant M_x, \quad \forall n \in \mathbb{Z}^+$$

这里 M_x 是与 x 有关的实数，则算子列 $\{T_n\}$ 一致有界，即存在与 x 无关的常数 M 使得

$$\|T_n\| \leqslant M, \quad \forall n \in \mathbb{Z}^+$$

定理的证明在一般泛函分析教材中都可查阅到，本书在此略去。

一致有界定理的逆否命题就是下面的共鸣定理。

定理 5.10 (**共鸣定理**) 设 X 是 Banach 空间，Y 是赋范空间，$\{T_n\} \subset B(X,Y)$。若 $\{T_n\}$ 不是一致有界的，即

$$\sup_{n\in\mathbb{Z}^+} \|T_n\| = +\infty$$

则 $\exists x_0 \in X$，使得

$$\sup_{n\in\mathbb{Z}^+} \|T_n x_0\| = +\infty$$

注记 5.6 定理中的 $\sup\limits_{n\in\mathbb{Z}^+} \|T_n\| = +\infty$ 等价于存在 $\{T_n\} \subset B(X,Y)$ 和点列 $\{x_n\} \subset X$，当 $\|x_n\| = 1$ 时有

$$\sup_{n\in\mathbb{Z}^+} \|T_n x_n\| = +\infty$$

此时，必存在“共鸣点” $x_0 \in X$ 使得

$$\sup_{n\in\mathbb{Z}^+} \|T_n x_0\| = +\infty$$

因此，此定理说明若序列 $\|T_n x_n\|$ 无界，则必有一个点列 $\|T_n x_0\|$ 无界，这就是“共鸣”一词的由来。

下面利用一致有界定理研究算子列在强收敛方面的性质。

定理 5.11 设 X 是 Banach 空间，Y 是赋范空间，$\{T_n\} \subset B(X,Y)$，若对每个 $x \in X$，$\lim\limits_{n\to\infty} T_n x$ 在 Y 中存在，定义线性算子 $T: X \to Y$ 为 $Tx = \lim\limits_{n\to\infty} T_n x$，则 $T \in B(X,Y)$，且 $\{\|T_n\|\}$ 有界。

证明 由 $\lim\limits_{n\to\infty} T_n x$ 在 Y 中存在知，$\sup\limits_{n\in\mathbb{Z}^+} \|T_n x\| < +\infty$。由定理 5.9 知，存在常数 $M > 0$，使 $\sup\limits_{n\in\mathbb{Z}^+} \|T_n\| \leqslant M$，故

$$\|Tx\| = \lim_{n\to\infty} \|T_n x\| \leqslant \left(\sup_{n\in\mathbb{Z}^+} \|T_n\|\right) \|x\| \leqslant M\|x\|$$

即 $T \in B(X,Y)$。证毕。 ■

定理 5.12 设 X,Y 是 Banach 空间，$\{T_n\} \subset B(X,Y)$，则 $\{T_n\}$ 强收敛于 $T \in B(X,Y)$ 的充分必要条件是：

(1) $\{T_n\}$ 一致有界；

(2) 对于 X 中的稠密子集 D 中的任意元素 z，$\{T_n z\}$ 都收敛。

证明 **必要性** 若 $\forall x \in X$，$\{T_n\}$ 强收敛于 T，即 $\|T_n x - Tx\| \to 0\ (n \to \infty)$，根据

$$\|T_n x\| \leqslant \|T_n x - Tx\| + \|Tx\|$$

得到 $\|T_n x\|$ 有界，由共鸣定理知道 $\{T_n\}$ 一致有界；命题 (2) 显然。

充分性 设

$$\|T_n\| \leqslant M, \quad \forall n \in \mathbb{Z}^+$$

$\forall x \in X$ 及 $\forall \varepsilon > 0$，由 D 在 X 中稠密知，$\exists z \in D$ 使得

$$\|x - z\| < \frac{\varepsilon}{3M}$$

又由 $\{T_n z\}$ 收敛知，$\exists N \in \mathbb{Z}^+$，当 $m,n > N$ 时

$$\|T_n z - T_m z\| < \frac{\varepsilon}{3}$$

因此

$$\begin{aligned}
\|T_n x - T_m x\| &\leqslant \|T_n x - T_n y\| + \|T_n y - T_m y\| + \|T_m y - T_m x\| \\
&< \|T_n\| \cdot \|x - y\| + \frac{\varepsilon}{3} + \|T_m\| \cdot \|x - y\| \\
&< M \cdot \frac{\varepsilon}{3M} + \frac{\varepsilon}{3} + M \cdot \frac{\varepsilon}{3M} = \varepsilon
\end{aligned}$$

故 $\{T_nx\}$ 是空间 Y 中的 Cauchy 列，由 Y 的完备性知，存在 $y \in Y$ 使得 $\{T_nx\}$ 收敛于 y。

设 $Tx = y$，根据 $\{T_n\}$ 的线性性质，易得算子 T 的线性性质。

下面证算子 T 有界。由 $\|T_nx - Tx\| \to 0 \quad (n \to \infty)$ 及共鸣定理知，$\|T_n - T\|$ 一致有界。再根据条件 (1) 以及

$$\|T\| \leqslant \|T - T_n\| + \|T_n\|$$

得到 T 有界。 ■

定理 5.13 设 X, Y 是 Banach 空间，$B(X,Y)$ 中算子列 $\{T_n\}$ 按强收敛完备。

证明 设 $\{T_n\} \subset B(X,Y)$ $(n = 1, 2, \cdots)$，且 $\forall x \in X$，$\{T_nx\}$ 是 Y 中的基本列，又因 Y 完备，故 $\{T_nx\}$ 收敛，从而 $\{T_nx\}$ 有界。由一致有界定理 5.9 知，$\{T_n\}$ 一致有界。另外，由于 Y 完备，则 $\{T_nx\}$ 在 Y 中收敛，由定理 5.12 知，$\{T_n\}$ 强收敛于某一有界线性算子 $T \in B(X,Y)$。 ■

5.3.2 一致有界定理的应用

下面介绍几个关于一致有界定理应用的例子。

例 5.16 (**有界性问题**) 设实数列 $\{a_k\}$ 对任何满足 $\sum\limits_{k=1}^{\infty} b_k^2 < \infty$ 的实数列 $\{b_k\}$，都有

$$\sum_{k=1}^{\infty} |a_k b_k| < \infty$$

求证：$\sum\limits_{k=1}^{\infty} a_k^2 < \infty$。

证明 $\forall x = (b_1, b_2, \cdots) \in l^2$，令 $T_n : l^2 \to l^1$ 为

$$T_nx = (a_1b_1, \cdots, a_nb_n, 0, \cdots)$$

则有

$$\sup_{n \in \mathbb{Z}^+} \|T_nx\|_{l^2} = \sup_{n \in \mathbb{Z}^+} \sum_{k=1}^{n} |a_kb_k| = \sum_{k=1}^{\infty} |a_kb_k| < \infty$$

故由一致有界定理知，$\{T_n\}$ 一致有界。

下面计算 $\|T_n\|$。因为

$$\|T_nx\|_{l^1}=\sum_{k=1}^{n}|a_kb_k|\leqslant\left(\sum_{k=1}^{n}a_k^2\right)^{\frac{1}{2}}\left(\sum_{k=1}^{n}b_k^2\right)^{\frac{1}{2}}$$

$$\leqslant\left(\sum_{k=1}^{n}a_k^2\right)^{\frac{1}{2}}\|x\|_{l^2}$$

故有 $\|T_n\|\leqslant\left(\sum_{k=1}^{n}a_k^2\right)^{\frac{1}{2}}$。取

$$x_0=\left(\sum_{k=1}^{n}a_k^2\right)^{-\frac{1}{2}}(a_1,\cdots,a_n,0,\cdots)$$

则 $\|x_0\|_{l^2}=1$

$$\|T_nx_0\|_{l^1}=\left(\sum_{k=1}^{n}a_k^2\right)^{-\frac{1}{2}}\|(a_1a_1,\cdots,a_na_n,0,\cdots)\|_{l^1}$$

$$=\left(\sum_{k=1}^{n}a_k^2\right)^{-\frac{1}{2}}\sum_{k=1}^{n}a_k^2=\left(\sum_{k=1}^{n}a_k^2\right)^{\frac{1}{2}}$$

从而有

$$\|T_n\|=\left(\sum_{k=1}^{n}a_k^2\right)^{\frac{1}{2}}$$

$$\sup_{n\in\mathbb{Z}^+}\|T_n\|=\left(\sum_{k=1}^{\infty}a_k^2\right)^{\frac{1}{2}}<\infty$$

■

例 5.17 (**Fourier 级数的发散问题**) 存在以 2π 为周期的连续函数 $x_0(t)\in C[-\pi,\pi]$，其 Fourier 级数在 $t=0$ 处发散。

证明 (1) 对 $\forall x\in C[-\pi,\pi]$，x 的 Fourier 级数为

$$\frac{a_0}{2}+\sum_{k=1}^{\infty}(a_k\cos kt+b_k\sin kt)$$

其中

$$a_k = \frac{1}{\pi}\int_{-\pi}^{\pi} x(t)\cos kt \, \mathrm{d}t, \quad k = 0, 1, 2, \cdots$$

$$b_k = \frac{1}{\pi}\int_{-\pi}^{\pi} x(t)\sin kt \, \mathrm{d}t, \quad k = 1, 2, \cdots$$

x 在 $t = 0$ 处的 Fourier 级数为

$$\frac{a_0}{2} + \sum_{k=1}^{\infty} a_k$$

若设 $T_n : C[-\pi, \pi] \to \mathbb{R}$ 为

$$T_n x = \frac{a_0}{2} + \sum_{k=1}^{n} a_k = \frac{1}{\pi}\int_{-\pi}^{\pi} x(t)\left[\frac{1}{2} + \sum_{k=1}^{n}\cos kt\right]\mathrm{d}t = \frac{1}{\pi}\int_{-\pi}^{\pi} x(t)D_n(t)\mathrm{d}t$$

其中

$$\begin{aligned} D_n(t) &= \frac{1}{2} + \sum_{k=1}^{n}\cos kt = \frac{1}{2} + \sum_{k=1}^{n}\frac{\cos kt\sin\frac{1}{2}t}{\sin\frac{1}{2}t} \\ &= \frac{1}{2} + \sum_{k=1}^{n}\frac{\sin\left(k+\frac{1}{2}\right)t - \sin\left(k-\frac{1}{2}\right)t}{2\sin\frac{1}{2}t} \\ &= \frac{1}{2} + \frac{\sin\left(n+\frac{1}{2}\right)t - \sin\frac{1}{2}t}{2\sin\frac{1}{2}t} = \frac{\sin\left(n+\frac{1}{2}\right)t}{2\sin\frac{1}{2}t} \end{aligned}$$

则有

$$\begin{aligned} \|T_n x\| &= \left|\frac{1}{\pi}\int_{-\pi}^{\pi} x(t)D_n(t)\mathrm{d}t\right| \\ &\leqslant \frac{1}{\pi}\int_{-\pi}^{\pi} |x(t)|\,|D_n(t)|\,\mathrm{d}t \\ &\leqslant \frac{1}{\pi}\int_{-\pi}^{\pi} |D_n(t)| \max_{t\in[-\pi,\pi]}|x(t)|\mathrm{d}t \\ &= \left(\frac{2}{\pi}\int_{0}^{\pi}|D_n(t)|\,\mathrm{d}t\right)\|x\| \end{aligned}$$

故 T_n 有界，且

$$\|T_n\| \leqslant \frac{2}{\pi}\int_{0}^{\pi}|D_n(t)|\,\mathrm{d}t$$

(2) 下面计算 $\|T_n\|$。令

$$f_m(t)=\frac{D_n(t)}{|D_n(t)|+\dfrac{1}{m}}$$

则有 $f_m\in C[-\pi,\pi]$, $\|f_m\|\leqslant 1$。再根据

$$\begin{aligned}\|T_n\|=\sup_{\|x\|\leqslant 1}\|T_nx\|\geqslant\|T_nf_m\|&=\left|\frac{1}{\pi}\int_{-\pi}^{\pi}f_m(t)D_n(t)\mathrm{d}t\right|\\&=\frac{1}{\pi}\int_{-\pi}^{\pi}\frac{D_n^2(t)}{|D_n(t)|+\dfrac{1}{m}}\mathrm{d}t\geqslant\frac{1}{\pi}\int_{-\pi}^{\pi}\frac{D_n^2(t)-\dfrac{1}{m^2}}{|D_n(t)|+\dfrac{1}{m}}\,\mathrm{d}t\\&=\frac{1}{\pi}\int_{-\pi}^{\pi}\left(|D_n(t)|-\frac{1}{m}\right)\mathrm{d}t=\frac{2}{\pi}\int_0^{\pi}|D_n(t)|\,\mathrm{d}t-\frac{2}{m}\end{aligned}$$

令 $m\to\infty$ 得

$$\|T_n\|=\frac{2}{\pi}\int_0^{\pi}|D_n(t)|\,\mathrm{d}t$$

(3) 另外

$$\begin{aligned}\|T_n\|&=\frac{2}{\pi}\int_0^{\pi}|D_n(t)|\,\mathrm{d}t\geqslant\frac{1}{\pi}\int_0^{\pi}\frac{\left|\sin\left(n+\dfrac{1}{2}\right)t\right|}{\dfrac{1}{2}t}\,\mathrm{d}t\\&=\frac{2}{\pi}\int_0^{(n\pi+\pi/2)}\frac{|\sin s|}{s}\,\mathrm{d}s\geqslant\frac{2}{\pi}\int_0^{n\pi}\frac{|\sin s|}{s}\,\mathrm{d}s\\&=\frac{2}{\pi}\sum_{k=0}^{n-1}\int_{k\pi}^{(k+1)\pi}\frac{|\sin s|}{s}\,\mathrm{d}s\\&\geqslant\frac{2}{\pi}\sum_{k=0}^{n-1}\frac{1}{(k+1)\pi}\int_{k\pi}^{(k+1)\pi}|\sin s|\mathrm{d}s\\&=\frac{4}{\pi^2}\sum_{k=0}^{n-1}\frac{1}{k+1}=\frac{4}{\pi^2}\sum_{k=1}^{n}\frac{1}{k}\end{aligned}$$

再由调和级数 $\sum\limits_{k=1}^{\infty}\dfrac{1}{k}$ 的发散性，得

$$\sup_{n\in\mathbb{Z}^+}\|T_n\|=+\infty$$

故由共鸣定理知，$\exists x_0 \in C[-\pi,\pi]$，使得

$$\sup_{n\in\mathbb{Z}^+} \|T_n x_0\| = +\infty$$

所以 x_0 在 $t=0$ 处的 Fourier 级数发散。 ■

例 5.18 (**插值公式发散性问题**) 给定区间 $[0,1]$ 内插入点 $\left(t_k^{(n)}\right)$ $(1 \leqslant k \leqslant n,\ n \in \mathbb{Z}^+)$ 构成三角矩阵为

$$\begin{bmatrix} t_1^{(1)} & 0 & 0 & \cdots & 0 & 0 & \cdots \\ t_1^{(2)} & t_2^{(2)} & 0 & \cdots & 0 & 0 & \cdots \\ \vdots & \vdots & \vdots & & \vdots & \vdots & \\ t_1^{(n)} & t_2^{(n)} & \cdots & \cdots & t_n^{(n)} & 0 & \cdots \\ \vdots & \vdots & \vdots & \cdots & \vdots & \vdots & \end{bmatrix}$$

那么必存在 $x \in C[0,1]$，使其与插值点相应的 $n-1$ 次插值 Lagrange 多项式

$$T(x)(t) = \sum_{k=1}^{n} x\left(t_k^{(n)}\right) M_k^{(n)}(t)$$

当 $n \to \infty$ 时，不一致收敛于 $x(t)$，其中

$$M_k^{(n)}(t) = \frac{\left(t - t_1^{(n)}\right)\cdots\left(t - t_{k-1}^{(n)}\right)\left(t - t_{k+1}^{(n)}\right)\cdots\left(t - t_n^{(n)}\right)}{\left(t_k^{(n)} - t_1^{(n)}\right)\cdots\left(t_k^{(n)} - t_{k-1}^{(n)}\right)\left(t_k^{(n)} - t_{k+1}^{(n)}\right)\cdots\left(t_k^{(n)} - t_n^{(n)}\right)}$$

证明 在 $C[0,1]$ 上定义算子序列 $T_n : C[0,1] \to C[0,1]$ 为

$$\left[T_n(x)\right](t) = \sum_{k=1}^{n} x\left(t_k^{(n)}\right) M_k^{(n)}(t)$$

计算得

$$\|T_n\| = \max_{t\in[0,1]} \sum_{k=1}^{n} \left|M_k^{(n)}(t)\right| \quad (n = 1,2,3,\cdots)$$

从而 $\{T_n\}$ 是有界线性算子序列，在函数逼近论中已经知道

$$\|T_n\| \geqslant \frac{\lg n}{8\sqrt{\pi}} \quad (n = 1,2,3,\cdots)$$

因此，$\sup\limits_{n\in\mathbb{Z}^+} \|T_n\| = +\infty$，于是由共鸣定理必存在 $x_0 \in C[0,1]$，使 $T_n(x_0)$ 不收敛于 x_0，即 $[T_n(x_0)](t)$ 不一致收敛于 $x_0(t)$。证毕。 ■

5.4 逆算子与逆算子定理

许多数学问题往往归结为讨论方程 $Tx = y$ 解的存在性、唯一性及稳定性等问题，其中 T 是从某一赋范空间到另一赋范空间的有界线性算子。事实上，算子 T 的可逆性及其逆算子的连续性可分别用来刻画解的存在唯一性和稳定性。下面我们在 Banach 空间的框架里来研究这些问题，将得到开映射定理和逆算子定理。

5.4.1 逆算子

定义 5.9 (**逆算子**) 设 T 是从线性空间 X 到线性空间 X_1 的线性算子。如果存在 X_1 到 X 中的线性算子 T_1，使得

$$T_1Tx = x, \quad \forall x \in D(T) \subseteq X$$

$$TT_1y = y, \quad \forall y \in R(T) \subseteq X_1$$

则称算子 T 有逆算子，T_1 称为 T 的**逆算子**，记为 T^{-1}。

注记 5.7 T 存在逆算子的充要条件是：T 是空间 X 到空间 X_1 的一一映射（双射），即对于 $\forall x_1, x_2 \in D(T)$,

$$x_1 \neq x_2 \Rightarrow Tx_1 \neq Tx_2$$

当且仅当 $Tx = 0 \Rightarrow x = 0$。

注记 5.8 可以证明 T^{-1} 也是线性算子，即 $T^{-1}(\alpha y_1 + \beta y_2) = \alpha T^{-1}y_1 + \beta T^{-1}y_2$。另外，$\left(T^{-1}\right)^{-1} = T$。如果存在逆算子 T^{-1}，则 T^{-1} 是唯一的：

$$T^{-1} : R(T) \longrightarrow D(T)$$

下面的定理给出了 T^{-1} 存在且有界的一个充分条件。

定理 5.14 设 T 是赋范空间 X 到赋范空间 X_1 的线性算子。如果 $\exists m > 0$，使得

$$\|Tx\| \geqslant m\|x\|, \quad \forall x \in D(T) \tag{5.4}$$

则 T 存在有界的逆算子 T^{-1}。反之，如果定义在 $R(T)$ 上的逆算子 T^{-1} 存在且有界，那么一定存在一个正数 m，使得上式成立。

证明 “⇒”先证 T 是一一映射。如果 $Tx_1 = Tx_2$，则 $T(x_1 - x_2) = 0$，但

$$\|T(x_1 - x_2)\| \geqslant m\|x_1 - x_2\|$$

因此，$\|x_1 - x_2\| = 0$，即 $x_1 = x_2$。故 T 是一一映射，存在逆算子

$$T^{-1} : R(T) \to D(T)$$

下证 T^{-1} 是有界的。对于任意的 $y \in R(T)$, $T^{-1}y \in D(T)$，由条件

$$\left\|T\left(T^{-1}y\right)\right\| \geqslant m\left\|T^{-1}y\right\|$$

即 $\|y\| \geqslant m\left\|T^{-1}y\right\|$，于是有

$$\left\|T^{-1}y\right\| \leqslant \frac{1}{m}\|y\|, \quad \forall y \in R(T)$$

从而 T^{-1} 是有界线性算子。

“⇐”反证法。如果 T^{-1} 存在且有界，但式 (5.4) 不成立，则对每个 $n \in \mathbb{Z}^+$，存在 $x_n \in X$，使得

$$\|Tx_n\| < \frac{1}{n}\|x_n\|$$

设 $y_n = Tx_n, x_n = T^{-1}y_n$，则

$$\|y_n\| < \frac{1}{n}\left\|T^{-1}y_n\right\|$$

由此推出 T^{-1} 无界，矛盾。 ■

注记 5.9 T^{-1} 是从 $R(T)$ 到 $D(T)$ 的映射，$R(T)$ 不一定是全空间 X_1，$D(T)$ 不一定是全空间 X。定理中并未要求 T 有界，只要 T 下方有界即可。

5.4.2 逆算子定理

在微分方程中，解的存在性、唯一性及稳定性称为解的**适定性问题**，该问题与本节将要介绍的开映射定理和逆算子定理密切相关。

下面先给出“开映射”的定义。

定义 5.10 设 T 是 $X \to Y$ 的一个映射，如果 T 把 X 中的任何一个开集映成 Y 的开集，则称 T 是**开映射**。

连续映射不一定是开映射，如 $y = \sin x$ 将 $(0, 2\pi)$ 映到 $[-1, 1]$。下面的定理给出了 Banach 空间上的有界线性算子是开映射的条件。

定理 5.15 (**开映射定理**) 设 X, Y 是 Banach 空间，T 是 X 上到 Y 上的有界线性算子，则 T 是开映射。

上述定理的证明过程比较抽象，主要运用 Baire 纲定理，感兴趣的读者可在许多泛函分析教材中查阅到。

关于定理 5.15 ，有以下几点说明。

(1) 定理要求条件：$D(T) = X$，$R(T) = Y$，即 $T(X) = Y$。

(2) 定理表明：当T是有界线性算子时，如果$T(X) = Y$且X, Y都是Banach空间，则对于任何开集 M，$T(M)$ 一定是开集 (T 把一个开集映成开集)。

(3) 注意开映射与连续映射的区别。T 连续 $\Leftrightarrow$ 开集的原像是开的 (即 $M \subset Y$ 是开集 $\Rightarrow T^{-1}(M)$ 是开集)。

(4) 如果线性算子 T 是开映射，且 T 的逆算子存在，则 T 的逆算子 T^{-1} 是连续的 (因为 T^{-1} 满足：开集的原像是开的)，即 T^{-1} 有界线性算子。

设 X, Y 是赋范空间，$T \in B(X, Y)$，若 T 是双射，则逆算子 T^{-1} 存在，我们自然就会问 T^{-1} 的相关性质，比如 T^{-1} 是否为线性算子或者有界算子等。一般来说，即使 X 是完备的，T^{-1} 也并不一定有界，下面是一个反例。

例 5.19 设 $X = C[a, b], Y = \{y : y \in C^1[a, b], y(a) = 0\}$，定义 $T : X \to Y$

$$Tx(t) = \int_a^t x(s)\mathrm{d}s,\ x \in X$$

显然，T 是 Banach 空间 X 到赋范空间 Y 的双射，且 $T \in B(X, Y)$，但这里 $T^{-1} = \dfrac{\mathrm{d}}{\mathrm{d}t}$ 是无界的线性算子。

下面的定理回答了什么时候 T^{-1} 为有界线性算子这个问题。

定理 5.16 (**逆算子定理**) 设 X, Y 是 Banach 空间，T 是 X 上到 Y 上的有界双射线性算子，则 T 的逆算子存在且 $T^{-1} \in B(Y, X)$。

证明 由定理 5.15 知，T 是开映射，又因T是X上到Y上的双射，所以T^{-1}存在且T^{-1}是Y到X上的连续线性算子，即 $T^{-1} \in B(Y, X)$。证毕。 ■

注记 5.10 X 和 Y 是 Banach 空间，$D(T) = X$，$R(T) = Y$，即 T 的定义域和值域都是 Banach 空间。在这样的条件下才能有结论：T^{-1} 有界。由上述两个定理可见，T 满射这个条件是不可少的。

5.4.3 逆算子定理的应用

对算子 $T:X\to Y$，如果知道算子方程

$$Tx=y$$

解的存在性与唯一性，我们还关心解的稳定性问题，即当 y 在 Y 中有微小变化时，相应的解 $x=T^{-1}(y)$ 在 X 中是否只有微小变化，反映在算子 T 上，就是逆算子 T^{-1} 是否是连续的。下面我们来看一个具体例子。

例 5.20 (**线性微分方程解的适定性问题**) 设 $a_1,a_2,\cdots,a_k\in C[a,b]$，考查 k 阶线性微分方程

$$\begin{cases} x^{(k)}+a_1x^{(k-1)}+\cdots+a_kx=y \\ x|_{t=a}=x'|_{t=a}=\cdots=x^{(k)}\big|_{t=a}=0 \end{cases} \tag{5.5}$$

由微分方程的理论知，$\forall y\in C[a,b]$，方程 (5.5) 存在唯一的 k 阶连续可微解 $x=x(t)$，证明：解 x 连续地依赖于 y。

证明 k 阶连续可微函数空间 $C^k[a,b]$ 在范数

$$\|x\|=\sum_{i=0}^{k}\max_{t\in[a,b]}\left|x^{(i)}(t)\right|$$

下是一个 Banach 空间。令

$$M=\left\{x\in C^k[a,b]:x(a)=x'(a)=\cdots=x^{(k)}(a)=0\right\}$$

则 M 是 $C^k[a,b]$ 的一个闭子空间，从而由定理 3.6 知，M 也是 Banach 空间。

定义映射 $T:M\to C[a,b]$ 为

$$Tx=x^{(k)}+a_1x^{(k-1)}+\cdots+a_kx,\quad \forall x\in M$$

则 T 是一个线性算子。由于 $a_1,\cdots,a_k\in C[a,b]$，故

$$L\triangleq\max_{t\in[a,b]}\{1,|a_1(t)|,\cdots,|a_k(t)|\}$$

是有限数，且

$$\begin{aligned}\|Tx\|&=\max_{t\in[a,b]}\left|x^{(k)}(t)+a_1(t)x^{(k-1)}(t)+\cdots+a_k(t)x(t)\right|\\ &\leqslant\max_{t\in[a,b]}\left(\left|x^{(k)}(t)\right|+\left|a_1(t)x^{(k-1)}(t)\right|+\cdots+|a_k(t)x(t)|\right)\end{aligned}$$

$$\leqslant L \max_{t\in[a,b]} \left(\left|x^{(k)}(t)\right| + \left|x^{(k-1)}(t)\right| + \cdots + |x(t)|\right)$$

$$\leqslant L \sum_{i=0}^{k} \max_{t\in[a,b]} \left|x^{(i)}(t)\right| = L\|x\|$$

故 T 有界。又由方程 (5.5) 解的存在性与唯一性，知 T 是双射，由逆算子定理知，T^{-1} 有界，从而 T^{-1} 连续，故方程 (5.5) 的解 x 连续地依赖于 y。 ■

下面定理给出了逆算子定理应用的另一个例子。

定理 5.17 设 X 是一个线性空间,其上定义两个范数 $\|\cdot\|_1$ 和 $\|\cdot\|_2$。设 $(X,\|\cdot\|_1)$ 和 $(X,\|\cdot\|_2)$ 都是Banach空间，且存在常数 $C>0$，使得

$$\|x\|_2 \leqslant C\|x\|_1, \quad \forall x \in X$$

则 $\|\cdot\|_1$ 和 $\|\cdot\|_2$ 等价。

证明 令 $X_1=(X,\|\cdot\|_1)$，$X_2=(X,\|\cdot\|_2)$。考虑恒等映射 $I: X_1 \to X_2$。显然，I 是 Banach 空间 X_1 上到 Banach 空间 X_2 上的有界双射线性算子。因此，存在逆算子 I^{-1}，由 Banach 逆算子定理

$$I^{-1} = I : X_2 \to X_1$$

是有界线性算子，所以存在 $C_1>0$，使得 $\|Ix\|_1 = \|x\|_1 \leqslant C_1\|x\|_2$，即

$$\frac{1}{C_1}\|x\|_1 \leqslant \|x\|_2 \leqslant C\|x\|_1$$

所以根据等价范数的定义，$\|\cdot\|_1$ 和 $\|\cdot\|_2$ 等价。 ■

5.5 闭算子与闭图像定理

闭的线性算子是一类非常重要的线性算子，它具有和连续线性算子“相近”的性质，微分算子就是一类闭的线性算子。

5.5.1 闭算子

在高等数学中，函数 $y=f(x)$ 的图像是平面上的一条曲线，也就是由平面上的点 $(x,f(x))$ 组成的集合，我们把这一概念推广到抽象空间。

定义 5.11 设 X,Y 是赋范空间，$T: D(T) \to Y$ 是线性算子，则 $X \times Y$ 的

子集

$$G(T) = \{(x, Tx) : x \in D(T)\}$$

称为算子 T 的**图像**。

在空间 $X \times Y = \{(x, y) : x \in X, y \in Y\}$ 中定义

$$a(x, y) = (ax, ay), \quad \forall a \in \mathbb{R}$$

$$(x_1, y_1) + (x_2, y_2) = (x_1 + x_2, y_1 + y_2)$$

则容易证明 $X \times Y$ 为线性空间。另外，设

$$\|(x, y)\| = \|x\| + \|y\|$$

易知空间 $X \times Y$ 按照 $\|(x, y)\|$ 成为赋范空间，此时 $X \times Y$ 称为**乘积空间**，$\|(x, y)\|$ 称为乘积空间的**积范数**。显然，如果 X, Y 是 Banach 空间，则 $X \times Y$ 按照积范数 $\|(x, y)\| = \|x\| + \|y\|$ 也是 Banach 空间。

定义 5.12 设 X, Y 是赋范空间，$T : X \to Y$ 是线性算子。若 T 的图像 $G(T)$ 是 $X \times Y$ 中的闭子集，则称 T 为**闭算子**。

定理 5.18 设 X, Y 是赋范空间，$T : X \to Y$ 是线性算子，则 T 是闭算子的充分必要条件是：

$$\forall \{x_n\} \subset D(T), x_n \to x \text{ 及 } Tx_n \to y \ (n \to \infty) \ \Rightarrow \ x \in D(T), \ y = Tx \tag{5.6}$$

证明 必要性 由 $x_n \to x, Tx_n \to y$，得

$$(x_n, Tx_n) \to (x, y), \quad n \to \infty$$

由 $G(T)$ 是 $X \times Y$ 中的闭子集知，$(x, y) \in G(T)$，根据定义得 $y = Tx$。

充分性 对于 $\forall (x, y) \in \overline{G(T)}$，存在 $(x_n, Tx_n) \in G(T)$ 使得

$$(x_n, y_n) \to (x, y), \quad n \to \infty$$

因 (x_n, y_n) 在 T 的图像中，故 $y_n = Tx_n$，即

$$(x_n, Tx_n) \in G(T), \ (x_n, Tx_n) \to (x, y)$$

根据乘积空间范数的定义得

$$\|(x_n, Tx_n) - (x, y)\| = \|(x_n - x, Tx_n - y)\| = \|x_n - x\| + \|Tx_n - y\| \to 0$$

所以得到 $x_n \to x, Tx_n \to y$。由定理条件知

$$x \in D(T),\ y = Tx$$

故

$$(x, y) = (x, Tx) \in G(T)$$

从而，$G(T)$ 是 $X \times Y$ 中的闭子集，这就证明了 T 是闭算子。 ■

注记 5.11 定义域是闭集的连续线性算子是闭算子。事实上，设 X, Y 是两个赋范空间，T 是 $D(T) \subset X$ 到 Y 中的连续算子，并且 $D(T)$ 是 Y 中的闭集，当 $\{x_n\} \subset D(T)$，$x_n \to x_0 \in X$，$Tx_n \to y_0 \in Y$ 时，由 $D(T)$ 的闭性知，$x_0 \in D(T)$，又由 T 的连续性知，$y_0 = \lim\limits_{n\to\infty} Tx_n = Tx_0$，由定理 5.18 知，$T$ 是闭算子。

注记 5.12 由上述定理知，定义在全空间上的有界 (连续) 线性算子一定是闭线性算子。由式(5.6)可以看出，闭的线性算子与连续线性算子有很“类似”的性质。对于闭算子来说，极限运算可以和算子交换顺序。显然，任何有有界逆的算子都必然是闭的。

闭算子还有如下的性质。

(1) 如果闭算子 T 是单射，则 T^{-1} 也是闭的。

(2) 如果 $T: X \to Y$ 是闭算子，则 T 零空间 $N(T)$ 是 X 的闭线性子空间。

(3) 如果 T 是可闭的算子[①]，则它的闭化 $\bar{T}$ 是 T 的最小闭延拓，即若闭算子 S 满足 $T \subset S$，则 $\bar{T} \subset S$。

5.5.2 闭图像定理

当算子 T 的定义域 $D(T)$ 是 X 的闭子空间时，有下面的闭图像定理。

定理 5.19 (**闭图像定理**) 设 X, Y 是 Banach 空间，T 是 $D(T) \subset X$ 到 Y 中的闭线性算子。如果 $D(T)$ 是 X 的闭线性子空间，则 T 是连续的。

证明 由 X, Y 是 Banach 空间，可知 $X \times Y$ 是 Banach 空间。因为 $D(T)$ 是 X 的闭线性子空间，故 $D(T)$ 按 X 中范数是一个 Banach 空间。又由于 T 是线性算子，

① 设 S, T 是从 X 到 Y 的两个线性算子，如果 $G(T) \subset G(S)$，则称 S 是 T 的延拓，记为 $T \subset S$。如果 S 是 T 的延拓，并且 $G(S) = \overline{G(T)}$，是称 T 是可闭的，S 称为 T 的闭化，记为 $S = \bar{T}$。

易知 $G(T)$ 是 $X\times Y$ 的闭线性子空间，从而 $G(T)$ 按 $X\times Y$ 中的范数也是一个 Banach 空间。作 $G(T)$ 到 $D(T)$ 的算子 P 如下

$$P:(x,Tx)\to x,\quad \forall(x,Tx)\in G(T)$$

显然，P 是 $G(T)$ 到 $D(T)$ 上的线性算子，而且

$$\|P(x,Tx)\|=\|x\|\leqslant\|(x,Tx)\|,\quad \forall(x,Tx)\in G(T)$$

所以 P 是有界的。当 $x_1,x_2\in D(T)$，$x_1\neq x_2$ 时，必有 $(x_1,Tx_1)\neq(x_2,Tx_2)$，故 P 是 $G(T)$ 到 $D(T)$ 的双射。

由逆算子定理，$P^{-1}:D(T)\to G(T)$ 存在且有界。再根据

$$\|Tx\|\leqslant\|x\|+\|Tx\|=\|(x,Tx)\|=\left\|P^{-1}x\right\|\leqslant\left\|P^{-1}\right\|\|x\|,\ \forall x\in D(T)$$

得

$$\|Tx\|\leqslant(\left\|P^{-1}\right\|-1)\|x\|,\ \forall x\in D(T)$$

从而，T 是有界算子。证毕。 ■

注记 5.13　定理条件中，定义域 $D(T)$ 是否是闭的，关系到 P^{-1} 是否有界。

推论 5.2　设 X,Y 是 Banach 空间，T 是 Banach 空间 X 上到 Banach 空间 Y 中的闭线性算子，则 T 是有界算子。

定理说明，在完备赋范空间中，闭算子一定是有界算子。下面的例子说明在一般的赋范空间中，闭算子不一定是有界算子，究其原因，在于 $C^1[0,1]$ 在空间 $C[0,1]$ 的范数下不完备。

例 5.21　对于无界线性微分算子

$$T=\frac{\mathrm{d}}{\mathrm{d}t}:C^1[0,1]\to C[0,1]$$

证明 T 为闭算子。

证明　算子 T 的图像是

$$G(T)=\left\{(x,x'):x\in C^1[0,1]\right\}$$

设有 $\{x_n\}\subset C^1[0,1]$，使得 $x_n\to x,Tx_n\to y$，即

$$\begin{aligned}\|(x_n,Tx_n)-(x,y)\|&=\|(x_n-x,Tx_n-y)\|\\&=\|x_n-x\|+\|Tx_n-y\|\to 0\end{aligned}$$

由于 $C[0,1]$ 中点列的收敛等价于函数列的一致收敛，故 $(Tx_n)(t)=(x_n(t))'$ 一致收敛到 y，故 $x(t)$ 可微并且 $(x(t))'=y(t)$，即 $(x,y)\in G(T)$。这就证明了 $G(T)$ 是 $X\times Y$ 的闭集，因而 T 为闭算子。 ■

注记 5.14 闭图像定理也告诉我们，Banach 空间 X 中的无界闭算子的定义域不能是闭集，至多在 X 中稠密。例如，微分算子的定义域只能是 $C[a,b]$ 中的稠密子集 $C^1[a,b]$，而不能是空间 $C[a,b]$。

闭图像定理在偏微分方程理论中有许多应用，因为对于微分算子，要直接验证它的连续性往往比较困难，而要验证它是闭算子却比较容易。

5.6 Hahn-Banach 延拓定理

背景说明 逆算子定理、一致有界原理及 Hahn-Banach 定理，统称为泛函分析的三大基本定理，它们共同奠定了线性泛函分析的理论基础。这些定理的条件与结论都不复杂，但论证却需要异乎寻常的深奥技巧 (前两个定理基于 Baire 纲定理，后一个定理基于 Zorn 引理)，因此凭常识难以深刻地领悟它们。这些定理大致确立于 1920—1930 年，与 Hilbert 及 Riesz 等在泛函分析早期的开拓性工作相比，滞后了若干年，但历史上正是这些基本定理的出现，才正式标志着泛函分析学科开始成熟。

我们知道，在平面 $\mathbb{R}^2$ 上的一条直线 $ax+by=0$ 可以延拓为 $\mathbb{R}^3$ 中的平面

$$ax+by+cz=0$$

类似地，在无限维赋范空间中，子空间上的泛函也可以延拓为全空间上的泛函。

定理 5.20 **(哈恩-巴拿赫 (Hahn-Banach) 延拓定理)** 设 X_0 是赋范空间 X 的子空间，f_0 是定义在 X_0 上的有界线性泛函，则 f_0 可以保范延拓到全空间 X 上，即存在 X 上的有界线性泛函 f 满足：

(1) (延拓) $f(x)=f_0(x),\forall x\in X_0$；

(2) (保范) $\|f\|_X=\|f_0\|_{X_0}$。

证明过程可参见文献 [11]。

注记 5.15 赋范空间的子空间上连续线性泛函的保范延拓一般不唯一。

例 5.22 设 $X=\mathbb{R}^2$，对 $\boldsymbol{x}=[x_1,x_2]^\top\in X$，规定 $\|\boldsymbol{x}\|=|x_1|+|x_2|$，$X$ 按此范数 $\|\cdot\|$ 成为赋范空间。又设 $X_0=\left\{[x_1,0]^\top:x_1\in\mathbb{R}\right\}$，设 f_0 是定义在 X_0 上的连续线性泛函，$f_0\left([x_1,0]^\top\right)=x_1$，即 $\|f_0\|_{X_0}=1$。然而，对任何数 β，X 上的连续线性泛函 $f(\boldsymbol{x})=x_1+\beta x_2$，$\boldsymbol{x}\in X$ 都是 f_0 的延拓，由于

$$
\begin{aligned}
|f(\boldsymbol{x})|&=|x_1+\beta x_2|\leqslant|x_1|+|\beta|\,|x_2|\\
&\leqslant\max\{1,|\beta|\}\,\|\boldsymbol{x}\|
\end{aligned}
$$

并且 $\|f\|_X\geqslant\|f_0\|_{X_0}=1$，所以只要 $|\beta|<1$，f 都是 f_0 的保范延拓。

下面给出延拓定理的几个推论。

推论 5.3 设 X 是赋范空间，则 $\forall x_0\in X\backslash\{\theta\}$，存在 X 上的有界线性泛函 f 使得

$$\|f\|_X=1\text{ 且 }f(x_0)=\|x_0\|$$

证明 设 X 中的一维子空间

$$X_0=\{ax_0:a\in\mathbb{R}\}$$

定义线性泛函

$$f_0(x)=f_0(ax_0)=a\|x_0\|,\quad x=ax_0\in X_0$$

则有

$$|f_0(x)|=|a|\,\|x_0\|=\|x\|$$

故 $f_0(x)$ 是 X_0 上的有界线性泛函，并且 $\|f_0\|_{X_0}=1$。由 Hahn-Banach 延拓定理，存在 X 上的有界线性泛函 f 满足

$$\|f\|_X=\|f_0\|_{X_0}=1$$

并取 $x=x_0$ 时 (取 $a=1$)

$$f(x_0)=f_0(x_0)=\|x_0\|$$

■

下面说明赋范空间中有“足够多”的连续线性泛函，即多到足以用来分辨不同的元素：当 $x\neq y$ 时，存在一个连续线性泛函 f 使得 $f(x)\neq f(y)$。

推论 5.4 设 X 是赋范空间，$x,y\in X$，如果对于 X 上的任意有界线性泛

函 f 都有 $f(x)=f(y)$，那么 $x=y$。

证明 反设 $x\neq y$，由推论 5.3，存在 X 上的有界线性泛函 f，使得

$$f(x-y)=\|x-y\|\neq 0$$

但由 f 的线性性质得

$$f(x-y)=f(x)-f(y)=0$$

矛盾，所以 $x=y$。 ■

此推论也给出了判别赋范空间中零元的方法：对于 X 上的任意有界线性泛函 f，$x=0\Leftrightarrow f(x)=0$。

下面给出 Hahn-Banach 延拓定理的一个应用，将微积分学中的 Newton-Leibniz 公式推广到值域为 Banach 空间的向量函数上。

定理 5.21 设 X 是 Banach 空间，函数 $x:[a,b]\to X$ 有连续导数, 则

$$\int_a^b x'(t)\mathrm{d}t=x(b)-x(a)$$

证明 由于赋范空间 X 上的任一有界线性泛函 f，与微分 (积分) 运算可交换，即

$$f(x'(t))=[f(x(t))]',\ f\left(\int_a^b x(t)\mathrm{d}t\right)=\int_a^b f(x(t))\mathrm{d}t$$

再利用实连续函数的 Newton-Leibniz 公式，有

$$\begin{aligned}f\left(\int_a^b x'(t)\mathrm{d}t\right)&=\int_a^b f\left(x'(t)\right)\mathrm{d}t\\&=\int_a^b [f(x(t))]'\mathrm{d}t\\&=f(x(b))-f(x(a))\\&=f(x(b)-x(a))\end{aligned}$$

再由推论 5.4，有

$$\int_a^b x'(t)\mathrm{d}t=x(b)-x(a)$$

证毕。 ■

5.3 ~ 5.6 节中所述基本定理的条件与结论，可以总结为表 5.1。

表 5.1　有界线性算子的基本定理

<table>
<tr><th rowspan="2">定　理</th><th colspan="4">条　件</th><th rowspan="2">结　论</th></tr>
<tr><th>X</th><th>Y</th><th colspan="2">其他</th></tr>
<tr><td>开映射定理</td><td rowspan="4">Banach 空间</td><td rowspan="3">Banach 空间</td><td rowspan="2">$T \in B(X,Y)$</td><td>满射</td><td>T 是开映射</td></tr>
<tr><td>逆算子定理</td><td>双射</td><td>$T^{-1} \in B(Y,X)$</td></tr>
<tr><td>闭图像定理</td><td colspan="2">$D(T)$ 闭，$T: D(T)$ $(\subset X) \to Y$ 是闭算子</td><td>$T \in B(X,Y)$</td></tr>
<tr><td>一致有界定理</td><td>赋范空间</td><td colspan="2">$\{T_n\} \subset B(X,Y)$
$\sup\limits_{n\in\mathbb{Z}^+} \|T_n x\| < \infty$</td><td>$\{\|T_n\|\}$ 有界</td></tr>
<tr><td>Hahn-Banach
延拓定理</td><td>赋范空间</td><td>$\mathbb{K}$</td><td colspan="2">$f_0 \in B(X,\mathbb{K})$
X_0 为 X 的子空间</td><td>$\exists f \in B(X,\mathbb{K})$,
使 $f|_{X_0} = f_0$,
$\|f\|_X = \|f_0\|_{X_0}$</td></tr>
</table>

习题5

5-1　证明纯量算子是有界线性算子。

5-2　定义算子 $T: C[a,b] \to C^1[a,b]$ 为

$$(Tx)(t) = \int_a^t x(s)\mathrm{d}s, \quad \forall x \in C[a,b]$$

证明：

(1) T 是线性算子；

(2) T 是单射；

(3) T 不是满射。

5-3　设 X,Y 是赋范空间，$T \in B(X,Y)$，证明：T 的零空间 $N(T)$ 是 X 的闭子空间。

5-4　设 X, Y 是赋范空间，$T: X \to Y$ 是一个线性算子。证明：若 T 在某一点 $x_0 \in X$ 连续，则 T 在 X 上连续。

5-5　设 X, Y 是赋范空间，$T: X \to Y$ 是一个线性算子，证明下述陈述等价

(1) $T \in B(X,Y)$；

(2) T 将 X 中 Cauchy 列映为 Y 中的 Cauchy 列；

(3) T 将 X 中收敛点列映为 Y 中的收敛点列；

(4) T 将 X 中的有界集映为 Y 中的有界集。

5-6 设 $f(x)=\int_{-1}^{0}x(s)\mathrm{d}s-\int_{0}^{1}x(s)\mathrm{d}s\ (\forall x\in[-1,1])$，试求 $\|f\|$。

5-7 设 X 是赋范空间，则 X 上的范数 $\|\cdot\|$ 定义了一个从 X 到 $\mathbb{R}$ 的泛函，

$$f(x)\triangleq\|x\|:X\to\mathbb{R}$$

证明 f 不是一个线性泛函。

5-8 设 $x\in C[a,b]$，$f(x)=\int_{0}^{1}\sqrt{s}x(s)\mathrm{d}s$，试求 $\|f\|$。

5-9 设 X, Y 是赋范空间，证明：$\forall r>1$，$\exists x\in B_r(0)$ 使得 $\|Tx\|=\|x\|$。

5-10 设 $T:C[0,1]\to C[0,1]$ 定义如下：

$$(Tx)(t)=\int_{0}^{1}x(s)\mathrm{d}s,\quad \forall x\in C[0,1]$$

试求 $R(T)$ 及 $T^{-1}:R(T)\to C[0,1]$；T^{-1} 是否线性？是否有界？

5-11 设 $T:C[0,1]\to C[0,1]$ 定义如下：

$$(Tx)(t)=t\int_{0}^{1}x(s)\mathrm{d}s,\quad \forall x\in C[0,1]$$

证明 T 是 $C[0,1]$ 上的有界线性算子并求 $\|T\|$。

5-12 对于每个 $\alpha\in L^{\infty}[a,b]$，定义线性算子 $T:L^p[a,b]\to L^p[a,b]$

$$(Tx)(t)=\alpha(t)x(t),\quad \forall x\in L^p[a,b]$$

求 $\|T\|$。

5-13 $\forall x=(x_1,x_2,\cdots)\in l^2$，定义

$$T_nx=(x_1,x_2,\cdots x_n,0,\cdots)$$

证明 $T_n\in B\left(l^2\right)$ 并求 $\|T_n\|$。

5-14 设 $\{e_n\}$ 是 Hilbert 空间 H 的标准正交基，定义如下的算子

$$T\left(\sum_{k=1}^{\infty}x_ke_k\right)=\sum_{k=1}^{\infty}x_ke_{k+1}$$

证明 T 是 H 上的有界线性算子并求 $\|T\|$。

5-15 定义 $T:\mathbb{R}^2\to\mathbb{R}^2$ 为

$$T\boldsymbol{x}=[x_2,\,x_1]^\top,\quad \forall\boldsymbol{x}=[x_1,\,x_2]^\top\in\mathbb{R}^2$$

证明 T 是有界线性算子并求 $\|T\|$。

5-16 设 $X,\,Y$ 是赋范空间，$T:X\to Y$ 是一个线性有界算子，证明 T 的零空间

$$N(T)=\{x\in X:Tx=0\}$$

是 X 的闭子空间。

5-17 考虑算子 $T:C^1[-1,1]\to C[-1,1]$

$$(Tx)(t)=\frac{\mathrm{d}x(t)}{\mathrm{d}t},\ \forall x\in C^1[-1,1]$$

(1) 若 $C^1[-1,1]$ 中的范数是

$$\|x\|_1=\max\left\{\max_{t\in[-1,1]}|x(t)|,\ \max_{t\in[-1,1]}|x'(t)|\right\}$$

问 T 是否有界？

(2) 若 $C^1[-1,1]$ 中的范数是

$$\|x\|_2=\max_{t\in[-1,1]}|x(t)|$$

问 T 是否有界？

5-18 在 $C[0,1]$ 上定义线性泛函

$$f(x)=\int_0^{\frac{1}{2}}x(t)\mathrm{d}t-\int_{\frac{1}{2}}^1x(t)\mathrm{d}t$$

证明：

(1) f 是连续的；

(2) $\|f\|=1$；

(3) 不存在 $x\in C[0,1]$, $\|x\|\leqslant 1$，使 $f(x)=1$。

5-19 设 X,Y 是赋范空间，$T:X\to Y$ 是有界线性算子，则 T^{-1} 存在且有界的充要条件是 $\exists M>0$ 使得

$$\|Tx\|\geqslant M\|x\|,\quad \forall x\in X$$

5-20 设 X,Y 是 Banach 空间，$T:X\to Y$ 是有界线性双射算子，证明 $\exists a,b>0$，使得

$$a\|x\|\leqslant\|Tx\|\leqslant b\|x\|,\quad \forall x\in X$$

5-21 设 X, Y 是赋范空间，$T:X\to Y$ 为闭线性算子。证明：

(1) $N(T)$ 闭；

(2) 若 $T^{-1}:R(T)\to X$ 存在，则 T^{-1} 也是闭线性算子。

5-22 设 X, Y 是赋范空间，$T:X\to Y$ 为线性算子。证明：若 $D(T)$ 闭，则 T 是闭线性算子。

5-23 设 X 是 Banach 空间，Y 是赋范空间，$\{T_n\}\subset B(X,Y)$。若 $\forall x\in X$，$\{T_nx\}$ 是 Y 中的 Cauchy 列，证明：算子列 $\{T_n\}$ 一致有界。

5-24 设实数列 $\{a_k\}$ 对任何满足 $\sum\limits_{k=1}^{\infty}b_k^2<\infty$ 的实数列 $\{b_k\}$，都有 $\sum\limits_{k=1}^{\infty}a_k^2b_k^2<\infty$，证明 $\sup_{k\in\mathbb{Z}^+}|a_k|<\infty$。

5-25 设 X,Y 是赋范空间，$T:X\to Y$ 是闭线性算子，证明 $N(T)$ 是 X 的闭子空间。

5-26 设 H 是 Hilbert 空间，线性算子 $T:H\to H$ 满足

$$\langle Tx,y\rangle=\langle x,Ty\rangle,\quad \forall x,y\in H$$

试使用闭图像定理证明 T 是有界算子。

5-27 设 X,Y 是赋范空间，$T_1:X\to Y$ 是闭算子且 $T_2\in B(X,Y)$，证明 T_1+T_2 是闭算子。

5-28 设 X 是 Banach 空间，G 是 X 的闭子空间，T 是由 G 到有界数列空间 s 的有界线性算子，则 T 一定可以延拓为 X 到 s 的有界线性算子 $\tilde{T}$，且满足 $\|\tilde{T}\|=\|T\|$。

5-29 设 X 是赋范空间，Y 是 Banach 空间，X_0 是 X 的稠密子空间，若 T_0 是 X_0 到 Y 的有界线性算子，则 T_0 可以唯一地延拓为 X 到 Y 的有界线性算子，即存在唯一的 $T\in B(X,Y)$ 使得 $\|T\|=\|T_0\|$，并且

$$Tx=T_0x,\quad x\in X_0$$

第6章

共轭空间与共轭算子

第5章说明了一个空间 X 上有“足够多”的线性泛函，本章将从更高的层次来认识有界线性泛函。赋范空间 X 上的全体有界线性泛函组成了一个新的赋范空间，我们把它称为 X 的共轭空间，这个空间从另一个侧面反映了赋范空间 X 的许多本质性质。特别地，任一赋范空间可以等距嵌入它的二次共轭空间中。共轭算子是由原算子派生出的一种新算子，是有限维空间中转置矩阵的概念在无穷维空间中的推广。共轭算子在线性算子理论、谱理论中扮演着十分重要的角色。

6.1 共轭空间与 Riesz 表示定理

背景说明 共轭空间的概念是由 Banach 在 1929 年建立的，共轭空间必是 Banach 空间。人们常把 Banach 空间与它的共轭空间联系起来考虑，这就是所谓“对偶”的思想方法，这种数学思想不仅在泛函分析理论本身，而且也在数学物理、最优化和近代偏微分方程等理论上都起到了重要的作用。

下面给出共轭空间的概念。

定义 6.1 设 X 是一个赋范空间，记

$$X^* = B(X, \mathbb{K}) = \{X \text{ 上定义的全体有界线性泛函}\}$$

则称 X^* 为 X 的**共轭空间** 或**对偶空间**。

注记 6.1 X 的共轭空间是 X 上全体有界线性泛函构成的赋范空间。根据推论 5.1，X^* 完备 (Banach 空间)，这不要求 X 是 Banach 空间。

下面给出几个常见的实赋范空间的共轭空间。

例 6.1 $\mathbb{R}^n$ 的共轭空间是 $\mathbb{R}^n$。

证明 任取 $[\alpha_1, \alpha_1, \cdots, \alpha_n]^\top \in \mathbb{R}^n$，定义

$$f(\boldsymbol{x}) = \sum_{i=1}^{n} \alpha_i \xi_i, \quad \boldsymbol{x} = [\xi_1, \xi_2, \cdots, \xi_n]^\top \in \mathbb{R}^n$$

显然 f 是 $\mathbb{R}^n$ 上的线性泛函，且

$$\begin{aligned}|f(\boldsymbol{x})| &= \left|\sum_{i=1}^{n} \alpha_i \xi_i\right| \leqslant \sum_{i=1}^{n} |\alpha_i| \cdot |\xi_i| \\ &\leqslant \left(\sum_{i=1}^{n} |\alpha_i|^2\right)^{\frac{1}{2}} \left(\sum_{i=1}^{n} |\xi_i|^2\right)^{\frac{1}{2}} \\ &= \left(\sum_{i=1}^{n} |\alpha_i|^2\right)^{\frac{1}{2}} \cdot \|\boldsymbol{x}\|\end{aligned}$$

故 $\|f\| \leqslant \left(\sum_{i=1}^{n} |\alpha_i|^2\right)^{\frac{1}{2}}$，因此 $f \in (\mathbb{R}^n)^*$。反之，取 $\mathbb{R}^n$ 的一组基 $\boldsymbol{e}_i = (\underbrace{0, \cdots, 0, 1}_{i}, 0, \cdots, 0)$ $(i = 1, 2, \cdots, n)$，则对任意 $\boldsymbol{x} = [\xi_1, \xi_2, \cdots, \xi_n]^\top \in \mathbb{R}^n$，有 $\boldsymbol{x} = \sum_{i=1}^{n} \xi_i \boldsymbol{e}_i$。任取 $f \in (\mathbb{R}^n)^*$，则

$$f(\boldsymbol{x}) = f\left(\sum_{i=1}^{n} \xi_i \boldsymbol{e}_i\right) = \sum_{i=1}^{n} \xi_i f(\boldsymbol{e}_i) = \sum_{i=1}^{n} \alpha_i \xi_i$$

其中 $\alpha_i = f(\boldsymbol{e}_i)\,(i = 1, 2, \cdots, n)$，令 $\boldsymbol{\alpha} = [\alpha_1, \alpha_1, \cdots, \alpha_n]^\top$，显然 $\boldsymbol{\alpha} \in \mathbb{R}^n$，且

$$|f(\boldsymbol{x})| \leqslant \left(\sum_{i=1}^{n} |\alpha_i|^2\right)^{\frac{1}{2}} \cdot \|\boldsymbol{x}\|$$

故

$$\|f\| \leqslant \left(\sum_{i=1}^{n} |\alpha_i|^2\right)^{\frac{1}{2}} = \|\boldsymbol{\alpha}\|$$

令

$$y_i = \frac{\alpha_i}{\left(\sum_{i=1}^{n} |\alpha_i|^2\right)^{\frac{1}{2}}} \quad (i = 1, 2, \cdots, n)$$

则 $\boldsymbol{y}=[y_1,y_2,\cdots,y_n]^\top\in\mathbb{R}^n$ 且 $\|\boldsymbol{y}\|=1$。于是

$$\|f\|\geqslant|f(\boldsymbol{y})|=\sum_{i=1}^n\alpha_i^2\Big/\left(\sum_{i=1}^n|\alpha_i|^2\right)^{\frac{1}{2}}=\left(\sum_{i=1}^n|\alpha_i|^2\right)^{\frac{1}{2}}$$

所以 $\|f\|=\|\boldsymbol{\alpha}\|$。令 $T:(\mathbb{R}^n)^*\to\mathbb{R}^n$，$T(f)=\boldsymbol{\alpha}$。由上面的讨论可以看出，$T$ 是 $(\mathbb{R}^n)^*$ 到 $\mathbb{R}^n$ 的一个等距同构映射，因此 $(\mathbb{R}^n)^*=\mathbb{R}^n$。 ■

例 6.2 l^1 的共轭空间是 l^∞，即 $\forall f\in(l^1)^*$，存在唯一的 $y=(y_1,y_2,\cdots)\in l^\infty$，使得

$$f(x)=\sum_{k=1}^\infty y_kx_k,\quad\forall x=(x_1,x_2,\cdots)\in l^1$$

且 $\|f\|=\|y\|_\infty$。

例 6.3 l^p 的共轭空间是 l^q，其中

$$1<p<+\infty,\quad\frac{1}{p}+\frac{1}{q}=1$$

即 $\forall f\in(l^p)^*$，存在唯一的 $y=(y_1,y_2,\cdots)\in l^q$，使得

$$f(x)=\sum_{k=1}^\infty y_kx_k,\quad\forall x=(x_1,x_2,\cdots)\in l^p$$

且 $\|f\|=\|y\|_q$。

例 6.4 $L^1[a,b]$ 的共轭空间是 $L^\infty[a,b]$。

例 6.5 $L^p[a,b]$ 的共轭空间是 $L^q[a,b]$，其中

$$1<p<+\infty,\quad\frac{1}{p}+\frac{1}{q}=1$$

即 $\forall f\in(L^p[a,b])^*$，存在唯一的 $y\in L^q[a,b]$，使得

$$f(x)=\int_a^b x(t)y(t)\mathrm{d}t,\quad\forall x\in L^p[a,b]$$

且 $\|f\|=\|y\|_q$。从而，f 和 y 一一对应，在等距同构的意义下 $(L^p[a,b])^*$ 和 $L^q[a,b]$ 相等。当 $p=2$ 时，$X=L^2[a,b]$，$X^*=L^2[a,b]$，X 与它的共轭空间 X^* 在等距同构的意义下相同。

定理 6.1 设 X 是赋范空间，如果 X^* 可分，则 X 是可分的。

证明 由于 X^* 是可分的，所以在 X^* 中有一点列 $\{f_n\}$，它在 X^* 的单位球

面上稠密，对每个 f_n，由于

$$\sup_{\substack{\|x\|=1 \\ x\in X}} |f_n(x)| = \|f_n\| > \frac{1}{2}$$

在 X 的单位球面上必有一列 $\{x_n\}$，满足 $|f_n(x_n)| > \dfrac{1}{2}$。这时，把 $\{x_n\}$ 张成的 X 的线性闭子空间记为 M。

如果 X 不可分，那么必然有 $M \neq X$，从而在 X^* 中存在点 f_0，$\|f_0\| = 1$，而且当 $x \in M$ 时，$f_0(x) = 0$。然而

$$\|f_n - f_0\| \geqslant |f_n(x_n) - f_0(x_n)| = |f_n(x_n)| > \frac{1}{2}$$

这与 $\{f_n\}$ 在 X^* 的单位球面上稠密的假设矛盾，所以 X 是可分的。 ■

定理表明，用共轭空间 X^* 的性质可以研究原来的赋范空间 X 的性质。这个方向的进一步发展，就是局部凸拓扑线性空间理论中的对偶理论，它对于研究空间的拓扑结构是很有用的。

共轭空间是完全确定的 Banach 空间，由于缺乏某种直观形象，如何求给定赋范空间 X 的共轭空间 X^*，也就是说如何将 X^* 具体表示出来，是相当困难的事情。而这也正是有界线性泛函表示理论要解决的问题。有界线性泛函表示通常是通过保范等距同构实现的。

定理 6.2 (**Riesz 表示定理**) 设 f 是 Hilbert 空间 H 上的有界线性泛函，则存在唯一的 $y \in H$，使对 $\forall x \in H$

$$f(x) = \langle x, y\rangle$$

且有

$$\|f\| = \|y\|$$

证明 存在性：如果 f 是零泛函，那么取 $y = 0$ 即可。因此，不妨设 f 不是零泛函，令

$$M = \{x \in H : f(x) = 0\}$$

则 M 是闭线性真子空间。设 $\theta \neq x_0 \in M^{\perp}$，则 $f(x_0) \neq 0$。此时 $\forall x \in H$，根

据 $f \in H^*$ 得到

$$f\left(x-\frac{f(x)x_0}{f(x_0)}\right)=f(x)-f\left(\frac{f(x)x_0}{f(x_0)}\right)=f(x)-\frac{f(x)f(x_0)}{f(x_0)}=0$$

即 $x-\dfrac{f(x)x_0}{f(x_0)} \in M$，所以

$$\left\langle x-\frac{f(x)x_0}{f(x_0)},\ x_0\right\rangle=0$$

化简后得到

$$f(x)=\left\langle x,\ \frac{f(x_0)}{\|x_0\|^2}x_0\right\rangle$$

取 $y=\dfrac{f(x_0)}{\|x_0\|^2}x_0$ 即为所求。另外，根据 Schwarz 不等式得

$$|f(x)|=|\langle x,y\rangle| \leqslant \|x\|\|y\|$$

所以 $\|f\| \leqslant \|y\|$；取 $x=y\neq\theta$，得

$$|f(x)|=|\langle y,y\rangle|=\|y\|^2$$

所以 $\|f\|=\|y\|$。

唯一性：反设 $\exists y_1,y_2\in H$ 使得

$$f(x)=\langle x,y_1\rangle=\langle x,y_2\rangle,\quad \forall x\in H$$

取 $x=y_1-y_2$ 得 $\langle y_1-y_2,y_1-y_2\rangle=0$，推出 $y_1=y_2$。 ■

当 $H=\mathbb{R}^3$ 时，它的几何意义是十分清楚的：

$$f(x)=ax_1+bx_2+cx_3=\langle \boldsymbol{x},\boldsymbol{z}\rangle,\ \forall \boldsymbol{x}\in\mathbb{R}^3$$

其中 $\boldsymbol{x}=[x_1,x_2,x_3]^\top$，$\boldsymbol{z}=[a,b,c]^\top$，即 Riesz 表示定理中的 $\boldsymbol{y}=\boldsymbol{z}$，它是平面 $f(\boldsymbol{x})=0$ 的法向量。事实上，平面 $f(\boldsymbol{x})=0$ 由它的法向量唯一确定。

下面将通过 Riesz 表示定理说明：Hilbert 空间的共轭空间 H^* 和 H 在共轭同构的意义下相等。

设 H 是 Hilbert 空间，固定 $y\in H$，定义算子

$$f: x\to\langle x,y\rangle,\quad \forall x\in H$$

可以证明 $f\in H^*$ 并且 $\|f\|=\|y\|$ (证明留作练习)。

例 6.6 设 $f \in (\mathbb{R}^n)^*$,则由 Riesz 表示定理,对于任意的 $\boldsymbol{x} = [x_1, x_2, \cdots, x_n]^\top \in \mathbb{R}^n$，存在唯一的 $\boldsymbol{y} = [y_1, y_2, \cdots, y_n]^\top \in \mathbb{R}^n$ 使得

$$f(\boldsymbol{x}) = \langle \boldsymbol{x}, \boldsymbol{y} \rangle = x_1 y_1 + x_2 y_2 + \cdots + x_n y_n$$

并且

$$\|f\| = \|\boldsymbol{y}\| = \sqrt{y_1^2 + y_2^2 + \cdots + y_n^2}$$

例 6.7 $\forall f \in \left(L^2[a,b]\right)^*$，由 Riesz 表示定理存在唯一的 $y \in L^2[a,b]$ 使得

$$f(x) = \int_a^b x(t)y(t)\mathrm{d}x, \quad \forall x \in L^2[a,b]$$

且 $\|f\| = \|y\|$。定义 $T: \left(L^2[a,b]\right)^* \to L^2[a,b]$ 如下

$$Tf = y$$

则 T 是线性等距同构映射，所以

$$\left(L^2[a,b]\right)^* = L^2[a,b]$$

6.2 自反空间

背景说明 早在 1927 年，自从 Hahn 发现典型映射后便提出自反空间的概念，当时他把这类空间称为正则空间。到目前为止，自反空间是人们了解得比较清楚的 Banach 空间之一。自反空间具有许多优良的性质，特别地，自反空间的单位球的弱紧性保证了有限维赋范线性空间上的许多重要定理，在无限维 Banach 空间上仍然成立。因此，自反空间作为空间研究的一种模型，备受关注。1951 年，美国数学家 R. C. James 构造出一个 Banach 空间 X，它和 X^{**} 保范同构，但自然嵌入映射却不是相应的到上的等距映射，即 X 并不是自反空间，这个反例告诉我们，在应用或证明自反空间的性质时必须谨慎。

定义 6.2 对于赋范空间 X，设 X^* 为 X 的共轭空间，X^* 的共轭空间 $(X^*)^*$ 称为 X 的**第二共轭空间**或**第二对偶空间**，记作 X^{**}。

下面来讨论 X 与 X^* 的关系。对于 $x \in X, f \in X^*$，有两种不同的看法：

(1) 固定 $f \in X^*$，让 x 跑遍 X，得到定义在 X 上的泛函 f;

(2) 固定 $x \in X$，让 f 跑遍 X^*，得到定义在 X^* 上的泛函 x^{**}:

$$x^{**}(f) = f(x), \quad \forall f \in X^*$$

且 x^{**} 具有下列性质。

命题 6.1 $x^{**} \in X^{**}$ 且 $\|x^{**}\| \leqslant \|x\|$。

证明 $\forall f, g \in X^*, \alpha, \beta \in \mathbb{K}$，有

$$\begin{aligned} x^{**}(\alpha f + \beta g) &= (\alpha f + \beta g)(x) = \alpha f(x) + \beta g(x) \\ &= \alpha x^{**}(f) + \beta x^{**}(g) \end{aligned}$$

故 x^{**} 是线性的。再由

$$|x^{**}(f)| = |f(x)| \leqslant \|x\|\|f\|$$

知 $x^{**}: X^* \to \mathbb{K}$ 是有界线性泛函，且 $\|x^{**}\| \leqslant \|x\|$。证毕。 ■

因此，若从观点 (2) 出发，可定义映射 $J: X \to X^{**}$ 为

$$J(x) = x^{**}, \quad \forall x \in X \tag{6.1}$$

则 J 就建立了 X 与 X^{**} 的联系。

定理 6.3 任一赋范空间 X 与其第二共轭空间 X^{**} 的某一子空间线性等距同构，并有

$$X \subset X^{**}$$

证明 设映射 $J: X \to X^{**}$ 由式 (6.1) 定义，则

(1) J 是单射的：因为若 $J(x) = J(y)$，则 $x^{**} = y^{**}$，即 $\forall f \in X^*$，有

$$f(x) = x^{**}(f) = y^{**}(f) = f(y)$$

故由 Hahn-Banach 推论 5.4，有 $x = y$。

(2) J 是线性的：$\forall x, y \in X, \alpha, \beta \in \mathbb{K}$，有

$$\begin{aligned} J(ax + by) = J(f) &= f(ax + by) \\ &= af(x) + bf(y) = ax^{**}(f) + by^{**}(f) \\ &= (aJ(x) + bJ(y))(f) \end{aligned}$$

(3) J 是等距的：$x \in X \backslash \{0\}$，故由 Hahn-Banach 推论 5.3，$\exists f_0 \in X^*$，使

得

$$\|f_0\| = 1, \quad f_0(x) = \|x\|$$

于是

$$\begin{aligned} \|x^{**}\| &= \sup_{\|f\|=1} |x^{**}(f)| \\ &\geqslant |x^{**}(f_0)| \\ &= |f_0(x)| = \|x\| \end{aligned}$$

所以

$$\|x^{**}\| = \|x\|$$

J 是从 X 到 X^{**} 的子空间 $J(X)$ 的等距线性同构映射，亦称 J 为从 X 到 X^{**} 中的**自然嵌入映射**。在这种意义下，X 可看成 X^{**} 的子空间，即 $X \subset X^{**}$。证毕。■

注记 6.2 若直接记 $x = x^{**}$，则定理 6.3 表明，$X \subset X^{**}$，且 $x \in X$ 具备了双重意义：

(1) x 是 X 中的一个向量；

(2) x 是 X^* 上的一个有界线性泛函 x^{**}。

这一观点凸显了 X 与 X^* 的共轭性。

在自然嵌入的意义下，完备化定理 2.9 的存在性证明对于赋范空间 X 就显得很平凡。作为 X 的共轭空间，X^* 是完备的，故 X 的闭包 $\bar{X}$ 作为 X^{**} 的闭子空间也是完备的，从而 $\bar{X}$ 就是 X 的完备化空间。

由于在通常情况下 J 不是满射，故共轭关系不是一种等价关系，它不具备对称性，即 X^* 是 X 的共轭空间推不出 X 是 X^* 的共轭空间，除非 $X = X^{**}$，这就是下面要引入的自反空间的概念。

定义 6.3 对于赋范空间 X，若映射 $J: X \to X^{**}$ 是满射，即

$$J(X) = X^{**}$$

则称 X 为**自反空间**，记作 $X = X^{**}$。

此时 X 与 X^{**} 等距同构，在这种意义下，X 与 X^{**} 除了符号不同之外，并无本质上的区别，记作 $X = X^{**}$。

例 6.8 $\mathbb{R}^n, l^p, L^p[a,b]$ 都是自反空间，例如

$$(L^p[a,b])^{**} = \left((L^p[a,b])^*\right)^* = (L^q[a,b])^* = L^p[a,b]$$

其中，$1 < p < +\infty, \frac{1}{p} + \frac{1}{q} = 1$。

例 6.9 $C[a,b], l^1, l^\infty, L^1, L^\infty$ 不是自反空间。

空间的自反性主要是可以保证有限维赋范线性空间上的一些重要定理在无穷维空间上仍然成立。下面不加证明地给出自反空间的几个性质。

定理 6.4

(1) Hilbert 空间是自反空间。

(2) 若 X 是自反空间，则 X 是 Banach 空间。

(3) 若 Banach 空间 X 是自反的，则 X 可分当且仅当 X^* 可分。

(4) Banach 空间 X 是自反的，当且仅当对任一 $f \in X^*$，存在 $x \in X$，$\|x\| = 1$，满足 $f(x) = \|f\|$。

证明请参阅文献 [9]。

已知 $\left(l^1\right)^* = l^\infty$，且 l^1 可分，l^∞ 不可分。利用上述定理可知，l^1 不是自反的 Banach 空间。

6.3 共轭算子

线性代数中转置矩阵在无穷维空间的推广就是共轭算子。本节将介绍有界线性算子的共轭算子，并重点讨论其性质。

定理 6.5 设 X, Y 是赋范空间，$T \in B(X,Y)$，$\forall f \in Y^*$，令

$$f^*(x) = f(T(x))$$

则 $f^* \in X^*$。

证明 线性性：$\forall x, y \in X, \alpha, \beta \in \mathbb{K}$，由 T, f 的线性性可得

$$\begin{aligned} f^*(\alpha x + \beta y) &= f(T(\alpha x + \beta y)) = f(\alpha Tx + \beta Ty) \\ &= \alpha f(Tx) + \beta f(Ty) = \alpha f^*(x) + \beta f^*(y) \end{aligned}$$

有界性：由

$$|f^*(x)| = |f(Tx)| \leqslant \|f\|\|Tx\| \leqslant \|f\|\|T\|\|x\|$$

知 $f^* \in X^*$。证毕。 ■

当 f 在 Y^* 中变化时，$f \to f^*$ 就定义了一个 $Y^* \to X^*$ 的线性算子 T^*：$T^*f = f^* = f \circ T$。

定义 6.4 设 X, Y 是赋范空间，$T \in B(X,Y)$。如果存在算子 $T^* : Y^* \to X^*$，使得

$$(T^*f)(x) = f(Tx), \quad \forall x \in X, \ \forall f \in Y^*$$

称 T^* 为算子 T 的**共轭算子**或**对偶算子**。

定义 6.5 设 H 是 Hilbert 空间，$T \in B(H)$，则存在唯一映射 $T^* : H \to H$ 满足：

$$\langle Tx, y \rangle = \langle x, T^*y \rangle, \quad x, y \in H$$

称 T^* 为算子 T 的**伴随算子** 或 Hilbert **共轭算子**。

值得指出的是，Hilbert 空间 H 上的有界线性算子 T 和它的伴随算子 T^* 是定义在同一空间上的，即 $T, T^* \in B(H)$。

例 6.10 设 $T : \mathbb{R}^n \to \mathbb{R}^m$ 是由矩阵为 $\boldsymbol{A} \in \mathbb{R}^{m \times n}$ 确定的线性算子，则 T 的共轭算子 $T^* : \mathbb{R}^m \to \mathbb{R}^n$ 所对应的矩阵为 $\boldsymbol{A}^\top$。

证明 $\forall \boldsymbol{x} \in \mathbb{R}^n, T\boldsymbol{x} = \boldsymbol{A}\boldsymbol{x}$。由 Riesz 表示定理 6.2 知，$\forall \boldsymbol{f} \in (\mathbb{R}^m)^* = \mathbb{R}^m$，有

$$\begin{aligned}(T^*\boldsymbol{f})(\boldsymbol{x}) &= \boldsymbol{f}(T\boldsymbol{x}) = \boldsymbol{f}(\boldsymbol{A}\boldsymbol{x}) = \langle \boldsymbol{A}\boldsymbol{x}, \boldsymbol{f} \rangle \\ &= (\boldsymbol{A}\boldsymbol{x})^\top \boldsymbol{f} = \boldsymbol{x}^\top \boldsymbol{A}^\top \boldsymbol{f} = \left\langle \boldsymbol{x}, \boldsymbol{A}^\top \boldsymbol{f} \right\rangle\end{aligned}$$

故有

$$T^*\boldsymbol{f} = \boldsymbol{A}^\top \boldsymbol{f}$$

所以 T^* 可由 $\boldsymbol{A}$ 的转置矩阵 $\boldsymbol{A}^\top$ 表示。 ■

例 6.11 设 $T : L^2[a,b] \to L^2[a,b]$ 是以 $K(t,s)$ 为核的积分算子：

$$(Tx)(t) = \int_a^b K(t,s)x(s)\mathrm{d}s$$

其中，$K(t,s)$ 在 $[a,b] \times [a,b]$ 上连续，满足

$$\int_a^b \int_a^b |K(s,t)|^2 \ \mathrm{d}s \ \mathrm{d}t < \infty$$

则 T 的共轭算子 $T^*: L^2[a,b] \to L^2[a,b]$ 是以 $\overline{K(s,t)}$ 为核的积分算子。

证明 $\forall f \in \left(L^2[a,b]\right)^* = L^2[a,b]$，由 Riesz 表示定理 6.2，$\exists y \in L^2[a,b]$，使得

$$f(x) = \langle x, y\rangle = \int_a^b x(t)\overline{y(t)}\mathrm{d}t$$

于是

$$\begin{aligned}\left(T^*f\right)(x) &= f(Tx) = \int_a^b (Tx)(t)\overline{y(t)}\mathrm{d}t = \int_a^b \left[\int_a^b K(t,s)x(s)\mathrm{d}s\right]\overline{y(t)}\mathrm{d}t \\ &= \int_a^b x(s)\left[\int_a^b K(t,s)\overline{y(t)}\mathrm{d}t\right]\mathrm{d}s = \int_a^b x(t)\left[\int_a^b K(s,t)\overline{y(s)}\mathrm{d}s\right]\mathrm{d}t \\ &= \int_a^b x(t)\overline{\left[\int_a^b \overline{K(s,t)}y(s)\mathrm{d}s\right]}\mathrm{d}t = \left\langle x, \int_a^b \overline{K(s,t)}y(s)\mathrm{d}s\right\rangle\end{aligned}$$

故有

$$T^*f = \int_a^b \overline{K(s,t)}y(s)\mathrm{d}s$$

由于可以视 f 与 y 为同一元素，故有

$$\left(T^*y\right)(t) = \int_a^b \overline{K(s,t)}y(s)\mathrm{d}s$$

即 T^* 是以 $\overline{K(s,t)}$ 为核的积分算子。 ■

共轭算子具有下列性质。

定理 6.6 设 X, Y, Z 是赋范空间，$T \in B(X,Y)$，则

(1) T^* 是有界线性算子且 $\|T^*\| = \|T\|$；

(2) $(\alpha T_1 + \beta T_2)^* = \alpha T_1^* + \beta T_2^*$，其中 $\alpha, \beta \in \mathbb{K}$, $T_1, T_2 \in B(X,Y)$；

(3) $(T_2T_1)^* = T_1^*T_2^*$，其中 $T_1 \in B(X,Y)$, $T_2 \in B(Y,Z)$；

(4) 若 T 在 Y 上有有界逆算子, 则 T^* 在 X^* 上也有有界逆算子且

$$(T^*)^{-1} = \left(T^{-1}\right)^*$$

证明 (1) 由算子 T 与 f 的线性性质可得

$$\begin{aligned}\left(T^*f\right)(\alpha x + \beta y) &= f(T(\alpha x + \beta y)) = f(\alpha Tx + \beta Ty) \\ &= \alpha f(Tx) + \beta f(Ty) = \alpha\left(T^*f\right)(x) + \beta\left(T^*f\right)(y)\end{aligned}$$

所以 T^* 是线性的。

再由

$$\|(T^*f)(x)\| = |f(Tx)| \leqslant \|f\| \cdot \|T\| \cdot \|x\|, \quad x \in X, f \in Y^*$$

知 $\|T^*f\| \leqslant \|T\| \cdot \|f\|$，故 T^* 有界且 $\|T^*\| \leqslant \|T\|$。

另外，$\forall x_0 \in X$，有 $Tx_0 \in Y$。若 $Tx_0 \neq \theta$，运用 Hahn-Banach 延拓定理，则 $\exists f \in Y^*$，使得

$$\|f\| = 1, f(Tx_0) = \|Tx_0\|$$

故

$$\begin{aligned}\|Tx_0\| &= |f(Tx_0)| = |(T^*f)(x_0)| \\ &\leqslant \|T^*f\| \, \|x_0\| \leqslant \|T^*\| \, \|f\| \, \|x_0\| \\ &= \|T^*\| \, \|x_0\|\end{aligned}$$

若 $Tx_0 = \theta$，则上式也成立，即有

$$\|T\| \leqslant \|T^*\|$$

所以 $\|T^*\| = \|T\|$。

(2) 对任意 $f \in Y^*, x \in X$，由于

$$\begin{aligned}\left[(\alpha T_1 + \beta T_2)^* f\right](x) &= f((\alpha T_1 + \beta T_2)(x)) = \alpha f(T_1 x) + \beta f(T_2 x) \\ &= \alpha T_1^* f(x) + \beta T_2^* f(x) = [(\alpha T_1^* + \beta T_2^*)(f)](x)\end{aligned}$$

所以 $(\alpha T_1 + \beta T_2)^* = \alpha T_1^* + \beta T_2^*$。

(3) 对任意 $f \in Z^*, x \in X$，由于

$$\begin{aligned}\left[(T_2 T_1)^* f\right](x) &= f[(T_2 T_1)x] = f[T_2(T_1 x)] \\ &= (T_2^* f)(T_1 x) = [T_1^*(T_2^* f)](x) \\ &= [(T_1^* T_2^*) f](x)\end{aligned}$$

故 $(T_2 T_1)^* = T_1^* T_2^*$。

(4) 对任意 $f \in X^*, x \in X$，由于

$$\left[T^*\left(T^{-1}\right)^* f\right](x) = \left[\left(T^{-1}\right)^* f\right](Tx) = f\left(T^{-1}Tx\right) = f(x)$$

故 $T^*\left(T^{-1}\right)^* f=f$，从而

$$T^*\left(T^{-1}\right)^*=I_{X^*}$$

其中，I_{X^*} 是 X^* 上的恒等算子。类似地，可以证明

$$\left(T^{-1}\right)^* T^*=I_{Y^*}$$

其中，I_{Y^*} 是 Y^* 上的恒等算子，因此 T^* 可逆且 $\left(T^{-1}\right)^*=(T^*)^{-1}$。 ■

定理 6.7 设 H 是 Hilbert 空间，$T\in B(H)$，则有

$$\overline{R(T)}=\{N(T^*)\}^{\perp}$$
$$\{N(T)\}^{\perp}=\overline{R(T^*)}$$

其中 $R(T)$ 和 $N(T)$ 分别表示 T 的值域和零空间。

定理的证明可参阅文献 [4]。

对称具有许多非常好的美学性质，自共轭是对称的一个直接推广。在有限维空间，$A=(a_{ij})$ 的共轭算子 (共轭转置矩阵) 是 $A^*=(\bar{a}_{ji})$。在 $\mathbb{R}^n$ 中，$A=A^*\Leftrightarrow a_{ij}=a_{ji}$，即 A 是对称的。对称矩阵有着一些很好的性质。

在 Hilbert 空间，是否可以类似地考虑线性算子 T 的某种对称性？即 T 和 T^* 的关系。对 T 和 T^* 作比较，看它们是否相等？即它是否具有自共轭性。

定义 6.6 设 H 是 Hilbert 空间，$T\in B(H)$，如果 $T=T^*$，则称 T 是**自伴算子或自共轭算子**。

注记 6.3 由定义 6.5 可知，有界线性算子 T 是自伴的，当且仅当

$$\langle Tx,y\rangle=\langle x,Ty\rangle,\quad \forall x,y\in H$$

注记 6.4 对于有界线性算子而言，自伴算子也称为 (共轭) 对称算子。

例 6.12 考察由方阵 $\boldsymbol{A}=(a_{ij})\in\mathbb{C}^{n\times n}$ 定义的线性算子 $T:\mathbb{C}^n\to\mathbb{C}^n$：

$$T\boldsymbol{x}=\boldsymbol{A}\boldsymbol{x},\quad \forall \boldsymbol{x}\in\mathbb{C}^n$$

由于

$$\langle T\boldsymbol{x},\boldsymbol{y}\rangle=\langle \boldsymbol{A}\boldsymbol{x},\boldsymbol{y}\rangle=(\boldsymbol{A}\boldsymbol{x})^{\top}\bar{\boldsymbol{y}}=\boldsymbol{x}^{\top}\boldsymbol{A}^{\top}\bar{\boldsymbol{y}}$$
$$\langle \boldsymbol{x},T\boldsymbol{y}\rangle=\boldsymbol{x}^{\top}\overline{\boldsymbol{A}\boldsymbol{y}}=\boldsymbol{x}^{\top}\bar{\boldsymbol{A}}\bar{\boldsymbol{y}}$$

故

$$\langle T\boldsymbol{x},\boldsymbol{y}\rangle=\langle \boldsymbol{x},T\boldsymbol{y}\rangle \Leftrightarrow \boldsymbol{A}^{\top}=\bar{\boldsymbol{A}}$$

即线性算子 T 是自伴算子的充分必要条件是其对应的矩阵 $\boldsymbol{A}$ 是共轭对称阵，这样的矩阵称为 Hermite 矩阵 (实 Hermite 矩阵就是实对称阵)。

例 6.13 设积分算子 $T: L^2[a,b]\to L^2[a,b]$ 为

$$(Tx)(t)=\int_a^b K(t,s)x(s)\mathrm{d}s$$

则

$$\begin{aligned}\langle Tx,y\rangle&=\left\langle\int_a^b K(t,s)x(s)\mathrm{d}s,\ y(t)\right\rangle=\int_a^b\left[\int_a^b K(t,s)x(s)\mathrm{d}s\right]\overline{y(t)}\mathrm{d}t\\&=\int_a^b x(s)\left[\int_a^b K(t,s)\overline{y(t)}\mathrm{d}t\right]\mathrm{d}s=\int_a^b x(s)\overline{\left(\int_a^b \overline{K(t,s)}y(t)\mathrm{d}t\right)}\mathrm{d}s\end{aligned}$$

$$\langle x,Ty\rangle=\left\langle x(t),\int_a^b K(t,s)y(s)\mathrm{d}s\right\rangle=\int_a^b x(t)\overline{\left(\int_a^b K(t,s)y(s)\mathrm{d}s\right)}\mathrm{d}t$$

故 T 是自伴算子的充分必要条件是：$\overline{K(t,s)}=K(s,t)$。

例 6.14 设 T 是一阶微分算子 $Tu=\dfrac{\mathrm{d}u}{\mathrm{d}t}$，其定义域为

$$D(T)=\left\{u\in L^2[0,1]:u(0)=0\right\}$$

求共轭算子 T^*。

解 根据

$$\begin{aligned}\langle Tu,v\rangle&=\int_0^1\frac{\mathrm{d}u}{\mathrm{d}t}v\ \mathrm{d}t=\int_0^1\frac{\mathrm{d}(uv)}{\mathrm{d}t}-\int_0^1\frac{\mathrm{d}v}{\mathrm{d}t}u\ \mathrm{d}t\\&=-\int_0^1\frac{\mathrm{d}v}{\mathrm{d}t}u\ \mathrm{d}t+\left.(uv)\right|_{t=1}\end{aligned}$$

若 T^* 的定义域为

$$D\left(T^*\right)=\left\{v\in L^2[0,1]:u(1)=0\right\}$$

则 $T^*=-\dfrac{\mathrm{d}}{\mathrm{d}t}$。明显地，$T\neq T^*$ 并且 $D(T)\neq D\left(T^*\right)$，所以 T 不是自伴算子。◆

例 6.15 设 H 是 Hilbert 空间，M 是它的一个闭子空间，则由 H 到 M 的正交投影算子 P_M 是自伴算子。

证明 由定理 4.24 知，P_M 有界。由正交分解定理，$\forall x, y \in H$，按 M 有唯一的分解

$$x = x_0 + x_1, \quad y = y_0 + y_1, \quad x_0, y_0 \in M, \quad x_1, y_1 \perp M$$

其中 $x_0 = P_M x, y_0 = P_M y$。由于

$$\begin{aligned}\langle P_M x, y\rangle &= \langle x_0, y_0 + y_1\rangle = \langle x_0, y_0\rangle \\ &= \langle x_0 + x_1, y_0\rangle = \langle x, P_M y\rangle\end{aligned}$$

故 P_M 是自伴算子。■

例 6.16 在 $L^2(-\infty, \infty)$ 上考虑乘法算子

$$F : x \to f(t)x$$

其中 $|f(t)| \leqslant M < \infty$ 几乎处处成立。

容易验证，F 是一个有界线性算子且

$$\|F\| = \operatorname*{ess\,sup}_{t\in\mathbb{R}} |f(t)| = \|f\|_\infty$$

由于

$$\langle Fx, y\rangle = \int_{-\infty}^{\infty} f(t)x(t)\overline{y(t)}\mathrm{d}t = \int_{-\infty}^{\infty} x(t)\overline{\overline{f(t)}y(t)}\mathrm{d}t = \langle x, F^* y\rangle$$

即它的共轭算子 F^* 也是乘法算子

$$F^* : y \to \overline{f(t)}y$$

显然，F 是自伴的，当且仅当 $f(t)$ 是实函数。

显然，如果 A 和 B 是自伴的，那么 $A + B$ 也是自伴的，并且对于任何的实数 α, αA 也是自伴的。下面不加证明地给出自伴算子的其他几个性质。

定理 6.8 (1) Hilbert 空间 H 上的全体自伴算子组成的集合是 $B(H)$ 中的一个闭集。

(2) 设 A, $B \in B(H)$ 都是自伴算子，则 AB 是自伴的充分必要条件是 $AB = BA$。

(3) $A \in B(H)$ 是自伴的 $\Leftrightarrow \forall x \in H$, $\langle x, Ax\rangle \in \mathbb{R}$。

(4) 设 $A \in B(H)$ 是自伴的，则 $\|A\| = \sup\{|\langle Ax, x\rangle| : \|x\| = 1\}$。

自伴算子是Hilbert空间上最重要的算子之一，在许多问题中都有广泛应

用，比如二阶常微分方程中经典的Sturm-Liouville算子、最优化问题中的共轭方向法等。

下面介绍另一类特殊的自伴算子 —— 正算子。线性代数中学过的半正定矩阵和定理 4.22 中提到的 Gram 矩阵都是正算子。

定义 6.7 设 A,B 都是 Hilbert 空间 H 上的自伴算子。如果

$$\langle Ax,x\rangle \geqslant \langle Bx,x\rangle \text{ 或 } \langle (A-B)x,x\rangle \geqslant 0, \quad x\in H$$

则称 $A\geqslant B$ (或 $B\leqslant A$, 或 $A-B\geqslant 0$)。特别地，如果 $A\geqslant 0$，则称 A 是**正算子**。

下面列举几个正算子的性质。

(1) 对 H 上的任何有界线性算子 A，A^*A 和 AA^* 都是正算子，这是因为

$$\langle A^*Ax,x\rangle = \langle Ax,Ax\rangle > 0$$

$$\langle AA^*x,x\rangle = \langle A^*x,A^*x\rangle > 0$$

(2) 若 A,B 是正算子，α,β 是两个非负实数，则 $\alpha A+\beta B$ 也是正算子。

(3) 若 A 是正算子，则有

$$\left|\langle Ax,y\rangle\right|^2 \leqslant \langle Ax,x\rangle\langle Ay,y\rangle$$

定义 6.8 设 A,B 都是正算子，如果 $A^2=B$，则称 A 是 B 的**正平方根**，记为 $A=B^{\frac{1}{2}}$。

下面的定理说明，对任何正算子，其平方根算子一定存在。

定理 6.9 设 B 是 Hilbert 空间上的正算子，则必唯一存在平方根算子 A。

定理的详细证明可参阅文献 [11]。

在实际应用中，除了自伴算子，应用比较广泛的共轭算子还有正规算子、酉算子等。

定义 6.9 设H是Hilbert空间，$T\in B(H)$，$T^*:H\to H$为T的共轭算子。

(1) 若 $TT^*=T^*T$，则称 T 为**正规算子**;

(2) 若 $TT^*=T^*T=I$，则称 T 为**酉算子**。

(3) 若 $T^2=T$，则称 T 为**幂等算子**。

(4) 若 $T^2=T=T^*$，则称 T 为**投影算子**。

(5) 若 $\forall x\in H$ 有 $\|Tx\|=\|x\|$，则称 T 为**保范算子**或**等距算子**。

关于上面算子的基本性质，可以参阅文献 [8] 等。

自伴算子和酉算子都是正规算子，但正规算子不一定是自伴算子或酉算子。若 T 是酉算子，则 T 是双射的。我们知道，欧氏空间中长度和角度都可以用内积表示出来，所以酉变换既保持长度又保持角度不变，它是刚体运动在 Hibert 空间上的推广。而在一切酉变换下不变性质的研究可看作欧氏几何学在无穷维空间上的推广。

6.4 强收敛与弱收敛

背景说明　数学分析中的许多基本定理都建立在欧氏空间 $\mathbb{R}^n$ 的有界闭集之上，例如连续函数的基本性质、聚点原理等。赋范空间中的 Riesz 引理 (定理 3.8) 告诉我们，无限维空间的单位球不可能是列紧的。因此，如果只限于使用赋范空间上的范数拓扑，那么诸多经典数学分析的技巧就都用不上而且行不通了。早在 20 世纪之初，Hilbert 在研究积分方程时就用到了弱收敛的概念，其后，数学家们又提出了应用非常广泛的泛函与算子序列的各种收敛性概念。

6.4.1 点列的强收敛与弱收敛

在第 3 章定义 3.15 中，我们指出赋范空间 $(X, \|\cdot\|)$ 中的点列 $\{x_n\}$ **依范数收敛**于 x，或**强收敛**于 x，若 $\exists x \in X$ 使得

$$\|x_n - x\| \to 0 \quad (n \to \infty)$$

记 $x_n \to x\ (n \to \infty)$。

在点列的强收敛下，无限维赋范空间中有界集不一定有收敛子列，或者说无限维赋范空间的单位闭球不是紧集，因此需要定义较弱的收敛性，以便应用到实际问题中得到我们想要的结论。

定义 6.10　设 X 是赋范空间，$\{x_n\} \subset X$。若 $\exists x \in X$，使得 $\forall f \in X^*$ 有

$$f(x_n) \to f(x) \quad (n \to \infty)$$

则称点列 x_n **弱收敛**于 x，并把 x 称为 x_n 的**弱极限**，记作

$$x_n \xrightarrow{w} x \quad (n \to \infty)$$

例 6.17 在 Hilbert 空间 l^2 中，记

$$e_n = (\underbrace{0, \cdots, 0}_{n-1}, 1, 0, \cdots)$$

则 $\{e_n\}$ 不强收敛于 θ，但弱收敛于 θ。

证明 由于

$$\|e_n - \theta\| = \|e_n\| = 1$$

故 $\{e_n\}$ 不强收敛于 θ;由 Riesz 表示定理 (定理6.2),$\forall f \in \left(l^2\right)^*$, $\exists y = (y_1, y_2, \cdots) \in l^2$,使得

$$f(x) = \langle x, y\rangle = \sum_{k=1}^{\infty} x_k \bar{y}_k$$

则由 $\sum\limits_{k=1}^{\infty} |y_k|^2 < \infty$，知

$$f(e_n) = \bar{y}_n \to \theta \ (n \to \infty)$$

从而有 $e_n \xrightarrow{w} \theta \ (n \to \infty)$。 ■

定理 6.10 点列的强收敛与弱收敛的关系如下:

(1) 强收敛一定弱收敛;

(2) 弱收敛不一定强收敛;

(3) 有限维空间中弱收敛与强收敛等价。

定理 6.10 详细证明可参阅文献 [10] 中 4.6 节。

在 Hilbert 空间中，一个弱收敛的点列附加适当的条件就可以得到强收敛。

定理 6.11 设 H 是 Hilbert 空间，$\{x_n\} \subset H$，$x \in H$，则

(1) $x_n \xrightarrow{w} x$ 当且仅当 $\forall y \in H$, $\langle x_n, y\rangle \to \langle x, y\rangle \ (n \to \infty)$;

(2) $x_n \to x$ 当且仅当 $x_n \xrightarrow{w} x$, $\|x_n\| \to \|x\| \ (n \to \infty)$。

证明 (1) 由 Riesz 表示定理 (定理6.2) ，$\forall f \in H^* = H$，存在唯一的 $y \in H$ 使得

$$f(x) = \langle x, y\rangle, \quad \forall x \in H$$

所以

$$x_n \xrightarrow{w} x \Leftrightarrow \forall f \in H^*, f(x_n) \to f(x)$$
$$\Leftrightarrow \forall y \in H, \langle x_n, y\rangle \to \langle x, y\rangle$$

(2) 直接按照定义验证即可。证毕。 ■

强收敛的极限是唯一的，弱收敛有同样的结论。

定理 6.12　设 X 是赋范空间，点列 $\{x_n\} \subset X$ 弱收敛于 x，则

(1) 弱极限 x 唯一；

(2) $\{x_n\}$ 有界。

证明　(1) 反设 $x_n \xrightarrow{w} x$ 及 $x_n \xrightarrow{w} y$ $(n \to \infty)$，则 $\forall f \in X^*$，有

$$\lim_{n\to\infty} f(x_n) = f(x), \quad \lim_{n\to\infty} f(x_n) = f(y)$$

由数列极限的唯一性，知

$$f(x) = f(y)$$

再由 Hahn-Banach 延拓定理的推论 5.4 得到 $x = y$。

(2) 设 $x \in X \subset X^{**}$，$\forall f \in X^*$，定义 $J_x(f) \triangleq f(x) : X^* \to \mathbb{R}$，容易证明 J_x 是线性的，并且由

$$\|J_x(f)\| = \|f(x)\| \leqslant \|f\|\|x\|$$

得到 $\|J_x\| \leqslant \|x\|$，即 $J_x \in X^{**}$；当 $x \neq \theta$ 时，根据 Hahn-Banach 延拓定理的推论 5.3，$\exists f_0 \in X^*$ 使得

$$\|f_0\| = 1, \quad f_0(x) = \|x\|$$

所以

$$\|J_x\| = \sup_{\|f\|=1} |J_x(f)| = \sup_{\|f\|=1} |f(x)| \geqslant |f_0(x)| = \|x\|$$

故 $\|J_x\| = \|x\|$。

根据 $\{x_n\} \subset X$ 弱收敛于 x，$\forall f \in X^*$，有

$$f(x_n) \to f(x)$$

即 $f(x_n)$ 为收敛数列，故 $f(x_n)$ 是有界的；再根据

$$\sup_{n\in\mathbb{Z}^+}|J_{x_n}(f)|=\sup_{n\in\mathbb{Z}^+}|f(x_n)|<+\infty$$

在 Banach 空间 X^* 运用一致有界定理，存在常数 $M>0$ 使得 $\|J_{x_n}\|\leqslant M$，而 $\|x_n\|=\|J_{x_n}\|$。故 $\|x_n\|\leqslant M$，即 $\{x_n\}$ 有界。证毕。 ■

例 6.18 $C[a,b]$ 中的有界点列的弱收敛等价于该函数列的处处收敛，这比强收敛时函数列的一致收敛性要弱得多。

例 6.19 l^p 中的有界点列的弱收敛等价于该数列的按坐标收敛。

例 6.20 $L^p[a,b]$ 中的有界点列 $\{f_n\}$ 的弱收敛等价于 f_n 的变上限积分列处处收敛，即

$$\int_0^z f_n(x)\mathrm{d}x\to\int_0^z f(x)\mathrm{d}x\ (n\to\infty),\quad \forall z\in[a,b]$$

我们定义自反空间的最重要作用之一就是下面的定理。

定理 6.13 自反空间中的有界点列必有弱收敛子列。

注记 6.5 这表明自反空间中的有界集在弱收敛的意义下有列紧性 (称为弱列紧性)，从而其中的单位闭球必是弱紧的。注意到在点列的依范数收敛下，无限维赋范空间的单位闭球不是紧集，这一变化是很重要的。

6.4.2 算子列的强收敛与弱收敛

在数学分析中，函数的收敛有逐点收敛、一致收敛，处理不同的问题使用不同的收敛性。在泛函分析中，根据研究问题不同，也可以考虑不同的收敛性。在 5.2.2 节，我们介绍了 $B(X,Y)$ 中算子列 $\{T_n\}$ 的一致收敛和强收敛，下面再介绍一种较弱的收敛性概念。

定义 6.11 设 X,Y 是赋范空间，$\{T_n\}\subset B(X,Y)$。若 $\exists T\in B(X,Y)$，$\forall x\in X$，有

$$T_nx\xrightarrow{w}Tx\quad(n\to\infty)\ \text{即}\ f(T_nx)\to f(Tx)\quad\forall f\in X^* \tag{6.2}$$

则称算子列 $\{T_n\}$ **弱收敛**于 T，记作 $T_n\xrightarrow{w}T$。

注记 6.6 算子列的强收敛本质上就是处处收敛 (逐点收敛)，它之所以被称为强收敛，是因为式 (5.2) 中用到的收敛是 Y 中点列的强收敛，就像弱收敛是因

为式 (6.2) 中用到的收敛是点列的弱收敛一样。

定理 6.14 设 X,Y 是赋范空间，$\{T_n\}\subset B(X,Y)$，$T\in B(X,Y)$，则

$$T_n\to T\Rightarrow T_n\xrightarrow{s}T\Rightarrow T_n\xrightarrow{w}T$$

证明 若 $T_n\to T$，则 $\forall x\in X$，当 $n\to\infty$ 时有

$$\|T_nx-Tx\|=\|(T_n-T)\,x\|\leqslant\|T_n-T\|\,\|x\|\to 0$$

故 $T_nx\to Tx$，即 $T_n\xrightarrow{s}T$。

若 $T_n\xrightarrow{s}T$，则 $\forall x\in X$，

$$T_nx\to Tx\quad(n\to\infty)$$

从而由定理6.10，必有

$$T_nx\xrightarrow{w}Tx\quad(n\to\infty)$$

故 $T_n\xrightarrow{w}T$。证毕。 ■

6.4.3 泛函列的弱收敛与弱*收敛

下面我们仿照 X 上弱收敛的定义给出 X^* 上弱收敛的定义。

定义 6.12 设 X 是赋范空间，泛函列 $\{f_n\}\subset X^*,f\in X^*$。若 $\forall x^{**}\in X^{**}$ 有

$$x^{**}(f_n)\to x^{**}(f)\quad(n\to\infty)$$

则称泛函列 $\{f_n\}$ **弱收敛**于 f，记作 $f_n\xrightarrow{w}f$。

定义 6.13 设 X 是赋范空间，泛函列 $\{f_n\}\subset X^*,f\in X^*$。若 $\forall x\in X$，有

$$f_n(x)\to f(x)\quad(n\to\infty)$$

则称泛函列 $\{f_n\}$ **弱*收敛**于 f，记作 $f_n\xrightarrow{w*}f$。

注记 6.7 根据 $X\subset X^{**},X^*$ 上的泛函列弱收敛蕴含 X^* 上的泛函列弱*收敛，即 $f_n\xrightarrow{w}f\Rightarrow f_n\xrightarrow{w*}f$。当 X 是一个自反空间时，弱收敛与弱*收敛等价。

注记 6.8 若将 $\{f_n\}$ 看作一个算子列，则弱*收敛就是算子列的强收敛，只是在不同的场合下习惯的叫法不同。

弱*收敛具有下列性质。

定理 6.15 设 X 是 Banach 空间，$\{f_n\} \subset X^*, f \in X^*$。若 $f_n \xrightarrow{w^*} f$，则 $\{f_n\}$ 一致有界 (即 $\{\|f_n\|\}$ 有界)。

证明 由 $f_n \xrightarrow{w*} f$ 知，$\forall x \in X$

$$f_n(x) \to f(x) \quad (n \to \infty)$$

故 $\{f_n(x)\}$ 有界，即

$$\sup_{n \in \mathbb{Z}^+} |f_n(x)| = M(x) < \infty$$

由一致有界原理得，$\{\|f_n\|\}$ 有界。证毕。 ■

定理 6.16 设 X 是 Banach 空间，$\{f_n\} \subset X^*$，则 $\{f_n\}$ 弱 * 收敛的充分必要条件是:

(1) $\{f_n\}$ 一致有界;

(2) 存在 X 的稠密集 A，使得 $\{f_n\}$ 在 A 上收敛。

定理 6.17 (**弱 * 列紧性**) 设 X 是可分的赋范空间, 则 X^* 中任一有界点列 $\{f_n\}$ 有弱 * 收敛子序列。

最后，表 6.1 总结了本节所讨论的各种收敛性。

表 6.1 各种收敛性的比较

类型	名　称	记　号	定　义
点列收敛性	强收敛 (依范数收敛)	$x_n \to x$	$\|x_n - x\| \to 0$
	弱收敛	$x_n \xrightarrow{w} x$	$\forall f \in X^*, f(x_n) \to f(x)$
算子列收敛性	一致收敛	$T_n \to T$	$\|T_n - T\| \to 0$
	强收敛	$T_n \xrightarrow{s} T$	$\forall x \in X, T_n x \to Tx$
	弱收敛	$T_n \xrightarrow{w} T$	$\forall x \in X, f \in Y^*$ $f(T_n x) \to f(Tx)$
泛函列收敛性	弱 * 收敛	$f_n \xrightarrow{w*} f$	$\forall x \in X, f_n(x) \to f(x)$

6.5 Riesz 表示定理的应用

Riesz 表示定理 (定理6.2) 表明，Hilbert 空间上的连续线性泛函有一个十分简单的表示。下面将利用 Riesz 表示定理证明著名的 Lax-Milgram 定理，并进一步用于证明 Dirichlet 边值问题广义解的适定性。

定义 6.14 设 $\varphi(\cdot,\cdot)$ 是 Hilbert 空间 H 上的二元泛函，如果对 $\forall x,y,z\in H$，$\forall\alpha,\beta\in\mathbb{C}$，都有

(1) $\varphi(\alpha x+\beta y,z)=\alpha\varphi(x,z)+\beta\varphi(y,z)$

(2) $\varphi(x,\alpha y+\beta z)=\bar{\alpha}\varphi(x,y)+\bar{\beta}\varphi(x,z)$

则称 $\varphi(\cdot,\cdot)$ 为 H 上的**共轭双线性泛函**。

上述定义中，如果 (2) 换成下面的

(2′) $\varphi(x,\alpha y+\beta z)=\alpha\varphi(x,y)+\beta\varphi(x,z)$

则称 $\varphi(\cdot,\cdot)$ 为 H 上的**双线性泛函**。

对于共轭双线性泛函 $\varphi(\cdot,\cdot)$，如果还满足

(3) $\exists M>0$ 使得 $|\varphi(x,y)|\leqslant M\|x\|\|y\|,\ \forall x,y\in H$

则称 $\varphi(\cdot,\cdot)$ 为 H 上的**有界共轭双线性泛函**。

显然，如果共轭双线性泛函 $\varphi(\cdot,\cdot)$ 还满足

$$\varphi(y,x)=\overline{\varphi(x,y)},\ \varphi(x,y)\geqslant 0$$

以及

$$\varphi(x,x)=0\Leftrightarrow x=0$$

那么 $\varphi(x,y)$ 就是个内积了。

定理 6.18 设 $\varphi(\cdot,\cdot)$ 是 Hilbert 空间 H 上有界共轭双线性泛函，则存在唯一的算子 $T\in B(H)$ 使得

$$\varphi(x,y)=\langle Tx,y\rangle,\quad \forall x,y\in H$$

证明 对 $\forall x\in H$，令

$$f(y)=\overline{\varphi(x,y)},\quad \forall y\in H$$

易证 $f\in H^*$。根据 Riesz 表示定理，恰有一个元素 $z_f\in H$，使

$$f(y)=\langle y,z_f\rangle$$

这个 z_f 是由 f (进而由 x) 唯一确定的。定义 $Tx=z_f$，则

$$\overline{\varphi(x,y)}=\langle y,Tx\rangle$$

即

$$\varphi(x,y)=\langle Tx,y\rangle,\quad \forall x,y\in H$$

利用定理条件，不难验证，如此定义的 T 的确是 H 上的有界线性算子。至于唯一性是显然的。 ■

例 6.21 设 Ω 是 $\mathbb{R}^2$ 中区域，$M=\left\{u\in C_0^1(\Omega): u \text{ 是实值的}\right\}$，则

$$\varphi(u,v)=\iint\limits_{\Omega}(u_x v_x+u_y v_y)\,\mathrm{d}x\,\mathrm{d}y,\quad u,v\in M$$

是 M 上按 $H_0^1(\Omega)$ 的范数 $\|\cdot\|_1$ 有界的双线性泛函。这里

$$u_x=\frac{\partial u}{\partial x},\quad u_y=\frac{\partial u}{\partial y},\quad \text{当 } u\in M$$

因为只考虑实值函数，$H_0^1(\Omega)$ 中内积定义为

$$\langle u,v\rangle_1=\iint\limits_{\Omega}(uv+u_x v_x+u_y v_y)\,\mathrm{d}x\,\mathrm{d}y$$

故

$$\|u\|_1=\sqrt{\langle u,u\rangle_1}==\left[\iint\limits_{\Omega}\left(u^2+u_x^2+u_y^2\right)\mathrm{d}x\,\mathrm{d}y\right]^{\frac{1}{2}}$$

从而由 Schwarz 不等式

$$\begin{aligned}|\varphi(u,v)|&=\left|\iint\limits_{\Omega}(u_x v_x+u_y v_y)\,\mathrm{d}x\,\mathrm{d}y\right|\\&\leqslant\left(\iint\limits_{\Omega}\left(|u_x|^2+|u_y|^2\right)\mathrm{d}x\,\mathrm{d}y\right)^{\frac{1}{2}}\cdot\left(\iint\limits_{\Omega}\left(|v_x|^2+|v_y|^2\right)\mathrm{d}x\,\mathrm{d}y\right)^{\frac{1}{2}}\\&\leqslant\|u\|_1\|v\|_1\end{aligned}$$

可见 $\varphi(u,v)$ 是按 $H_0^1(\Omega)$ 的范数 $\|\cdot\|_1$ 是有界的，至于双线性是容易验证的。因此，$\varphi(u,v)$ 可以扩张成 $H_0^1(\Omega)$ 上的有界双线性泛函。

下面介绍的 Lax-Milgram 定理源于美国数学家拉克斯 (Peter D. Lax, 1926—　) 和米尔格拉姆 (Arthur N. Milgram, 1912—1961) 于 1954 年合作的一篇论文，是一个用来证明线性椭圆方程边值问题有解的重要定理。

定理 6.19 (**Lax-Milgram 定理**) 设 $\varphi(\cdot,\cdot)$ 是 Hilbert 空间 H 上的有界共轭双线性泛函，且 $\exists r>0$ 满足

$$\varphi(x,x)\geqslant r\|x\|^2,\quad \forall x\in H \tag{6.3}$$

则 $\forall f\in H^*$，存在唯一的元素 $y_f\in H$，使得

$$\varphi(x,y_f)=f(x),\ \forall x\in H$$

且 $\|y_f\|\leqslant\dfrac{1}{r}\|f\|$。

证明 由定理 6.18 知，存在有界线性算子 T，使

$$\varphi(x,y)=\langle Tx,y\rangle=\langle x,T^*y\rangle,\quad \forall x,y\in H$$

由式 (6.3) 有

$$r\|x\|^2\leqslant|\varphi(x,x)|=|\langle x,T^*x\rangle|\leqslant\|x\|\,\|T^*x\|$$

即

$$r\|x\|\leqslant\|T^*x\| \tag{6.4}$$

由定理 5.14 知，$(T^*)^{-1}$ 存在且有界。

下证 T^* 的值域 $R(T^*)=H$。利用反证法，假设 $R(T^*)\neq H$。由式 (6.4) 可见 $R(T^*)$ 是闭子空间。根据推论 4.3，存在非零的 $z\in H$ 与 $R(T^*)$ 中每个元素正交，从而

$$0=|\langle z,T^*z\rangle|=|\varphi(z,z)|\geqslant r\|z\|^2$$

这导致 $z=0$，矛盾。故 $R(T^*)=H$，从而 $(T^*)^{-1}$ 是 H 上的有界线性算子。

根据 Riesz 表示定理，对 H 上有界线性泛函 f，存在唯一的 $u\in H$，使 $\forall x\in H$

$$f(x)=\langle x,u\rangle$$

且 $\|f\|=\|u\|$。于是，要使 $\forall x\in H$ 有 $f(x)=\varphi(x,y_r)$，即

$$\langle x,u\rangle=\langle x,T^*y_r\rangle,\quad \forall x\in H$$

当且仅当 $u=T^*y_r$，即 $y_r=(T^*)^{-1}u$。由式 (6.4) 得

$$\|y_r\|\leqslant\frac{1}{r}\|T^*y_r\|=\frac{1}{r}\|u\|=\frac{1}{r}\|f\|$$

最后，y_r 的唯一性由 u 的唯一性和 T^* 存在逆算子可以得出。 ■

定理 6.19 也是关于连续线性泛函的表达式，只不过把 Riesz 表示定理中的内积推广为满足控制条件式 (6.3) 的有界共轭双线性泛函 $\varphi(x,y)$ 而已，但是这个貌似不惊人的推广在偏微分方程适定性的研究中非常有用。

根据 Lax-Milgram 定理 (定理6.19) 的证明，可以得到下述推论。

推论 6.1 设 T 是 Hilbert 空间 H 上有界线性算子，$\varphi(x,y)=\langle Tx,y\rangle,\forall x,y\in H$，如果 $\exists r>0$ 满足

$$|\varphi(x,x)|\geqslant r\|x\|,\quad \forall x\in H$$

则 T 是有界可逆的。

例 6.22 考察 Dirichlet 零边值问题

$$\begin{cases}-\Delta u=f\\ u|_{\partial\Omega}=0\end{cases}\tag{6.5}$$

这里，$f\in L^2(\Omega)$，Ω 是复平面上有界区域，$\partial\Omega$ 表示 Ω 的边界

$$\Delta u=\frac{\partial^2 u}{\partial x^2}+\frac{\partial^2 u}{\partial y^2},\quad u\in C^2(\Omega)$$

设 $M=\left\{\nu\in C^2(\Omega):\nu \text{ 是实值的, 且 } \nu|_{\partial\Omega}=0\right\}$。对 $u,\nu\in M$，利用 Green 公式可得

$$\begin{aligned}&\iint\limits_{\Omega}(-\Delta u)\nu\mathrm{d}x\ \mathrm{d}y\\ =&\iint\limits_{\Omega}\nabla u\cdot\nabla\nu\mathrm{d}x\ \mathrm{d}y-\int_{\partial\Omega}\frac{\partial u}{\partial n}\nu\mathrm{d}\sigma\\ =&\iint\limits_{\Omega}\nabla u\cdot\nabla\nu\mathrm{d}x\ \mathrm{d}y\end{aligned}$$

这里 $\nabla u\cdot\nabla\nu=u_x\nu_x+u_y\nu_y$。于是，由式 (6.5) 得

$$\iint\limits_{\Omega}\nabla u\cdot\nabla\nu\mathrm{d}x\ \mathrm{d}y=\iint\limits_{\Omega}f\nu\mathrm{d}x\ \mathrm{d}y,\quad u,\nu\in M\tag{6.6}$$

考察双线性泛函

$$\varphi(u,\nu)=\iint\limits_{\Omega}\nabla u\cdot\nabla\nu\mathrm{d}x\ \mathrm{d}y=\iint\limits_{\Omega}(u_x\nu_x+u_y\nu_y)\,\mathrm{d}x\ \mathrm{d}y$$

在例 6.21 中，已经证明 $\varphi(u,v)$ 是 $C_0^1(\Omega)$ 上按 $H_0^1(\Omega)$ 的范数 $\|\cdot\|_1$ 有界的

双线性泛函。故可将 $\varphi(u,v)$ 扩张到 $H_0^1(\Omega)$ 上，得到式 (6.6) 扩张后的方程

$$\varphi(u,v)=\iint_\Omega fv\ \mathrm{d}x\ \mathrm{d}y=\langle f,v\rangle_{L^2(\Omega)},\quad u,v\in H_0^1(\Omega) \tag{6.7}$$

定义 6.15 若存在 $u\in H_0^1(\Omega)$，使

$$\varphi(u,v)=\langle f,v\rangle_{L^2(\Omega)},\quad \forall v\in H_0^1(\Omega)$$

则称 u 为边值问题式 (6.5) 的**广义解**。

为什么说它是广义解呢？因为 u 未必在 M 内。因此，可以说上述的 u“粗糙地”满足边界条件

$$u|_{\partial\Omega}=0$$

注意 $H_0^1(\Omega)$ 的范数

$$\|u\|_1=\left[\iint_\Omega\left(u^2+u_x^2+u_y^2\right)\mathrm{d}x\ \mathrm{d}y\right]^{\frac{1}{2}}\geqslant\|u\|_{L^2(\Omega)}$$

故 $\langle v,f\rangle_{L^2(\Omega)}$ 也是 $H_0^1(\Omega)$ 上的以 v 为变量的有界线性泛函，从而由 Riesz 表示定理，可以像 T 的共轭算子 T^* 一样定义 $L^2(\Omega)$ 到 $H_0^1(\Omega)$ 上有界线性算子 K，使

$$\langle v,f\rangle_{L^2(\Omega)}=\langle v,Kf\rangle_1,\quad v\in H_0^1(\Omega)$$

而由定理 6.18，存在 $\widehat{A}\in B\left(H_0^1(\Omega)\right)$，使

$$\varphi(u,v)=\langle\widehat{A}u,v\rangle_1,\quad u,v\in H_0^1(\Omega)$$

从而，式 (6.7) 便可改成

$$\langle\widehat{A}u,v\rangle_1=\langle Kf,v\rangle_1,\quad \forall v\in H_0^1(\Omega)$$

即

$$\widehat{A}u=Kf$$

由 Poincaré 不等式可得 $\exists\lambda>0$

$$|\varphi(u,u)|=\iint_\Omega\left(u_x^2+u_y^2\right)\mathrm{d}x\ \mathrm{d}y\geqslant\lambda\iint_\Omega u^2\ \mathrm{d}x\ \mathrm{d}y$$

进而有

$$\left(1+\frac{1}{\lambda}\right)|\varphi(u,u)| \geqslant \iint\limits_{\Omega}\left(u_x^2+u_y^2\right)\mathrm{d}x\ \mathrm{d}y+\iint\limits_{\Omega}u^2\ \mathrm{d}x\ \mathrm{d}y=\|u\|_1^2$$

因此，$\varphi(u,v)$ 满足推论 6.1 中的控制条件，从而 $\widehat{A}$ 是有界可逆的。因此，上述边值问题的广义解存在且唯一，并且还是稳定的。

习题6

6-1 设 X 为赋范空间，证明：当 X 为有限维空间时，X^* 也是有限维空间；当 X 为无限维空间时，X^* 也是无限维空间。

6-2 试求下列定义在 l^p 上的线性算子的共轭算子：

(1) $T\{x_1,x_2,\cdots\}=\{0,x_1,x_2,\cdots\}$；

(2) $T\{x_1,x_2,\cdots\}=\{\alpha_1x_1,\alpha_2x_2,\cdots\}$，其中 $\{\alpha_k\}$ 是有界数列；

(3) $T\{x_1,x_2,\cdots\}=\{x_1,x_2,\cdots,x_n,0,\cdots\}$，其中 n 是给定的。

6-3 定义算子 $T:l^2\to l^2$ 为

$$T(x_1,x_2,\cdots)=\left(x_1,\frac{x_2}{2},\cdots,\frac{x_n}{n},\cdots\right)$$

证明 T 是有界线性算子并求 T^*。

6-4 设 X 为一个 Banach 空间，线性算子 $A:X\to X$，$D(A)=X$，线性算子 $B:X^*\to X^*$，$D(B)=X^*$。如果

$$(Bf)(x)=f(Ax),\ \forall x\in X,f\in X^*$$

证明 A,B 都是有界线性算子。

6-5 设 $f\in\left(L^2[0,\pi]\right)^*$ 且 $\forall x\in L^2[0,\pi]$ 有 $f(x)=\int_0^{\pi}x(t)\sin(nt)\mathrm{d}t$，求 $\|f\|$。

6-6 证明自反的 Banach 空间 X 是可分的当且仅当 X^* 是可分的。

6-7 证明任何有限维赋范空间都是自反的。

6-8 证明：若 X 自反，则 X^* 也自反。

6-9 证明：任一自反空间的闭子空间是自反的。

6-10 设 $T:L^2[0,1]\to L^2[0,1]$ 由 $(Tx)(t)=tx(t)$ 定义，证明 T 是自伴算子。

6-11 设 $T:l^2\to l^2$ 由 $(\xi_1,\xi_2,\xi_3,\cdots)\to(0,0,\xi_3,\xi_4,\cdots)$ 定义，试问 T 有界吗？是自共轭的吗？

6-12 设 T 为有界线性算子，且 $\|T\| \leqslant 1$，证明：

$$\{x : Tx = x\} = \{x : T^*x = x\}$$

6-13 设 H 是 Hilbert 空间，$T \in B(H)$。若对 $\forall x \in H$，$\mathrm{Re}\langle Tx, x\rangle = 0$，则 $T = -T^*$。

6-14 设 T 是 Hilbert 空间 H 中的自伴算子，存在 $T^{-1} \in B(H)$，证明 T^{-1} 也是自伴算子。

6-15 设 H 是 Hilbert 空间，$T \in B(H)$，$\{e_k\}$ 为 H 的完备标准正交基。证明：T 为自伴算子当且仅当

$$\langle Te_i, e_j\rangle = \langle e_i, Te_j\rangle, \quad i, j \in \mathbb{Z}^+$$

6-16 设 $\alpha(t) \in C[0,1]$，定义

$$T : L^2[0,1] \to L^2[0,1], \quad Tx(t) = \alpha(t)x(t),\ x \in L^2[0,1]$$

则 T 为自伴算子当且仅当 $\alpha(t)$ 是实值函数。

6-17 证明 $C[a,b]$ 中点列 $\{x_n\}$ 弱收敛于 x 的充要条件是 $\exists M > 0$，使得 $\|x_n\| \leqslant M\ (\forall n \in \mathbb{Z}^+)$，并且 $\lim\limits_{n\to\infty} x_n(t) = x(t), \forall t \in [a,b]$。

6-18 证明 l^1 中任何弱收敛的点列必是强收敛的。

6-19 设 X 是 Banach 空间，X^* 是共轭空间。若 $x_n \to x$ 且 $f_n \xrightarrow{w*} f\ (n \to \infty)$，证明 $f_n(x_n) \to f(x)\ (n \to \infty)$。

6-20 若 $x_n \xrightarrow{w} x$ 且 $T \in B(X,Y)$，证明 $Tx_n \xrightarrow{w} Tx\ (n \to \infty)$。

6-21 证明：在 Hilbert 空间中

$$x_n \to x \Leftrightarrow x_n \xrightarrow{w} x, \|x_n\| \to \|x\|\ (n \to \infty)$$

6-22 证明：在 Hilbert 空间中

$$x_n \to x_0, y_n \xrightarrow{w} y_0 \Rightarrow (x_n, y_n) \to (x_0, y_0)$$

6-23 设 X 为赋范空间，$x, y \in X$，若对 $\forall f \in X^*$，有 $f(x) = f(y)$。证明 $x = y$。

6-24 设 X 是 Hilbert 空间，固定 $y \in X$，定义

$$f : x \to \langle x, y\rangle, \quad \forall x \in X$$

证明 $f \in X^*$ 并且 $\|f\| = \|y\|$。

6-25 设 H 是 Hilbert 空间，$\psi : H \times H \to \mathbb{C}$ 为有界共轭双线性泛函，且存在 $\delta > 0$，满足 $\forall x \in H$, $\psi(x, x) \geqslant \delta \|x\|^2$。证明：存在 $T \in B(H)$，使得 T^{-1} 存在，且 $\|T^{-1}\| \leqslant \delta^{-1}$；进一步，还有 $\psi(x, y) = \langle x, Ty \rangle$，$\forall x, y \in H$。

第7章

线性算子的谱理论

我们在线性代数中学过了矩阵的特征值与特征向量的基本理论，现在把这两个概念推广到无限维 Banach 空间，建立线性算子的谱理论。线性算子的谱理论无论是在基础研究还是在应用研究中均占据着重要的位置，谱理论对于了解和刻画线性算子是十分重要的。线性算子的谱从本质上刻画了线性算子的作用方式，反映了线性算子有没有逆算子，在什么范围中有逆算子，逆算子是否连续等一系列问题。对于有限维空间 X 上的线性算子 T，T 的谱点就是特征值，空间 X 按这些特征值可以分解成若干关于这个算子的不变子空间，特征值刻画了有限维空间上线性算子的基本性质。在无穷维空间，我们也试图按照线性算子谱的性质把空间加以分解。

线性算子谱理论是泛函分析中最优美的部分，其内容非常丰富，而且与线性微分方程和线性积分方程理论有着紧密的联系。通过对算子谱的研究不但可以了解算子本身的结构，从而刻画相应方程解的结构，而且在现代工程中求振动的频率、判定系统的稳定性都与相应算子的谱及其分布有关。本章学习有界线性算子谱的概念，并简单介绍自伴算子和紧算子的谱理论。

7.1 谱集和正则集

研究线性算子的谱理论，一般考虑复的 Banach 空间。本章总假设 X 是非零的复可分的 Banach 空间，I 是 X 上的恒等算子。在研究线性代数方程、微分方程、积分方程与变分问题中，很多问题可以转化为如下形式的算子方程

$$(\lambda I - T)x = y \tag{7.1}$$

以及相应的齐次方程

$$(\lambda I - T)x = 0 \tag{7.2}$$

其中，$T : D(T) \to X$ 是给定的一个线性算子，定义域 $D(T)$ 和值域 $R(T)$ 都在空间 X 中，λ 是一个复数。因此，要进一步研究带参数的方程式 (7.1) 和式 (7.2) 解的存在性、唯一性和稳定性，就等价于算子 $\lambda I - T$ 是否有定义在整个空间 X 上的（有界）逆算子。

考虑 $T_\lambda \triangleq \lambda I - T$，其中 λ 是一个复数。λ 取什么值时 T_λ 有逆算子？当 T_λ 有逆算子 T_λ^{-1} 时，T_λ^{-1} 有何性质？这些问题是谱理论所关心的基本问题。在有限维空间，对于 $T_\lambda x = 0$ 只有两种可能：

(1) $T_\lambda x = 0$ 有非零解，即 λ 是 T 的特征值；

(2) $T_\lambda x = 0$ 无非零解，即 λ 是 T 的正则点。

但在无限维空间，情况要复杂得多。以下根据 $T_\lambda = \lambda I - T$ 的不同情况，给出谱点和正则点的定义。

定义 7.1 设 $T \in B(X)$，λ 是一个复数。

(1) 称 λ 为 T 的**正则点**，如果 T_λ 的值域 $R(T_\lambda)$ 在 X 中稠密，并且 T_λ 有有界的逆算子，即 $(\lambda I - T)^{-1} \in B(X)$。全体正则点的集合称为 T 的**正则集**或**预解集**，记为 $\rho(T)$。对 $\lambda \in \rho(T)$，称 $R_\lambda(T) \triangleq (\lambda I - T)^{-1}$ 为 T 的**预解式**。

(2) 如果 λ 不是 T 的正则点，则称 λ 为 T 的**谱点**。全体谱点的集合记为 $\sigma(T)$，称为 T 的**谱集**。

由定义 7.1 可知，正则集的补集是谱集，即 $\sigma(T) = \mathbb{C}\backslash\rho(T)$。还可以对 T 的谱集做进一步的分类。

定义 7.2 设 $\sigma(T)$ 是线性算子 T 的谱集。

(1) λ 称为 T 的**点谱**，如果方程 $T_\lambda x = 0$ 有非零解 (T_λ 不是一一映射)，点谱的全体记为 $\sigma_p(T)$。

(2) λ 称为 T 的**连续谱**，如果方程 $T_\lambda x = 0$ 只有零解 (T_λ 是一一映射)，T_λ 的值域在 X 中稠密，但是它的逆算子是不连续的。连续谱的全体记为 $\sigma_c(T)$。

(3) λ 称为 T 的**剩余谱**，如果方程 $T_\lambda x = 0$ 只有零解 (T_λ 是一一映射)，但 T_λ 的值域 在 X 中不稠密。剩余谱的全体记为 $\sigma_r(T)$。

显然，$\sigma_p(T),\sigma_c(T),\sigma_r(T)$ 和 $\rho(T)$ 是互不相交的 (见图 7.1)，并且

$$\sigma_p(T)\cup\sigma_c(T)\cup\sigma_r(T)\cup\rho(T)=\mathbb{C}$$

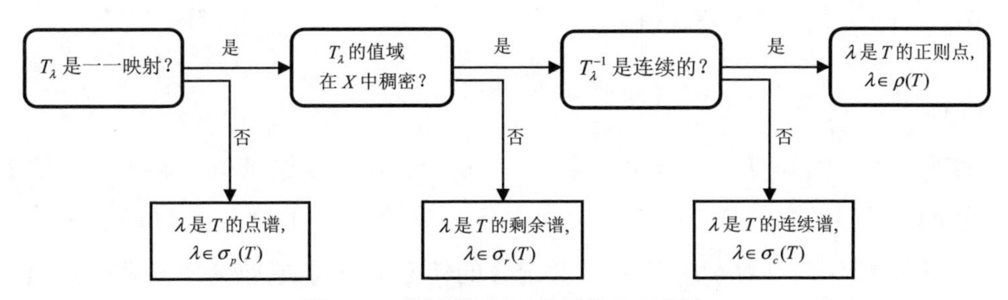

图 7.1 线性算子 T 的谱点和正则点

定理 7.1 设 H 是 Hilbert 空间，$T\in B(H)$，则

$$\sigma\left(T^*\right)=\{\bar{\lambda}\in\mathbb{C}:\lambda\in\sigma(T)\}$$

证明 由于 $\left(T^*\right)^{-1}=\left(T^{-1}\right)^*$，于是对于 $\lambda\in\rho(T)$

$$R_{\bar{\lambda}}\left(T^*\right)=\left(\bar{\lambda}I-T^*\right)^{-1}=\left[(\lambda I-T)^{-1}\right]^*=\left(R_\lambda(T)\right)^*$$

即 $\bar{\lambda}\in\rho\left(T^*\right)$。反之 $\bar{\lambda}\in\rho\left(T^*\right)$，$\lambda\in\rho\left(T^{**}\right)=\rho(T)$。■

注记 7.1 Hilbert 空间中共轭算子 T^* 的谱集与 T 的谱集关于 X 轴对称，这从一个侧面反映了共轭算子的某种对称性。

定义 7.3 $\lambda\in\sigma_p(T)$，λ 也称为 T 的**特征值**；$T_\lambda x=0$ 的非零解 x 称为 T 对应于特征值 λ 的**特征向量**。

例 7.1 设 $\boldsymbol{A}$ 是 n 维复数域 $\mathbb{C}^n$ 到 $\mathbb{C}^n$ 上的线性变换，则 $\boldsymbol{A}\in B(\mathbb{C}^n)$ 是 n 阶方阵。由线性代数知识，对任意 $\lambda\in\mathbb{C}^n$，$\boldsymbol{A}-\lambda\boldsymbol{I}$ 是可逆的当且仅当 $\boldsymbol{A}-\lambda\boldsymbol{I}$ 的行列式不为零。当 $\boldsymbol{A}-\lambda\boldsymbol{I}$ 的行列式为零时，则存在非零向量 $\boldsymbol{x}$，使得 $(\boldsymbol{A}-\lambda\boldsymbol{I})\boldsymbol{x}=0$，即 $\boldsymbol{A}\boldsymbol{x}=\lambda\boldsymbol{x}$，$\lambda$ 是 $\boldsymbol{A}$ 的特征值，$\boldsymbol{x}$ 是对应的特征向量。因此 $\sigma(\boldsymbol{A})=\sigma_p(\boldsymbol{A})$ 是有限集合。进而，如果 T 是有限维 Banach 空间 X 到 X 上的有界线性算子，则 T 的谱中只包含 T 的特征值。

在有限维空间中，线性算子 T 的谱集只有点谱，没有连续谱和剩余谱，即 $\sigma_c(T)=\sigma_r(T)=\emptyset$。但是在无穷维空间，$\sigma_c(T)$、$\sigma_r(T)$ 可以不是空集。

例 7.2 在 Hilbert 空间 $H=l^2$ 上，定义右移算子 $T:l^2\to l^2$

$$T:(x_1,x_2,\cdots)\to(0,x_1,x_2,\cdots)$$

其中 $x=(x_1,x_2,\cdots)\in l^2$。由于

$$\|Tx\|^2=\sum_{i=1}^{\infty}|x_i|^2=\|x\|^2$$

有 $\|T\|=1$。因为 $Tx=0$ 意味着 $x=\theta$，即 0 不是特征值。显然，T 的值域 $R(T)=\{(y_1,y_2,\cdots)\in l^2:y_1=0\}$ 在 H 中不稠密，于是 $0\in\sigma_r(T)$。

T_λ 的零空间 $N(\lambda I-T)$ 称为 T 关于 λ 的**特征子空间**，它包括零元素和 T 的全体关于 λ 的特征元素。对于 $\lambda\in\sigma_p(T)$，$T_\lambda x=0$ 的非零解 x 必须属于 $D(T)\subset X$，这在无穷维空间是十分重要的。对于 T 的特征值，有如下基本性质。

定理 7.2 设 X 是Banach空间，$T\in B(X)$。

(1) 如果 $\lambda\in\sigma_p(T)$，则特征元素空间 $\{x\in X:(\lambda I-T)x=0\}$ 是 X 的闭子空间。

(2) 如果 $\lambda_1,\lambda_2,\cdots,\lambda_n$ 是线性算子 T 的 n 个互不相同的特征值，$x_1,x_2,\cdots,x_n$ 是对应的特征元素，则 $x_1,x_2,\cdots,x_n$ 是线性无关的。

证明 (1) $N(\lambda I-T)=\{x\in X:(\lambda I-T)x=0\}$ 正好是 λ 的特征子空间，因而是闭子空间。

(2) 反证法。假如 $x_1,x_2,\cdots,x_n$ 是线性相关的，设 x_m 是第一个可以由前面特征元素表示的空间中的点，即

$$x_m=\alpha_1x_1+\alpha_2x_2+\cdots+\alpha_{m-1}x_{m-1}$$

由于 $x_1,x_2,\cdots,x_m$ 是特征元素，故

$$0=(\lambda_mI-T)x_m=\alpha_1(\lambda_m-\lambda_1)x_1+\cdots+\alpha_{m-1}(\lambda_m-\lambda_{m-1})x_{m-1}$$

又由于 $\lambda_m\neq\lambda_i(i=1,2,\cdots,m-1)$，$x_1,x_2,\cdots,x_{m-1}$ 是线性无关的，推出 $\alpha_1=\cdots=\alpha_{m-1}=0$ 与 $x_m\neq0$ 矛盾。 ■

当 T 是闭算子，特别是有界线性算子时，有以下结论。

定理 7.3 设 X 是 Banach 空间，T 是从 $D(T)\subset X$ 到 X 的闭算子，那么对于 $\forall\lambda\in\rho(T)$，$(\lambda I-T)^{-1}$ 是一个定义在全空间上的有界线性算子。

证明　$\forall y \in X$，由于 $R(\lambda I - T)$ 在 X 中稠，所以存在 $\{x_n\} \subset D(T)$，使得

$$\lim_{n\to\infty} (\lambda I - T)x_n = y \tag{7.3}$$

因此 $\{(\lambda I - T)x_n\}$ 是 Cauchy 列。

由于 $\lambda \in \rho(T)$，故 $(\lambda I - T)^{-1}$ 是有界的，存在一个正数 $m > 0$，使得

$$\|(\lambda I - T)x\| \geqslant m\|x\|, \forall x \in D(T)$$

由上式知，$\{x_n\}$ 也是 Cauchy 列。因为 X 是 Banach 空间，所以存在 $x \in X$，$\lim\limits_{n\to\infty} x_n = x$。由于 T 是闭算子，结合式 (7.3) 有，$x \in D(T)$，$(\lambda I - T)x = y$，即 $R(\lambda I - T) = X$。 ■

注记 7.2　当 T 是闭算子时，$\lambda \in \rho(T)$ 当且仅当

$$R(\lambda I - T) = X \text{ 且 } (\lambda I - T)^{-1} \in B(X)$$

7.2　有界线性算子的谱理论

本节介绍有界线性算子谱集合的性质，将证明：有界线性算子的谱集非空，且是复数域 $\mathbb{C}$ 中的有界闭集 (紧集)。

定理 7.4　设 X 是 Banach 空间，$T \in B(X)$。如果 $\|T\| < 1$，则 $(I-T)^{-1} \in B(X)$，并且

$$(I - T)^{-1} = \sum_{n=0}^{\infty} T^n$$

$$\left\|(I - T)^{-1}\right\| \leqslant \frac{1}{1 - \|T\|}$$

定理详细证明可参阅文献 [4] 中 6.2 节。

定理 7.5　若 X 是 Banach 空间，$T \in B(X)$，则 $\sigma(T)$ 是有界集。

证明　对于 $|\lambda| > \|T\|$，显然有 $\left\|\frac{1}{\lambda}T\right\| < 1$。由定理 7.4，$I - \frac{1}{\lambda}T$ 有有界的逆算子

$$\begin{aligned}(\lambda I - T)^{-1} &= \frac{1}{\lambda}\left(I - \frac{T}{\lambda}\right)^{-1} \\ &= \frac{1}{\lambda}\sum_{n=0}^{\infty}\left(\frac{T}{\lambda}\right)^n = \sum_{n=0}^{\infty}\lambda^{-n-1}T^n\end{aligned} \tag{7.4}$$

再由定理 7.4 知

$$\left\|\sum_{n=0}^{\infty}\left(\frac{T}{\lambda}\right)^n\right\| \leqslant \frac{1}{1-\dfrac{\|T\|}{|\lambda|}} = \frac{|\lambda|}{|\lambda|-\|T\|}$$

于是

$$\left\|(\lambda I-T)^{-1}\right\| \leqslant \frac{1}{|\lambda|-\|T\|}$$

即 $(\lambda I-T)^{-1}\in B(X)$。综上，当 $|\lambda|>\|T\|$ 时，$\lambda\in\rho(T)$，这意味着：若 $\lambda\in\sigma(T)$，必有 $|\lambda|\leqslant\|T\|$，即 $\sigma(T)$ 是有界集。证毕。 ■

定理 7.6 若 X 是 Banach 空间，$T\in B(X)$，则 $\sigma(T)$ 非空。

详细证明可参阅文献 [4] 中定理 6.2.6 的证明。

定理 7.7 设 X 是 Banach 空间，$T\in B(X)$，则 $\sigma(T)$ 是闭集。

证明 只需证明 $\rho(T)$ 是开集。设 $\lambda_0\in\rho(T)$

$$\lambda I-T=(\lambda-\lambda_0)I-(\lambda_0 I-T)=-(\lambda_0 I-T)\left[I-(\lambda-\lambda_0)(\lambda_0 I-T)^{-1}\right]$$

当 $|\lambda-\lambda_0|<\|(\lambda_0 I-T)^{-1}\|^{-1}$ 时，$\|(\lambda-\lambda_0)(\lambda_0 I-T)^{-1}\|<1$，故 $I-(\lambda-\lambda_0)(\lambda_0 I-T)^{-1}$ 是有界可逆的，从而 $\lambda I-T$ 是有界可逆的，即 $\lambda\in\rho(T)$。因此，λ_0 是 $\rho(T)$ 的内点。由 λ_0 的任意性，$\rho(T)$ 是开集。 ■

定义 7.4 设 X 是 Banach 空间，$T\in B(X)$，称数

$$r_\sigma(T)=\sup\{|\lambda|:\lambda\in\sigma(T)\}$$

为算子 T 的**谱半径**。

由定理 7.5 的证明，显然有 $r_\sigma(T)\leqslant\|T\|$。

定理 7.8 设 X 是 Banach 空间，$T\in B(X)$，则

$$r_\sigma(T)=\lim_{n\to\infty}\|T^n\|^{\frac{1}{n}}=\inf_{n\in\mathbb{Z}^+}\|T^n\|^{\frac{1}{n}}$$

这个公式的证明需用到算子值解析函数的基本定理，故省略证明。

例 7.3 考虑乘法算子：$Tx(t)=tx(t)$。求证下列命题成立：

(1) 若 $T\in B\left(C[0,1],C[0,1]\right)$，则 $\sigma(T)=\sigma_r(T)=[0,1]$；

(2) 若 $T\in B\left(L^2[0,1],L^2[0,1]\right)$，则 $\sigma(T)=\sigma_c(T)=[0,1]$。

证明 (1) 若 $\lambda \notin [0,1]$，则 $R_\lambda(T)x(t)=(\lambda-t)^{-1}x(t)$，而且

$$\|R_\lambda(T)\| = \left(\inf_{t\in[0,1]}|\lambda-t|\right)^{-1} > 0$$

因此 $\lambda \in \rho(T)$。

若 $\lambda \in [0,1]$，由 $(\lambda I-T)x(t)=(\lambda-t)x(t), x\in C[0,1]$ 可知，当 $t=\lambda$ 时，$(\lambda-t)x(t)=0$。因此，当 x 跑遍 $C[0,1]$ 时，$(\lambda-t)x(t)$ 的全体组成的集合在 $C[0,1]$ 中不稠密，即 $\overline{R(\lambda I-T)} \notin C[0,1]$。

此外，若存在 $x_0\in C[0,1]$ 使得 $(\lambda I-T)x_0(t)=(\lambda-t)x_0(t)=0$，则当 $t\neq\lambda$ 时 $x_0(t)=0$，再由连续性得 $x_0(\lambda)=0$，故 $\lambda\notin\sigma_p(T)$。因此，$\sigma(T)=\sigma_r(T)=[0,1]$。

(2) 当 $\lambda\notin[0,1]$ 时，有 $R_\lambda(T)x(t)=(\lambda-t)^{-1}x(t)$，且有

$$\|R_\lambda(T)\| \leqslant \left(\inf_{t\in[0,1]}|\lambda-t|\right)^{-1}$$

当 $\lambda\in[0,1]$ 时，易证 $\lambda I-T$ 是单射。因为 $(\lambda-t)^{-1}\notin L^2[0,1]$，因此 $u(t)\equiv 1\notin R(\lambda I-T)$，故 $\lambda I-T$ 的值域不是全空间。

进一步，$\forall x\in L^2[0,1]$，令

$$x_n(t)=\begin{cases}(\lambda-t)^{-1}x(t), & t\notin\left[\lambda-n^{-1},\lambda+n^{-1}\right]\cap[0,1]\\ 0, & t\in\left[\lambda-n^{-1},\lambda+n^{-1}\right]\cap[0,1]\end{cases}$$

则 $x_n\in L^2[0,1]$。此时，若令

$$y_n(t)=(\lambda I-T)x_n(t)=\begin{cases}x(t), & t\notin\left[\lambda-n^{-1},\lambda+n^{-1}\right]\cap[0,1]\\ 0, & t\in\left[\lambda-n^{-1},\lambda+n^{-1}\right]\cap[0,1]\end{cases}$$

则有 $y_n\in L^2[0,1]$，而且 $\|y_n-x\|\to 0\ (n\to\infty)$。因此，$\overline{R(\lambda I-T)}=L^2[0,1]$，而且 $\lambda\notin\sigma_p(T)$。于是，得 $\sigma(T)=\sigma_c(T)=[0,1]$。证毕。 ■

例 7.4 考虑 Volterra 积分方程

$$\lambda x(t)-\int_a^t K(t,s)x(s)\mathrm{d}s=v(t),\quad t\in[a,b] \tag{7.5}$$

其中 $x,v\in X=C[a,b],\lambda\in\mathbb{C}$，$K(t,s)$ 在 $[a,b]\times[a,b]$ 可测，并且满足 $\sup_{a\leqslant t,s\leqslant b}|K(t,s)|=M<+\infty$。当给定 λ 和 v 时，方程是否有解并且唯一？

解 下面利用有界线性算子谱理论进行研究。首先，定义算子 $T:X\to X$ 为

$$(Tx)(t)=\int_a^t K(t,s)x(s)\mathrm{d}s,\quad t\in[a,b]$$

因为

$$\begin{aligned}\|Tx\|&=\max_{t\in[a,b]}|(Tx)(t)|\\&=\max_{t\in[a,b]}\left|\int_a^t K(t,s)x(s)\mathrm{d}s\right|\\&\leqslant(b-a)M\|x\|\end{aligned}$$

所以 $T\in B(X)$。定义 $T^n:X\to X$ 为

$$(T^n x)(t)=\int_a^t K_n(t,s)x(s)\mathrm{d}s,\quad t\in[a,b],\ n\in\mathbb{Z}^+$$

其中 $K_n(t,s)$ 定义为

$$K_n(t,s)=\begin{cases}\displaystyle\int_a^b K(t,r)K_{n-1}(r,s)\mathrm{d}r, & a\leqslant s\leqslant t\leqslant b\\ 0, & \text{其他}\end{cases}$$

其次, 利用数学归纳法证明

$$\int_a^t |K_n(t,s)|\,\mathrm{d}s\leqslant\frac{M^n(t-a)^n}{n!}\tag{7.6}$$

因为

$$\int_a^t |K_1(t,s)|\,\mathrm{d}s\leqslant M(t-a)$$

另设式 (7.6) 成立，则

$$\begin{aligned}\int_a^t |K_{n+1}(t,s)|\,\mathrm{d}s&=\int_a^t\left|\int_a^t K(t,r)K_n(r,s)\mathrm{d}r\right|\mathrm{d}s\\&\leqslant\int_a^t\int_a^t |K(t,r)|\,|K_n(r,s)|\,\mathrm{d}r\ \mathrm{d}s\\&=\int_a^t\int_a^t |K(t,r)|\,|K_n(r,s)|\,\mathrm{d}s\ \mathrm{d}r\\&\leqslant M\int_a^t\frac{M^n(r-a)^n}{n!}\mathrm{d}r\\&=\frac{M^{n+1}(t-a)^{n+1}}{(n+1)!}\end{aligned}$$

所以式 (7.6) 成立，从而有

$$
\begin{aligned}
\|T^n\| &= \sup_{\|x\|=1} \|T^n x\| \\
&= \sup_{\|x\|=1} \max_{t\in[a,b]} \left| \int_a^t K_n(t,s)x(s)\mathrm{d}s \right| \\
&\leqslant \max_{t\in[a,b]} \left| \int_a^t K_n(t,s) \right| \mathrm{d}s \\
&\leqslant \frac{M^n(b-a)^n}{n!}
\end{aligned}
$$

由谱半径定理知, T 的谱半径为

$$
r_\sigma(T) = \lim_{n\to+\infty} \sqrt[n]{\|T^n\|} \leqslant \lim_{n\to+\infty} \frac{M(b-a)}{\sqrt[n]{n!}} = 0
$$

因此，$\lambda = 0$ 是 T 的唯一谱点，$\lambda \neq 0$ 都是 T 的正则点。积分方程式 (7.5) 可以写为

$$
(\lambda I - T)x = v
$$

当 $\lambda \neq 0$ 时，$(\lambda I - T)^{-1} \in B(x)$，并且由定理 7.5 证明中式 (7.4) 知

$$
R_\lambda(T) = (\lambda I - T)^{-1} = \sum_{n=0}^{\infty} \frac{T^n}{\lambda^{n+1}}
$$

所以，方程式 (7.5) 有唯一解 $x = \sum\limits_{n=0}^{\infty} \dfrac{T^n}{\lambda^{n+1}} v$。 ♦

7.3 自伴算子的谱理论

自伴算子是 Hilbert 空间中一类十分重要的线性算子，它们是 $\mathbb{R}^n$ 空间上对称算子 (矩阵) 的推广。由于自伴算子有着某种对称性，自伴算子的谱都是实的，它的不同特征值对应的特征元素相互正交，自伴算子有着重要的应用背景。近代量子力学中的一些问题可以应用自伴算子理论来研究。

定理 7.9 T 是 Hilbert 空间 H 上的自伴算子，$\mu \neq \lambda$，则零空间 $N(\lambda I - T)$ 和 $N(\mu I - T)$ 相互正交。

证明 令 $x \in N(\lambda I - T)$, $y \in N(\mu I - T)$，由于 $\langle Tx, y\rangle = \langle x, T^*y\rangle = \langle x, Ty\rangle$，所以 $\langle \lambda x, y\rangle = \langle x, \bar{\mu} y\rangle$，进而 $(\lambda - \mu)\langle x, y\rangle = 0$。又因为 $\mu \neq \lambda$，所以 $\langle x, y\rangle = 0$。■

定理 7.10 设 T 是 Hilbert 空间 H 上的自伴算子，则 $\forall x \in H$，有

$$\|(T-\lambda I)x\| = \|(T-\bar{\lambda} I)x\|$$

证明 由于 $T = T^*$，所以 $\forall x \in H$

$$\begin{aligned}\langle (T-\lambda I)x, (T-\lambda I)x\rangle =& \langle (T-\bar{\lambda} I)(T-\lambda I)x,\ x\rangle \\ =& \left\langle \left(T^2-\lambda T-\bar{\lambda}T+|\lambda|^2\right)x,\ x\right\rangle \\ =& \langle (T-\lambda I)(T-\bar{\lambda} I)x,\ x\rangle \\ =& \langle (T-\bar{\lambda} I)x,\ (T-\bar{\lambda} I)x\rangle\end{aligned}$$

即

$$\|(T-\lambda I)x\| = \|(T-\bar{\lambda} I)x\|, \quad \forall x \in H$$ ■

定理 7.11 T 是 Hilbert 空间 H 上的自伴算子，则 T 的剩余谱是空集。

证明 设 λ 不是 T 的特征值，由于 T 是自共轭的，根据定理 7.10 知，$\bar{\lambda}$ 不是 T 的特征值，即 $N(\bar{\lambda} I - T) = \{\theta\}$。由定理 6.7 可得

$$\{N(\bar{\lambda} I - T)\}^{\perp} = \overline{R(\lambda I - T)}$$

于是 $\overline{R(\lambda I - T)} = H$，这意味着 $R(\lambda I - T)$ 在 H 中稠密。由此可知，λ 不是 T 的剩余谱，即 T 的剩余谱是空集。 ■

注记 7.3 当 T 是自伴算子时，若 $\lambda \in \sigma(T)$，但 λ 不是特征值，则 $\lambda \in \sigma_c(T)$。

下面给出几个自伴算子谱集的性质，具体证明可参阅文献 [4, 12]。

定理 7.12 一个复数 λ 属于自伴算子 T 的谱集当且仅当 $\exists \{x_n\}$ 满足 $\|x_n\|=1$ 且 $\|(\lambda I - T)x_n\| \to 0\ (n \to \infty)$。

定理 7.13 设 T 是 Hilbert 空间 H 上的自伴算子，则谱半径 $r_\sigma(A) = \|T\|$。

定理 7.14 设 T 是正算子，则 T 是自伴的，且 $\sigma(T) \subset [0, \|T\|]$。

定理 7.15 自伴算子 T 的谱是实数集合的一个子集合，且

$$\sigma(T) \subset [-\|T\|, \|T\|]$$

注记 7.4 若 T 是 Hilbert 空间上的一个自伴算子，结合定理7.9和定理7.11有

(1) 对应于不同特征值的特征元素是相互正交的；

(2) $\sigma_r(T) = \emptyset$；

(3) $\sigma(T) \subset [-\|T\|, \|T\|] \subset \mathbb{R}$。

由定理 6.8，如果 T 是 Hilbert 空间 H 上的自伴算子，则 $\forall x \in H$，$\langle Tx, x\rangle$ 是实的。对于 T 的谱分布，我们可以有以下更精确的估计。

定理 7.16 设 T 是 Hilbert 空间 H 上的自伴算子，令

$$m = \inf_{\|x\|=1} \langle Tx, x\rangle, \quad M = \sup_{\|x\|=1} \langle Tx, x\rangle$$

则

$$\sigma(T) \subseteq [m, M]$$

证明 因为 T 是自伴算子，$\sigma(T)$ 在实轴上。下面证明对任意的实数 $c > 0$, $\lambda = M + c \in \rho(T)$。$\forall x \in H$, $x \neq 0$，令 $v = \dfrac{x}{\|x\|}$，则有

$$\langle Tx, x\rangle = \|x\|^2 \langle Tv, v\rangle \leqslant \|x\|^2 \sup_{\|u\|=1} \langle Tu, u\rangle = \langle x, x\rangle M$$

因此

$$\|(\lambda I - T)x\| \|x\| \geqslant \langle (\lambda I - T)x, x\rangle = \lambda \langle x, x\rangle - \langle Tx, x\rangle \geqslant (\lambda - M)\langle x, x\rangle = c\|x\|^2$$

其中 $c = \lambda - M > 0$。根据定理 7.12，$\lambda \in \rho(T)$。对于 $\lambda < m$，可以用类似的方法证明 $\lambda \in \rho(T)$。 ■

结合定理 6.8 有下述结论。

定理 7.17 设 T 是 Hilbert 空间 H 上的自伴算子，则

$$\|T\| = \max\{|m|, |M|\} = \sup_{\|x\|=1} |\langle Tx, x\rangle|$$

结合定理 7.13 有下述结论。

命题 7.1 T 是 Hilbert 空间 H 上的自伴算子，则

$$r_\sigma(T) = \|T\| = \sup_{\|x\|=1} |\langle Tx, x\rangle|$$

进一步地有

定理 7.18 设 T 是 Hilbert 空间 H 上的自伴算子，m, M 同定理 7.16，则

$$m \in \sigma(T), \quad M \in \sigma(T)$$

根据定义 7.4 和命题 7.1，并结合 $\sigma(T)$ 是闭的，可以证明定理 7.18。

7.4 紧算子的谱理论

背景说明 在一般的 Banach 空间框架下，讨论一般的有界线性算子的谱理论，可供利用的工具及结构很少，因此讨论只能停留在高度不够而且深度也不够的层面上。数学家们引进紧算子的主要动机是希望所考虑的算子更加接近有限维空间上的线性算子 (可用矩阵表示)，从而能获得类似于矩阵特征值的精致结果。紧算子的系列深刻结论是由 Riesz (1918) 与 Schauder (1930) 两人获得的，因此传统上称其为 Riesz-Schauder 理论，这个理论是泛函分析中最激动人心的成果之一，它在积分方程理论研究中有广泛应用。

紧的线性算子是一类十分重要的有界线性算子，紧算子把有界集映成列紧集，紧的线性算子几乎可以看作有限维空间线性算子的一种推广。紧算子的结构，特别是谱分解的结构与有限维空间线性算子的谱分解结构十分相似。

7.4.1 紧算子的定义

设 X,Y 是赋范空间，$T\in B(X,Y)$。当 Y 是有限维空间时，T 将 X 中任一有界集映为 Y 中的列紧集；当 Y 是无穷维空间时，T 将 X 中任一有界集映为 Y 中的有界集，而不一定是列紧集。为了达到一个更接近于有限维空间情形的结果，可以在无穷维空间中引入一类重要的、具有良好性质的算子——紧算子。

定义 7.5 设 X,Y 是赋范空间，$T:X\to Y$ 为线性算子。如果 T 把 X 中任意有界集映成 Y 中的列紧集，则称 T 为**紧算子** (在自反空间中也称为**全连续算子**)。从 X 到 Y 的紧算子的全体记为 $C(X,Y)$。

定理 7.19 设 I 是无穷维赋范线性空间 X 上的恒等算子，则 I 不是紧算子。

证明 反证法。若 I 是紧算子，则对 X 中任一有界闭集 M，由于 $I(M)=M$，所以 M 为 X 中列紧的闭集，即 M 为 X 中紧集。由定理 3.13 知，X 是有限维赋范线性空间，这与题设矛盾，故 I 不是紧算子。 ■

定理 7.20 设 $T\in B(X,Y)$，且值域 $R(T)$ 为 Y 中有限维赋范线性子空间 (这样的算子称为**有限秩算子**)，则 T 是紧算子。

证明　设 M 为 X 中任一有界集，因为 T 是有界线性算子，所以 $T(M)$ 是有限维赋范线性子空间 $R(T)$ 中的有界集，从而 $T(M)$ 为 Y 中的列紧集，因此 T 为紧算子。 ■

例 7.5　定义积分算子 $T:C[a,b]\to C[a,b]$

$$(Tx)(t)=\int_a^b k(t,s)x(s)\mathrm{d}s,\quad x\in C[a,b]$$

其中 $k(t,s)$ 在 $[a,b]\times[a,b]$ 上连续，则 T 是紧算子。

证明　显然 T 是线性算子。设 $A\subset C[a,b]$ 且 A 有界，即存在常数 $L>0$，使得 $\|x\|\leqslant L,\ x\in A$。因 $k(t,s)$ 在 $[a,b]\times[a,b]$ 上连续，故 $k(t,s)$ 在 $[a,b]\times[a,b]$ 上有界。令 $M=\max\limits_{t,s\in[a,b]}|k(t,s)|$，那么 $\forall x\in A$

$$\begin{aligned}\|Tx\|&=\max_{t\in[a,b]}\left|\int_a^b k(t,s)x(s)\mathrm{d}s\right|\\&\leqslant\max_{t\in[a,b]}\int_a^b|k(t,s)x(s)|\mathrm{d}s\\&\leqslant ML(b-a)\end{aligned}$$

因此 $T(A)$ 一致有界。由于 $k(t,s)$ 在 $[a,b]\times[a,b]$ 上连续，则 $k(t,s)$ 关于 t 在 $[a,b]$ 上一致连续，即 $\forall\varepsilon>0$，$\exists\delta>0$，使得当 $|t_2-t_1|<\delta$ 时，有

$$|k(t_2,s)-k(t_1,s)|<\frac{\varepsilon}{L(b-a)},\quad s\in[a,b]$$

于是，$\forall x\in A$，当 $|t_2-t_1|<\delta$ 时，有

$$\|(Tx)(t_2)-(Tx)(t_1)\|\leqslant\int_a^b|k(t_2,s)-k(t_1,s)|\ \|x\|\mathrm{d}s<\varepsilon$$

故 $T(A)$ 等度连续。由 Arzela-Ascoli 定理 (定理2.11) 知，$T(A)$ 是列紧的，因此 T 为紧算子。 ■

例 7.6　设 $H=l^2$，K 是从 H 到 H 的线性算子，令 $y=Kx$，其中 $x=(x_1,x_2,\cdots)$，$y=(y_1,y_2,\cdots)$

$$y_n=\alpha_n x_n,\quad \alpha_n\in\mathbb{R},n=1,2,3,\cdots$$

则 K 是一个紧算子的充分必要条件是

$$\lim_{n\to\infty}\alpha_n=0\tag{7.7}$$

证明　必要性　假如K是紧的，但$\lim_{n\to\infty}\alpha_n\neq 0$，那么存在$\varepsilon>0$和$\{\alpha_n\}$的一个子列$\{\alpha_{n_k}\}$，使得$\forall k\in\mathbb{Z}^+$，有$|\alpha_{n_k}|\geqslant\varepsilon$，令

$$e_k=(\delta_{1n_k},\delta_{2n_k}\ \cdots)$$

其中δ_{ij}是 Kronecker 符号 (当$i=j$时，$\delta_{ij}=1$；当$i\neq j$时，$\delta_{ij}=0$)，则$\{e_k\}$是有界集，且

$$Ke_k=(\alpha_1\delta_{1n_k},\alpha_2\delta_{2n_k},\cdots)=(0,0,\cdots,\alpha_{n_k},0,\cdots),k=1,2,\cdots$$

于是对于$m\neq k$

$$\|Ke_m-Ke_k\|^2=|\alpha_{n_m}|^2+|\alpha_{n_k}|^2\geqslant 2\varepsilon^2$$

这与$\{Ke_k\}$是列紧集矛盾。

充分性　证明当式 (7.7) 成立时，对于$D=\{x\in H:\|x\|\leqslant 1\}$，$K(D)$是紧的。因$\{\alpha_n\}$收敛到零，故$\|Kx\|\leqslant\max_{n\in\mathbb{Z}^+}|\alpha_n|\,\|x\|$，即$K(D)$一致有界，且对于$\forall y\in K(D)$

$$\sum_{n=N}^{\infty}|y_n|^2=\sum_{n=N}^{\infty}|\alpha_nx_n|^2\leqslant\max_{N\leqslant n}|\alpha_n|^2\sum_{n=N}^{\infty}|x_n|^2\leqslant\max_{N\leqslant n}|\alpha_n|^2\to 0\ (N\to\infty)$$

故$\sum_{n=N}^{\infty}|y_n|^2$一致收敛到零，由 Arzela-Ascoli 定理 (定理2.11) 知，$K(D)$是l^2中的列紧集，即K是紧算子。■

例 7.7　考虑$L^2[a,b]$上的乘法算子

$$F:x\to f(t)x$$

其中$f(t)$是一个有界可测函数。显然F是一个有界线性算子，$\|F\|\leqslant\|f\|_\infty$，可以证明$F$是紧的线性算子当且仅当$f(t)$几乎处处等于零。

推论 7.1　有限维赋范空间上的线性算子是紧算子。

注记 7.5　赋范空间上的有界线性泛函是紧算子。这是因为有界线性泛函的值域在有限维空间$\mathbb{R}$中，从而是紧算子。

7.4.2　紧算子的性质

下面介绍紧算子的一些基本性质。

定理 7.21　设$T\in C(X,Y)$，则$T\in B(X,Y)$，即紧算子必为有界线性算子。

证明 由定义 7.5 知，对 X 中任一有界集 M，$T(M)$ 为 Y 中列紧集，而列紧集是有界集，故 $T(M)$ 是 Y 中的有界集，由定理 5.1 知，T 是有界线性算子。■

定理 7.22 设 X,Y 是赋范空间，线性算子 $T:X\to Y$ 的以下性质等价：

(1) $T:X\to Y$ 为紧算子；

(2) 对于 X 中的有界点列 $\{x_n\},\{Tx_n\}$ 有收敛子列；

(3) T 把 X 中的单位球 $B_1(\theta)=\{x\in X:\|x\|<1\}$ 映成 Y 中的列紧集。

证明 根据紧算子和列紧集的定义，(1) $\Leftrightarrow$ (2) 和 (1) $\Rightarrow$ (3) 显然成立。只需要证明 (3) $\Rightarrow$ (1)。设 $A\subset X$ 为有界集，即 $\exists M>0$ 使得

$$\|x\|<M,\quad \forall x\in A$$

设 $x_n\in A$，则有

$$\frac{1}{M}(Tx_n)=T\left(\frac{x_n}{M}\right)\in T\left(B_1(\theta)\right)$$

根据 $T\left(B_1(\theta)\right)$ 列紧，得到 $\dfrac{1}{M}(Tx_n)$ 存在子列 $\dfrac{1}{M}(Tx_{n_k})$，即 Tx_{n_k} 是 Tx_n 的收敛子列。故 $T:X\to Y$ 为紧算子。■

定理 7.23 设 X 是赋范空间，Y 是 Banach 空间，算子列 $T_n:X\to Y$ 为紧算子。若 $\|T_n-T\|\to 0\quad(n\to\infty)$，则 T 为紧算子。

证明 (1) 对于 X 中的任意有界点列 $\{x_n\}$，即 $\exists M>0$ 使得

$$\|x_n\|\leqslant M,\quad \forall n\in\mathbb{Z}^+$$

我们需要证明 $\{Tx_n\}$ 有收敛子列。

(2) 根据 T_1 为紧算子,从 $\{T_1x_n\}$ 中可选取收敛子列 $\{T_1x_n^{(1)}\}$;再根据 $\{x_n^{(1)}\}$ 为有界点列及 T_2 为紧算子,从 $\{T_2x_n^{(1)}\}$ 中可选取收敛子列 $\{T_2x_n^{(2)}\}$,并且 $\{T_1x_n^{(2)}\}$ 仍然收敛；继续这个步骤，得到 $\{x_n\}$ 的子序列的序列：

$$\begin{gathered}
x_1^{(1)},x_2^{(1)},x_3^{(1)},\cdots\\
x_1^{(2)},x_2^{(2)},x_3^{(2)},\cdots\\
x_1^{(3)},x_2^{(3)},x_3^{(3)},\cdots\\
\vdots\quad\ \vdots\quad\ \vdots\\
x_1^{(n)},x_2^{(n)},x_3^{(n)},\cdots
\end{gathered}$$

取对角线序列

$$x_1^{(1)}, x_2^{(2)}, x_3^{(3)}, \cdots, x_n^{(n)}, \cdots$$

则 $\forall k \in \mathbb{Z}^+$，$\{T_k x_n^{(n)}\}$ $(n \in \mathbb{Z}^+)$ 都收敛。

(3) 下证 $\{T x_n^{(n)}\}$ $(n \in \mathbb{Z}^+)$ 为 Cauchy 列。由于 $\|T_k - T\| \to 0 (k \to \infty)$，所以 $\forall \varepsilon > 0$，选取 $k \in \mathbb{Z}^+$ 使得

$$\|T_k - T\| < \frac{\varepsilon}{3M}$$

由于 $\{T_k x_n^{(n)}\}$ 收敛，所以 $\exists N \in \mathbb{Z}^+$，当 $m, n > N$ 时 $\left\|T_k x_n^{(n)} - T_k x_m^{(m)}\right\| < \dfrac{\varepsilon}{3}$，此时

$$\begin{aligned}
\left\|T x_n^{(n)} - T x_m^{(m)}\right\| &\leqslant \left\|T x_n^{(n)} - T_k x_m^{(m)}\right\| + \left\|T_k x_n^{(n)} - T_k x_m^{(m)}\right\| + \left\|T_k x_m^{(m)} - T x_m^{(m)}\right\| \\
&\leqslant \|T - T_k\| \left\|x_n^{(n)}\right\| + \frac{\varepsilon}{3} + \|T_k - T\| \left\|x_m^{(m)}\right\| \\
&< \frac{\varepsilon}{3M} \times M + \frac{\varepsilon}{3} + \frac{\varepsilon}{3M} \times M \\
&= \varepsilon
\end{aligned}$$

所以 $\{T x_n^{(n)}\}$ 为 Cauchy 列，再根据 Y 是 Banach 空间，得到 $\{T x_n^{(n)}\}$ 收敛，即 $\{T x_n\}$ 有收敛子列。 ■

注记 7.6 当 Y 是 Banach 空间时，由上述定理可知，紧算子空间 $C(X,Y)$ 是 Banach 空间 $B(X,Y)$ 的闭子空间，从而也是 Banach 空间。

定理 7.24 设 H 是 Hilbert 空间，$T_1 \in B(H)$，$T_2 \in B(H)$，则

(1) T_1 和 T_2 中有一个是紧的，那么 $T_1 T_2$ 是紧的；

(2) $T \in B(H)$，T 是紧的当且仅当 $T^* T$ 是紧的；

(3) $T \in B(H)$，T 是紧的当且仅当 T^* 是紧的。

定理的详细证明可参阅文献 [4]。

定理 7.25 设 $T \in B(X,Y)$，T 的值域 $R(T)$ 是有限维的，则 T 是紧算子。

证明 $M \subset X$ 是一个有界子集，由于 T 是有界线性算子，$\overline{T(M)}$ 是有界闭集，而 $R(T)$ 是有限维的，因此 $\overline{T(M)}$ 是紧的。 ■

注记 7.7 只要 X, Y 中有一个是有限维的，则 X 到 Y 的有界线性算子是紧的。

定理 7.26 设 X, Y, Z 是赋范空间，$T_1 \in B(X,Y)$，$T_2 \in B(Y,Z)$，并且 T_1，T_2

中至少有一个是紧算子，则算子 $T_2T_1 = T_2 \circ T_1 : X \to Z$ 为紧算子。

证明 不妨设 $T_1 \in B(X,Y)$ 为紧算子，则对于 X 中的有界集 A，$T_1(A)$ 为 Y 中的列紧集。再根据连续算子 T_2 把列紧集映成列紧集，所以 $T_2T_1(A)$ 为 Z 中列紧集。 ■

推论 7.2 在无穷维赋范空间中，紧算子不存在有界逆算子。

证明 设 $T \in C(X,Y)$，如果 T^{-1} 有界，由 $T^{-1}T = I$，根据定理 7.26 知，I 是紧的，与定理 7.19 矛盾。 ■

例 7.8 设 $k(\cdot,\cdot) \in L^2(\Omega)$，$\Omega = \{(t,s) : a \leqslant t \leqslant b, a \leqslant s \leqslant b\}$，则积分算子

$$(Kx)(t) = \int_a^b k(t,s)x(s)\mathrm{d}s,\ \ \forall x \in L^2[a,b]$$

是从 $L^2[a,b]$ 到 $L^2[a,b]$ 的紧算子。

证明 由于

$$\phi_n(t) = (b-a)^{-\frac{1}{2}} \exp\left(2\pi n \frac{t-a}{b-a}\mathrm{i}\right),\ n = 0, \pm 1, \pm 2, \cdots$$

是 $L^2[a,b]$ 的一组正交基，所以

$$\phi_{n,m}(t,s) = \phi_n(t)\overline{\phi_m(s)}$$

构成了 $L^2(\Omega)$ 的一组正交基，于是有

$$\|K_N - K\| \to 0 \quad (N \to \infty)$$

其中

$$K_N = \sum_{|n|,|m| \leqslant N} \langle k, \phi_{n,m}\rangle \phi_{n,m}$$

由于 $R(K_N)$ 是 $2N+1$ 维的，根据定理 7.25 得知，K 是紧的。 ■

注记 7.8 算子 K 称为 Hilbert-Schmidt 算子，这是一类重要的紧算子。

7.4.3 紧算子的谱和 Fredholm 抉择定理

紧算子的谱理论可以看作有限维空间的线性算子 (矩阵) 特征值理论的推广，它的许多结果是与有限维情况十分相近。紧算子的谱分解是相对简单的，而且是十分重要的。关于这方面的成果称为 Riesz-Schauder 理论，受篇幅所限，这里不加证明地只作简要介绍。有兴趣的读者可参阅文献 [17, 23]。

定理 7.27 设 X 是复 Banach 空间，$T \in C(X,X)$，即 T 为 X 上的紧算子，则

(1) 当 X 是无限维空间时，$0 \in \sigma(T)$；

(2) T 的非零谱点都是 T 的特征值；

(3) 设 $\lambda \neq 0$，$\lambda \in \sigma_p(T)$，则 T 的对应于 λ 的特征向量空间 $N(\lambda I - T)$ 是有限维的；

(4) 设 $\lambda_1, \lambda_2, \cdots, \lambda_n$ 是 T 的不同特征值，$x_1, x_2, \cdots, x_n$ 分别是 $\lambda_1, \lambda_2, \cdots, \lambda_n$ 对应的特征元素，那么 $x_1, x_2, \cdots, x_n$ 是线性无关的；

(5) T 的谱集 $\sigma(T)$ 要么是有限集，要么是仅以 0 为聚点的可数集；

(6) $\sigma(T^*) = \sigma(T)$，即 $\sigma(T^*) = \{\lambda : \lambda \in \sigma(T)\}$，且 T^* 与 T 的非零特征值相同；

(7) 设 $\lambda \in \sigma(T) = \sigma(T^*)$，且 $\lambda \neq 0$，那么对应的特征向量空间 $N(\lambda I - T)$ 与 $N(\lambda I - T^*)$ 具有相同的有限维数。

下面考虑 $\lambda = 0$ 的情况。如果 X 是有限维的，有两种可能，$0 \in \sigma(T) = \sigma_p(T)$ 或 $0 \in \rho(T)$。当 X 是无穷维时，$0 \in \sigma(T)$，并且下面三种情况

$$0 \in \sigma_p(T), 0 \in \sigma_r(T), 0 \in \sigma_c(T)$$

都有可能发生。以下三个例子说明这一点。

例 7.9 设 T 是从 l^2 到 l^2 的线性算子，定义为

$$Tx = \left(\frac{\xi_2}{1}, \frac{\xi_3}{2}, \frac{\xi_4}{3}, \cdots\right)$$

其中 $x = (\xi_1, \xi_2, \cdots) \in l^2$。由于 $\sum\limits_{n=1}^{\infty} \dfrac{1}{n^2} < \infty$，根据 Arzela-Ascoli 定理可以证明，T 把 l^2 中的有界集映成列紧集，即 T 是紧的线性算子。显然 $Tx = 0$ 有非零解，$x = (\xi_1, 0, 0, \cdots)$，其中 $\xi_1 \neq 0$，即 $0 \in \sigma_p(T)$。

例 7.10 设 T 是从 l^2 到 l^2 的线性算子，定义为

$$Tx = \left(0, \frac{\xi_1}{1}, \frac{\xi_2}{2}, \frac{\xi_3}{3}, \cdots\right)$$

其中 $x = (\xi_1, \xi_2, \cdots) \in l^2$。显然 T 是紧算子，当 $\lambda \neq 0$ 时，$(\lambda I - T)x = 0$ 只有零解，即 $\lambda \notin \sigma_p(T)$ $(\lambda \neq 0)$。可以证明 $\sigma(T) = \sigma_r(T) = \{0\}$，即 T 没有特征值，且唯一的谱点 0 是 T 的剩余谱 (证明留给读者)。

例 7.11 设 T 是从 l^2 到 l^2 的线性算子，定义为

$$Tx = \left(\frac{\xi_1}{1}, \frac{\xi_2}{2}, \frac{\xi_3}{3}, \cdots\right)$$

其中 $x = (\xi_1, \xi_2, \cdots) \in l^2$。显然，$T$ 也是紧算子，当 $\lambda \neq \frac{1}{n}$，$n = 1, 2, \cdots$ 时，$\lambda \in \rho(T)$；而当 $\lambda = \frac{1}{n}$ 时，$\lambda \in \sigma_p(T)$。可以证明 $0 \in \sigma_c(T)$ (证明留给读者)。

紧线性算子最简单的情况就是有限维空间的线性变换。首先从线性方程组求解问题出发，导出或者说抽象出"Fredholm 抉择定理"。

例 7.12 考虑线性方程组 $\boldsymbol{A}\boldsymbol{x} = \boldsymbol{y}$:

$$\begin{cases} a_{11}x_1 + a_{12}x_2 + \cdots + a_{1n}x_n = y_1 \\ a_{21}x_1 + a_{22}x_2 + \cdots + a_{2n}x_n = y_2 \\ \qquad\cdots \\ a_{n1}x_1 + a_{n2}x_2 + \cdots + a_{nn}x_n = y_n \end{cases} \tag{7.8}$$

当 $\boldsymbol{y}$ 满足什么条件时，方程组式 (7.8) 有解？

记 $\boldsymbol{\alpha}_1 = [a_{11}, a_{21}, \cdots, a_{n1}]^\top$, $\boldsymbol{\alpha}_2 = [a_{12}, a_{22}, \cdots, a_{n2}]^\top$, $\cdots$, $\boldsymbol{\alpha}_n = [a_{1n}, a_{2n}, \cdots, a_{nn}]^\top$, $\boldsymbol{y} = [y_1, y_2, \cdots, y_n]^\top$，则方程组可以改写为

$$\boldsymbol{y} = \sum_{i=1}^{n} x_i \boldsymbol{\alpha}_i \tag{7.9}$$

即方程式 (7.8) 有解的充要条件为：$\boldsymbol{y}$ 可以写成 $\boldsymbol{\alpha}_1, \boldsymbol{\alpha}_2, \cdots, \boldsymbol{\alpha}_n$ 的线性组合。

下面换个角度考虑问题，研究 $\boldsymbol{y}$ 的正交补集。由式 (7.9) 知

$$\boldsymbol{z} \perp \boldsymbol{y} \Leftrightarrow \boldsymbol{z} \perp \boldsymbol{\alpha}_i \ (i = 1, 2, \cdots, n) \tag{7.10}$$

其中 $\boldsymbol{z} = [z_1, z_2, \cdots, z_n]^\top \in \mathbb{C}^n$。注意到

$$\boldsymbol{z} \perp \boldsymbol{\alpha}_i, \ i = 1, 2, \cdots, n \tag{7.11}$$

等价于

$$\begin{cases} \overline{a_{11}}z_1 + \overline{a_{21}}z_2 + \cdots + \overline{a_{n1}}z_n = 0 \\ \overline{a_{12}}z_1 + \overline{a_{22}}z_2 + \cdots + \overline{a_{n2}}z_n = 0 \\ \cdots \\ \overline{a_{1n}}z_1 + \overline{a_{2n}}z_2 + \cdots + \overline{a_{nn}}z_n = 0 \end{cases}$$

或

$$\boldsymbol{A}^*\boldsymbol{z}=\boldsymbol{0}$$

由条件式 (7.10) 有：为使方程组式 (7.8) 有解，$\boldsymbol{y}$ 应满足的充要条件为

$$\langle \boldsymbol{y},\boldsymbol{z}\rangle=0\text{ , 其中 }\boldsymbol{z}\text{ 是 }\boldsymbol{A}^*\boldsymbol{z}=0\text{ 的解} \tag{7.12}$$

从而，问题转化为研究 $\boldsymbol{y}$ 与共轭算子 $\boldsymbol{A}^*$ 的零空间的关系。

$\boldsymbol{A}$ 是有限维空间中线性算子，复平面上的点仅有两种选择：或者是 $\boldsymbol{A}$ 的正则点，或者是 $\boldsymbol{A}$ 的特征值。

(1) $\boldsymbol{A}\boldsymbol{x}=0$ 只有零解 $\Rightarrow$ $\boldsymbol{A}^*\boldsymbol{x}=0$ 也只有零解。$\forall \boldsymbol{y}\in\mathbb{C}^n$，式 (7.12) 成立，即对 $\forall \boldsymbol{y}\in\mathbb{C}^n$，方程组式 (7.8) 有唯一解。

(2) $\boldsymbol{A}\boldsymbol{x}=0$有非零解$\Rightarrow$ $\boldsymbol{A}^*\boldsymbol{x}=0$ 有非零解。方程组式 (7.8) 有解 $\Leftrightarrow$ $\boldsymbol{y}$与 $\boldsymbol{A}^*\boldsymbol{x}=0$ 的非零解正交。

我们希望把例 7.12 中的结论推广到无穷维空间中的紧算子 T 上。对于紧算子 T，复平面上的点 $\lambda\neq 0$，也是仅有两种选择：或者是 T 的正则点，或者是 T 的特征值。这就是下面著名的 Fredholm 抉择定理 (Fredholm Alternative Theorem)，详细证明可参阅文献 [4] 中定理 6.4.27。

定理 7.28 (**Fredholm 抉择定理**) 设 T 是 Hilbert 空间 H 上的紧算子，$\lambda\neq 0$，则

(1) 对任意的 $y\in H$，非齐次方程

$$(\lambda I-T)x=y \tag{7.13}$$

有唯一解的充要条件是齐次方程

$$(\lambda I-T)x=0 \tag{7.14}$$

没有非零解。

(2) 若方程式 (7.14) 有非零解，非齐次方程式 (7.13) 有解的充要条件是 y 与方程

$$\left(\bar{\lambda}I-T^*\right)x=0 \tag{7.15}$$

的所有解正交，即

$$y\perp N\left(\bar{\lambda}I-T^*\right)$$

注记 7.9 事实上，方程式 (7.14) 与式 (7.15) 有同样多的线性无关解，即

$$\dim N(\lambda I - T) = \dim N\left(\bar{\lambda} I - T^*\right)$$

例 7.13 考虑下列积分方程

$$x(t) = \int_0^1 k(t,s)x(s)\mathrm{d}s + y(t) \tag{7.16}$$

及其共轭方程

$$f(t) = \int_0^1 \overline{k(s,t)} f(s)\mathrm{d}s + g(t) \tag{7.17}$$

其中 $k(t,s) \in L^2(J)$，$J = \{(t,s) : 0 \leqslant t \leqslant 1, 0 \leqslant s \leqslant 1\}$，$x, y, f, g \in L^2[0,1]$。

设

$$Kx = \int_0^1 k(t,s)x(s)\mathrm{d}s$$

则 K 是一个从 $L^2[0,1]$ 到 $L^2[0,1]$ 的紧线性算子 (见例 7.8)。

$$K^* f = \int_0^1 \overline{k(s,t)} f(s)\mathrm{d}s$$

方程式 (7.16) 和式 (7.17) 成为

$$(I-K)x = y, \quad (I-K^*)f = g$$

根据 Fredholm 抉择定理 7.28，有

(1) 或者 $\forall y \in L^2[0,1]$，方程式 (7.16) 有唯一解 $x \in L^2[0,1]$；

(2) 或者 $y = 0$ 时，方程式 (7.16) 有非零解。

在第二种情况下，方程式 (7.16) 有解的充要条件是

$$\int_0^1 y(t)\overline{f(t)}\mathrm{d}t = 0$$

其中 $f(t)$ 是方程式 (7.17) 的齐次方程

$$\int_0^1 \overline{k(s,t)} f(s)\mathrm{d}s = 0$$

的解。

Fredholm 抉择定理给出的结论与代数方程组的结论相比较十分相似，但是这里没有用到行列式理论，相当于无限维的线性代数理论。文献 [7] 第 3 章给出了关于 Fredholm 抉择定理在椭圆型方程弱解存在性问题中的一个应用，有兴趣的读

者可参阅以体会该定理的魅力。

习题 7

7-1 设 X 为赋范空间，I 是 X 上的恒等算子，试求 $\sigma(I), \sigma_p(I), \rho(I)$。

7-2 设 T 是 Banach 空间 X 上的有界线性算子。证明：当 $|\lambda| \to \infty$ 时，$R_\lambda(T) \to 0$。

7-3 设 $X = C[0,1], T : u(t) \to t \cdot u(t)$，证明 T 有界且 $\sigma(T) = \sigma_r(T) = [0,1]$。

7-4 在 l^2 上定义有界线性算子 T 为

$$Tx = (x_2, x_3, \cdots), \quad \forall x = (x_1, x_2, \cdots) \in l^2$$

证明

$$\rho(T) = \{\lambda \in \mathbb{C} : |\lambda| > 1\}, \quad \sigma_p(T) = \{\lambda \in \mathbb{C} : |\lambda| < 1\}$$

7-5 设 X 是 Banach 空间，$\{T_n\} \subset B(X)$，$T \in B(X)$，$\|T_n - T\| \to 0$ $(n \to \infty)$。证明：如果 $\lambda_0 \in \rho(T)$，则当 n 充分大时，$\lambda_0 \in \rho(T_n)$，且

$$\lim_{n\to\infty} (\lambda_0 I - T_n)^{-1} = (\lambda_0 I - T)^{-1}$$

7-6 设 T 是 Banach 空间 X 上的有界线性算子，且 $T^2 = T$。证明：如果 $T \neq 0$ 且 $T \neq I$ 则 $\sigma(T) = \{0,1\}$。

7-7 在复 $C[0,1]$ 中考察积分算子

$$(Tx)(t) = \int_0^t x(s)\mathrm{d}s$$

试证明 $\rho(T) = \mathbb{C}\backslash\{0\}$ 且 $\sigma(T) = \sigma_r(T) = \{0\}$。

7-8 设数列 $a_n \to 0\ (n \to \infty), \forall x = (x_1, x_2, \cdots, x_n, \cdots) \in l^2$，定义

$$Tx = (a_1 x_1, a_2 x_2, \cdots, a_n x_n, \cdots)$$

证明 $T : l^2 \to l^2$ 为紧算子。

7-9 设 X 是 Banach 空间，$T \in B(X)$，$S \in B(X)$，且 $TS = ST$。证明：

$$r_\sigma(TS) = r_\sigma(ST) \leqslant r_\sigma(T) r_\sigma(S)$$

7-10 设 $\alpha(\cdot)$ 是定义在 $[a,b]$ 上的连续函数，问乘法算子 $(Tx)(t) = \alpha(t)x(t)$ 在 $C[a,b]$ 中有可能是紧算子吗？

7-11 证明按等式 $Jx=x$ 定义的嵌入算子 $J:C^1[a,b]\to C[a,b]$ 是紧算子，其中 $C^1[a,b]$ 中的范数定义为

$$\|x\|=\max_{a\leqslant t\leqslant b}|x'(t)|+\max_{a\leqslant t\leqslant b}|x(t)|,\quad \forall x\in C^1[a,b]$$

7-12 证明有界线性算子与紧算子的复合算子是紧算子。

7-13 设 $T:X\to Y$ 是紧算子，M 是 X 的线性子空间。证明 $T:M\to Y$ 是紧的。

7-14 设 $T:X\to X$ 是有界线性算子，并满足 $\|Tx\|\geqslant\alpha\|x\|$，$\forall x\in X$，其中 $\alpha>0$，证明 T 是紧的当且仅当 X 是有限维的。

7-15 定义算子 $T:l^2\to l^2$ 为

$$T(x_1,x_2,\cdots)=\left(x_1,\frac{x_2}{2},\cdots,\frac{x_n}{n},\cdots\right)$$

证明 T 是紧算子并求 $\sigma(T)$。

7-16 定义算子 $T:l^2\to l^2$ 为

$$T(x_1,x_2,\cdots)=\left(0,x_1,\frac{x_2}{2},\cdots,\frac{x_n}{n},\cdots\right)$$

证明 T 是紧算子并求 $\sigma(T)=\sigma_r(T)=\{0\}$。

7-17 设 X,Y 是 Banach 空间，其中 X 为自反空间，$T\in B(X,Y)$，算子 T 为紧算子的充要条件为

$$x_n\xrightarrow{w}x\Rightarrow Tx_n\to Tx$$

7-18 定义积分算子 $T:L^2(\Omega)\to L^2(\Omega)$

$$(Tx)(t)=\int_\Omega k(t,s)x(s)\mathrm{d}s,\quad x\in L^2(\Omega)$$

假定 Ω 是紧的，$k(t,s)$ 是连续的。证明：

(1) T 是紧算子；

(2) 存在与非零特征值相对应的连续的特征函数。

7-19 设 H 为复 Hilbert 空间，$T\in B(H)$ 为非零的紧自伴算子，证明 T 必有非零的特征值。

7-20 设 T 是赋范空间 X 上的紧算子，$\lambda\in\mathbb{C}$ 且 $\lambda\neq0$，T^* 是 T 的共轭算

子，证明：$\forall g \in X^*$，非齐次方程

$$(T^* - \lambda I^*) f = g$$

有唯一解 $f \in X^*$ 的充要条件是相应的齐次方程

$$(T^* - \lambda I^*) f = 0$$

只有零解，其中 I^* 是单位算子 I 的共轭算子。

第8章

线性算子半群及其应用

泛函分析是数学的一个抽象分支，其理论强有力地推动了现代物理学的发展。泛函分析的方法和工具可以分析描述具有无穷多自由度的力学系统，比如梁的振动问题。一般来说，从质点力学过渡到连续介质力学时，就要由有穷维系统过渡到无穷维系统。本章包含线性算子半群的基本内容及其在偏微分方程、无穷维系统中的一些应用，陆续介绍线性算子半群的基本性质、生成定理、著名的 Lumer-Phillips 定理以及在偏微分方程中的应用。线性算子半群的生成定理 (见 8.2.2 节) 是本章的核心，给出了线性算子 A 生成一个线性算子半群的等价刻画；Lumer-Phillips 定理在不借助预解式估计的情况下，刻画了压缩半群的生成，在抽象 Cauchy 问题求解中非常实用。

8.1 抽象 Cauchy 问题初探

在常微分方程中，借助于常微分方程的基本解和常数变异公式，可以给出非齐次常微分问题的通解公式，这对研究常微分方程的基本性质是非常重要的。

早在 1887 年，意大利数学家皮亚诺 (G. Peano, 1858—1932) 在研究线性常微分方程组的 Cauchy 问题

$$\begin{cases} \dfrac{\mathrm{d}u_i}{\mathrm{d}t} = \sum\limits_{j=1}^{n} a_{ij}u_j(t) + f_i(t), \quad i = 1, 2, \cdots, n \\ \boldsymbol{u}(0) = \boldsymbol{u}_0 \end{cases}$$

时，将上述方程组写成紧凑的矩阵形式：

$$\frac{\mathrm{d}\boldsymbol{u}}{\mathrm{d}t} = \boldsymbol{A}\boldsymbol{u} + \boldsymbol{f}$$

其中 $\boldsymbol{A}=(a_{ij})\in\mathbb{R}^{n\times n}$，$\boldsymbol{u}=[u_1,u_2,\cdots,u_n]^\top$，$\boldsymbol{f}=[f_1,f_2,\cdots,f_n]^\top$。在常微分方程理论中，该方程的解可以简洁表示为

$$\boldsymbol{u}(t)=\mathrm{e}^{t\boldsymbol{A}}\boldsymbol{u}_0+\int_0^t \mathrm{e}^{(t-s)\boldsymbol{A}}\boldsymbol{f}(s)\mathrm{d}s$$

特别地，相应的齐次方程解正好是 $\boldsymbol{u}=\mathrm{e}^{t\boldsymbol{A}}\boldsymbol{u}_0$。矩阵 $\boldsymbol{A}$ 可以视为 $\mathbb{R}^n$ 上的有界线性算子。矩阵指数函数 $\boldsymbol{T}(t)=\mathrm{e}^{t\boldsymbol{A}}$ 具有如下的性质：首先 $\forall t\geqslant 0$，$\boldsymbol{T}(t)$ 是一个有界线性算子，其次算子族 $\{\boldsymbol{T}(t):t\geqslant 0\}$ 具有以下三个性质：

(1) $\boldsymbol{T}(t+s)=\boldsymbol{T}(t)\boldsymbol{T}(s),\ \forall s,t\geqslant 0$;

(2) $\boldsymbol{T}(0)=\boldsymbol{I}$;

(3) $\forall \boldsymbol{x}\in\mathbb{R}^n, t\mapsto \boldsymbol{T}(t)\boldsymbol{x}$ 在区间 $[0,+\infty)$ 上连续可微，且 $\dfrac{\mathrm{d}}{\mathrm{d}t}\boldsymbol{T}(t)\boldsymbol{x}=\boldsymbol{A}\boldsymbol{T}(t)\boldsymbol{x}$。

性质 (1) 和 (2) 表明 $\boldsymbol{T}$ 是一个代数意义下的半群，而性质 (3) 表明 $\forall \boldsymbol{x}\in\mathbb{R}^n$，$\boldsymbol{T}(\cdot)\boldsymbol{x}:\mathbb{R}^n\to\mathbb{R}^n$ 是连续的向量值函数。

受上面例子的启发，本章将在 Banach 空间上讨论线性算子半群的基本理论。借助于线性算子半群，可以给出偏微分方程及泛函微分方程解的表达式，这种表达式在形式上类似于常微分方程的情形，从而我们可以在 Banach 空间上利用一种统一的方式来研究常微分方程、偏微分方程以及泛函微分方程，而这些方程都可以通过适当选取空间和定义算子而化为抽象 Cauchy 问题。这种抽象 Cauchy 问题与算子半群之间的密切联系正是算子半群产生和发展的原动力。基于此，我们先粗略了解一下抽象 Cauchy 问题与算子半群 (仅限于形式上了解) 的关系。

考虑抽象 Cauchy 问题：

$$\begin{cases}\dfrac{\mathrm{d}u(t)}{\mathrm{d}t}=Au(t),\ t>0\\ u(0)=u_0\end{cases}\tag{ACP}$$

其中，算子 $A:D(A)(\subset X)\to X$ 是 Banach 空间 X 上的线性算子。

定义 8.1 (**经典解**) 设 X 是 Banach 空间，$u_0\in X$，如果存在 $u\in C([0,\infty);X)$，使得 $u(t)$ 在 $(0,\infty)$ 上强连续可微，以及 $u(t)\in D(A)$，$\forall t\in(0,\infty)$，且满足方程(ACP)，则称 u 是方程(ACP)在 $[0,\infty)$ 上的经典解。

若设问题 (ACP) 有经典解，则形式上的解为 $u(t)=\mathrm{e}^{At}u_0$。若记 $T(t)=\mathrm{e}^{At}$ (A 有界时，意义明确，即为级数展开或用 Dunford-Schwartz 围道积分表示；A 无界时，这里不讨论)，则算子族 $\{T(t):t\geqslant 0\}$ 满足：

(1) $T(0)=I$；

(2) $T(t+s)=T(t)T(s),\ t,s\geqslant 0$；

(3) $t\mapsto T(t)u_0$ 在区间 $[0,+\infty)$ 上强连续。

此外

$$Au=\lim_{t\downarrow 0}\frac{T(t)u-u}{t}$$

上述 $\{T(t):t\geqslant 0\}$ 即为**强连续算子半群** (C_0 半群)，A 为其无穷小生成元。如果对任何初值 u_0，方程 (ACP) 存在连续依赖于初值 u_0 的唯一连续解 $u\in C([0,\infty);X)$，则方程 (ACP) 通过 $u(t)=T(t)u_0$ 与强连续算子半群 $T(t)$ 建立了自然联系。形式上，$T(t)u_0$ 就是问题 (ACP) 的解，所以算子半群 $T(t)$ 与问题 (ACP) 有紧密的联系。

很多具体的微分方程和定解条件一起可以化为上述抽象 Cauchy 问题 (ACP)，下面通过两个典型例子介绍如何化为抽象 Cauchy 问题。

例 8.1　(**热方程**) 设有界域 $\Omega\subset\mathbb{R}^n$，$\partial\Omega$ 表示 Ω 的边界。Ω 的闭包记为 $\bar{\Omega}=\Omega\cup\partial\Omega$。记 $\Delta=\sum\limits_{i=1}^{n}\dfrac{\partial^2}{\partial x_i^2}$ 为 Laplace 算子。$\mathbb{R}^n$ 中的点 $\boldsymbol{x}$ 表示为 $\boldsymbol{x}=[x_1,x_2,\cdots,x_n]^\top$，$x_i\in\mathbb{R}$ 是 $\boldsymbol{x}$ 的第 i 个分量。

下面考虑热方程的古典混合初-边值问题：

$$\begin{cases}\dfrac{\partial u(\boldsymbol{x},t)}{\partial t}=\Delta u(\boldsymbol{x},t), & (\boldsymbol{x},t)\in\Omega\times(0,\infty)\\ u(\boldsymbol{x},0)=f(\boldsymbol{x}), & \boldsymbol{x}\in\Omega\\ u(\boldsymbol{x},t)=0, & (\boldsymbol{x},t)\in\partial\Omega\times(0,\infty)\end{cases}\tag{8.1}$$

把 $u(\boldsymbol{x},t)$ 看成定义在 $[0,\infty)$ 上，取值于某个空间 X 中的函数，这里 X 是仅仅依赖于 $\boldsymbol{x}$ 的某个函数空间；例如 $X=C(\bar{\Omega})$，或者 $L^2(\Omega)$。记号 $u(t)$ 表示 X 中的一个元素，即固定的 $t\geqslant 0$，$u(t)$ 表示为映射 $\boldsymbol{x}\mapsto u(\boldsymbol{x},t)$，则

$$\frac{\mathrm{d}u}{\mathrm{d}t}=\frac{\partial u(\boldsymbol{x},t)}{\partial t}=\lim_{h\to 0}\frac{u(\boldsymbol{x},t+h)-u(\boldsymbol{x},t)}{h}$$

为了定义算子 A，令

$$D(A)=\{u\in X:u',u''\in X,\ u(\boldsymbol{x},t)|_{\partial\Omega}=0\}$$

注意到式 (8.1) 中的边界条件归并在定义域 $D(A)$ 中。定义 $Au=\Delta u,\forall u\in D(A)$。

于是式 (8.1) 化为

$$\begin{cases} \dfrac{\mathrm{d}u(t)}{\mathrm{d}t} = Au(t) \quad t > 0 \\ u(0) = f \end{cases} \tag{8.2}$$

其中 $u(t)$ 是由 $(0, +\infty)$ 到 X 的抽象函数。显然，若 $u(t)$ 是抽象 Cauchy 问题式 (8.2) 的解，则 $u(\boldsymbol{x}, t) = u(t)(\boldsymbol{x})$ 便是式 (8.1) 的解。于是，求解偏微分方程式 (8.1) 归结为求解抽象 Cauchy 问题式 (8.2)。

例 8.2 (**波动方程**) 考虑如下的波动方程初值问题：

$$\begin{cases} \dfrac{\partial^2 w(\boldsymbol{x}, t)}{\partial t^2} = \Delta w(\boldsymbol{x}, t), & (\boldsymbol{x}, t) \in \mathbb{R}^n \times (0, \infty) \\ w(\boldsymbol{x}, 0) = f_1(\boldsymbol{x}), & \boldsymbol{x} \in \mathbb{R}^n \\ \dfrac{\partial w}{\partial t}(\boldsymbol{x}, 0) = f_2(\boldsymbol{x}), & \boldsymbol{x} \in \mathbb{R}^n \end{cases} \tag{8.3}$$

取 X 为 $\mathbb{R}^n$ 上的函数对空间，比如 $X = L^2(\mathbb{R}^n) \times L^2(\mathbb{R}^n)$。设

$$\boldsymbol{u}(t) = \begin{pmatrix} w(\cdot, t) \\ \dfrac{\partial w}{\partial t}(\cdot, t) \end{pmatrix}, \quad \boldsymbol{f} = \begin{pmatrix} f_1 \\ f_2 \end{pmatrix}, \quad \boldsymbol{A} = \begin{pmatrix} 0 & I \\ \Delta & 0 \end{pmatrix}$$

于是式 (8.3) 可写为

$$\begin{cases} \dfrac{\mathrm{d}\boldsymbol{u}(t)}{\mathrm{d}t} = \boldsymbol{A}\boldsymbol{u}(t), \quad t > 0 \\ \boldsymbol{u}(0) = \boldsymbol{f} \end{cases}$$

8.2 强连续算子半群

算子半群理论主要是希尔 (Einar C. Hille, 1894—1980)、吉田耕作 (Kôsaku Yosida, 1909—1990) 和菲利普斯 (Ralph S. Phillips, 1913—1998) 等奠定的。强连续算子半群 (或 C_0 半群) 在许多线性偏微分方程（如热方程、波动方程和 Schrödinger 方程）的研究中起着重要作用。本节将学习强连续算子半群的定义和性质，并重点介绍解决强连续算子半群生成问题的著名 Hille-Yosida 定理和 Lumer-Phillips 定理。考虑到本章主要侧重于知识点的应用，本节省略了主要定理和推论的证明，感兴趣的读者可参阅文献 [15, 19, 21, 22]。

设 Ω 是 $\mathbb{R}$ 中的开区间，$C^\infty(\Omega)$ 表示在 Ω 中有任意阶连续偏导数的光滑函数

全体，$C_c(\Omega)$ 表示在 Ω 中具有紧支集的连续函数空间，即

$$C_c(\Omega) \triangleq \{f \in C(\Omega) : f(x) = 0 \ \ \forall x \in \Omega \backslash K, \text{ 其中 } K \subset \Omega \text{ 为紧集}\}$$

$C_0^\infty(\Omega) \triangleq C^\infty(\Omega) \cap C_c(\Omega)$，即表示在 Ω 内具有紧支集的 Ω 上的光滑函数全体。

8.2.1 C_0 半群的定义和性质

定义 8.2 设 X 是 Banach 空间，$\{T(t) : t \geqslant 0\}$ 是 X 到自身的有界线性算子族。如果满足下面三个条件 ① $T(0) = I$，② 半群性质：$\forall t, s \geqslant 0$，$T(t+s) = T(t)T(s)$，③ 强连续性：$\forall u \in X$，$\lim\limits_{t \to 0^+} \|T(t)u - u\| = 0$，则称 $\{T(t) : t \geqslant 0\}$ 为 X 上的**强连续算子半群** (或单参数强连续半群)，简称 C_0 **半群**。

定义 8.3 设 $\{T(t) : t \geqslant 0\}$ 是 Banach 空间 X 上的 C_0 半群，定义 $T(t)$ 的**无穷小生成元** (或简称为**生成元**) A：

$$\begin{cases} Au = \lim\limits_{t \to 0^+} \dfrac{T(t)u - u}{t}, \quad u \in D(A) \\ D(A) = \left\{u \in X : \lim\limits_{t \to 0^+} \dfrac{T(t)u - u}{t} \text{ 存在}\right\} \end{cases}$$

注记 8.1 C_0 半群 $T(t)$ 也称**由 A 生成的半群**，经常用 e^{At} 表示。

下面看三个例子。

例 8.3 设算子 $A \in B(X)$，并定义 $T(t) = \sum\limits_{n=0}^{+\infty} \dfrac{t^n}{n!} A^n$。显然，该级数按算子范数收敛且 $T(t)$ 满足定义 8.2 中的三个条件，所以 $T(t)$ 是 X 上的 C_0 半群，其生成元就是 A。

例 8.4 令 $X = C_b[0, \infty)$ 表示 $[0, \infty)$ 上有界连续函数的全体赋予上确界范数。定义平移算子 $T : [0, \infty) \to B(X)$

$$(T(t)f)(s) \triangleq f(s+t), \ \forall f \in X, \ s \geqslant 0, \ t \geqslant 0$$

则 $T(t)$ 显然满足半群性质。强连续性验证如下：

$$\|T(t)f - f\| = \sup_{s \geqslant 0} |f(s+t) - f(s)| \to 0 \quad (t \to 0^+)$$

$T(t)$ 的生成元是 $A = \dfrac{\mathrm{d}}{\mathrm{d}x}$，$D(A) = \{f \in X : f' \in X\}$。

例 8.5 给定 $n \in \mathbb{Z}^+$ 和实数 $1 \leqslant p < \infty$。定义热核 (heat kernel) 函数 K_t :

$\mathbb{R}\to\mathbb{R}$:

$$K_t(x)\triangleq\frac{1}{(4\pi t)^{n/2}}\mathrm{e}^{-\frac{x^2}{4t}}\quad\forall x\in\mathbb{R},\ t>0$$

于是，可以利用卷积定义线性算子 $T(t):L^p(\mathbb{R})\to L^p(\mathbb{R})$

$$T(t)f\triangleq\begin{cases}K_t*f, & t>0\\ f, & t=0\end{cases}$$

容易验证

$$K_{s+t}=K_s*K_t$$

则 $T(t)$ 满足半群性质。

注意到，由 Young 不等式可得，对任意 $t\geqslant 0$，有 $\|T(t)\|\leqslant 1$。于是，$\forall f\in L^p(\mathbb{R})$，$\lim\limits_{t\to 0^+}\|T(t)f-f\|=0$，即 $T(t)$ 满足强连续性。因此，$T(t)$ 是 $L^p(\mathbb{R})$ 上的 C_0 半群。事实上，若定义 $u(x,t)\triangleq K_t*f(x)$，则 u 是光滑的且满足热方程

$$\begin{cases}\dfrac{\partial u(x,t)}{\partial t}=\dfrac{\partial^2 u(x,t)}{\partial x^2}\\ u(x,0)=f(x)\end{cases}$$

以下定理罗列了 C_0 半群的一些基本性质，定理证明参阅文献 [1, 21]。

定理 8.1 设 $\{T(t):t\geqslant 0\}$ 是 Banach 空间 X 上的 C_0 半群，则

(1) 对任意 $\tau>0$，$\sup\limits_{0\leqslant t\leqslant\tau}\|T(t)\|<+\infty$；

(2) 对任意 $u\in X$，$T(t)u$ 关于 $t\geqslant 0$ 是强连续的；

(3) $\omega(A)=\inf\limits_{t>0}\dfrac{1}{t}\log\|T(t)\|=\lim\limits_{t\to\infty}\dfrac{1}{t}\log\|T(t)\|$；

(4) 对任意 $\varepsilon>0$，存在 $M_\varepsilon>0$ 使得

$$\|T(t)\|\leqslant M_\varepsilon\mathrm{e}^{(\omega(A)+\varepsilon)t},\quad\forall t\geqslant 0$$

定理 8.1 中 $\omega(A)$ 称为 C_0 半群 $T(t)$ 的指标，也称由 A 生成 C_0 半群的增长阶。

定理 8.2 设 $\{T(t):t\geqslant 0\}$ 是 Banach 空间 X 上的 C_0 半群，A 是其生成元，则

(1) $T(t)$ 由 A 唯一确定；

(2) A 是稠定的，即 $\overline{D(A)}=X$；

(3) A 是闭算子；

(4) 对任意 $u \in D(A)$，有 $T(t)u \in D(A)\ (t \geqslant 0)$；

(5)

$$\frac{\mathrm{d}}{\mathrm{d}t}(T(t)u) = AT(t)u = T(t)Au, \quad \forall u \in D(A),\ t \geqslant 0 \tag{8.4}$$

因此，对任意 $u \in D(A)$，方程 (ACP) 存在唯一经典解；

(6) 对任意 $t \geqslant 0$，有

$$T(t)u - u = \int_0^t T(s)Au\mathrm{d}s, \quad \forall u \in D(A) \tag{8.5}$$

(7) 对任意 $u \in D(A)$，有

$$T(t)u - T(s)u = \int_s^t T(\tau)Au\mathrm{d}\tau = \int_s^t AT(\tau)u\mathrm{d}\tau \tag{8.6}$$

(8) 对任意 $u \in X$，有

$$\int_0^t T(s)u\mathrm{d}s \in D(A) \quad 且 \quad T(t)u - u = A\int_0^t T(s)u\mathrm{d}s,\ \forall t \geqslant 0$$

(9) $\lim\limits_{\lambda\to\infty} \lambda R_\lambda(A)u = u$，$\forall u \in X$。

8.2.2 C_0 半群的生成定理

下面着重讨论线性算子半群的生成问题，即在什么条件下，线性算子 A 才能成为某一 C_0 半群的生成元。

定理 8.3 (**Hille-Yosida 定理**) Banach 空间 X 上线性算子 A 为某 C_0 半群 $\{T(t): t \geqslant 0\}$ 的生成元，当且仅当 ① A 为稠定的闭线性算子；② 存在 $M > 0$ 和 $\omega > 0$ 使得 $(\omega, +\infty) \subset \rho(A)$，并且当 $\lambda > \omega$ 时，有

$$\|R_\lambda(A)^n\| \leqslant M(\lambda - \omega)^{-n}, \quad n = 1, 2, \cdots$$

推论 8.1 Banach 空间 X 上线性算子 A 为某 C_0 半群 $\{T(t): t \geqslant 0\}$ 的生成元，且满足条件 $\|T(t)\| \leqslant Me^{\omega t}$，当且仅当 ① A 为稠定的闭线性算子；② 如果 $\mathrm{Re}\lambda > \omega$，则 $\lambda \in \rho(A)$，而且

$$\|R_\lambda(A)^n\| \leqslant M(\mathrm{Re}\lambda - \omega)^{-n}, \quad n = 1, 2, \cdots$$

定义 8.4 设 $(0, +\infty) \subset \rho(A)$，对于每个 $\lambda > 0$，称 $A_\lambda \triangleq \lambda AR_\lambda(A) = \lambda^2 R_\lambda(A) - \lambda I$ 为 A 的 Yosida **逼近**。

推论 8.2 设 Banach 空间 X 上线性算子 A 为某 C_0 半群 $\{T(t): t \geqslant 0\}$ 的生成元，ω_0 是 $T(t)$ 的指标。对于 $\lambda > \omega_0$，有

$$T(t)x = \lim_{\lambda \to +\infty} \mathrm{e}^{tA_\lambda} x, \quad \forall x \in X$$

8.2.3 耗散算子与压缩半群

Hille-Yosida 定理解决了稠定闭算子 A 生成 C_0 半群的问题，但在应用中有时难以验证其预解式条件。下面介绍算子 A 的耗散性和著名的 Lumer-Phillips 定理来刻画相应压缩半群的生成。

定义 8.5 对于 Banach 空间 X 上的线性算子 A，如果对 $\forall x \in D(A)$，有 $x^* \in X^*$ 使得 ① $\langle x^*, x\rangle = \|x\|^2 = \|x^*\|^2$，② $\mathrm{Re}\,\langle Ax, x^*\rangle \leqslant 0$，则称算子 A 是**耗散的**。若耗散算子 A 还满足 $R(\lambda I - A) = X$，$\forall \lambda > 0$，则称 A 是 m **耗散的**。

下面先给出耗散算子的一个等价刻画和一些基本性质。

定理 8.4 对于 Banach 空间 X 上的线性算子 A, A 是耗散算子当且仅当 $\|(\lambda I - A)x\| \geqslant \lambda\|x\|$, $\forall x \in D(A)$, $\forall \lambda > 0$。

定理 8.5 对于 Hilbert 空间 X 上的线性算子 A, A 是耗散算子当且仅当 $\mathrm{Re}\langle Ax, x\rangle \leqslant 0$, $\forall x \in D(A)$。

定义系统 $\dot{x}(t) = Ax(t)$ 的能量函数为 $E(t) = \|x(t)\|^2$。当 X 是 Hilbert 空间时，对 $E(t)$ 直接求导可得

$$\dot{E}(t) = \langle \dot{x}(t), x(t)\rangle + \langle x(t), \dot{x}(t)\rangle = 2\,\mathrm{Re}\langle Ax(t), x(t)\rangle$$

所以，A 是耗散算子意味着系统能量满足 $\dot{E}(t) \leqslant 0$。

命题 8.1 设 A 是 Banach 空间 X 上的耗散算子，则

(1) A 是闭算子 $\Leftrightarrow$ 对于某个/所有 λ，$R(\lambda I - A)$ 闭；

(2) 若 A 可闭，则 A 的闭包 $\overline{A}$ 是耗散算子；

(3) 若 $\overline{D(A)} = X$，则 A 可闭，且 $R(\lambda I - \overline{A}) = \overline{R(\lambda I - A)}$ $(\lambda > 0)$。

定理 8.6 设 X 是 Hilbert 空间，算子 $A: D(A)\,(\subset X) \to X$ 在 X 中耗散，且存在 $\lambda \in \{\lambda \in \mathbb{C} : \mathrm{Re}\,\lambda > 0\}$ 使得 $R(\lambda I - A) = X$，则 A 是稠定算子。

证明 任取 $x \in X$，设对 $\forall v \in D(A)$，有 $\langle x, v\rangle = 0$。由于 $\lambda I - A$ 是满射，

存在 $v_0 \in D(A)$ 使得 $\lambda v_0 - Av_0 = x$。于是

$$0 = \operatorname{Re}\langle x, v_0\rangle = \operatorname{Re}\lambda \|v_0\|^2 - \operatorname{Re}\langle Av_0, v_0\rangle \geqslant \operatorname{Re}\lambda \|v_0\|^2$$

所以 $v_0 = 0$，从而 $x = 0$，进而 $D(A)$ 在 X 中稠密。 ■

由定理 8.2 知，生成元 A 是稠定的闭线性算子。m 耗散算子的闭性在命题 8.1(1) 中已有描述。但一般来说 (如果 X 不是 Hilbert 空间)，A 是 m 耗散的不一定能推出 A 是稠定的，看下面的例子。

例 8.6 设 $X = C[0,1]$，考虑算子

$$Af \triangleq -f', \quad D(A) \triangleq \left\{f \in C^1[0,1] : f(0) = 0\right\}$$

A 是闭的但不稠定，因为 $\overline{D(A)} = \{f \in C[0,1] : f(0) = 0\} \neq X = C[0,1]$。

下面说明 A 是耗散的且 $R(\lambda I - A) = X$ $(\lambda > 0)$。事实上，对于 $f \in X$，方程 $\lambda g - Ag = f$ 有解 $g(t) = \displaystyle\int_0^t \mathrm{e}^{-\lambda(t-s)} f(s)\mathrm{d}s$，即 $R(\lambda I - A) = X$ $(\lambda > 0)$，且

$$R_\lambda(A)f(t) = (\lambda I - A)^{-1}f(t) = \int_0^t \mathrm{e}^{-\lambda(t-s)} f(s)\mathrm{d}s, \quad \forall t \in [0,1],\ \forall f \in X$$

于是，对于 $\lambda > 0$，得

$$\begin{aligned}\lambda|R_\lambda(A)f(t)| &\leqslant \left(1 - \mathrm{e}^{-\lambda t}\right)\|f\| \\ &\leqslant \|f\| = \|\lambda g - Ag\|\end{aligned}$$

即 $\lambda\|g\| \leqslant \|\lambda g - Ag\|$。由定理 8.4 知，$A$ 耗散。

以下结论表明在自反空间中，例 8.6 的现象不会发生。

定理 8.7 设 A 是 m 耗散的，X 是自反空间，则 $\overline{D(A)} = X$。

下面给出压缩半群的定义和生成定理。

定义 8.6 设 $\{T(t) : t \geqslant 0\}$ 为 C_0 半群，如果它满足

$$\|T(t)\| \leqslant 1, \quad \forall t \geqslant 0$$

则称 $\{T(t) : t \geqslant 0\}$ 为**压缩半群**。

推论 8.3 (**Hille-Yosida 推广**) 设 A 是 Banach 空间 X 上的稠定闭线性算子，则 A 为某压缩半群 $\{T(t) : t \geqslant 0\}$ 的生成元，当且仅当

(1) $(0, +\infty) \subset \rho(A)$;

(2) 对于任意的 $\lambda > 0$，有 $\|R_\lambda(A)\| \leqslant 1/\lambda$。

推论 8.4 设 A 是 Banach 空间 X 上的稠定闭线性算子，如果 A 是耗散的并且 $(0,+\infty)\subset\rho(A)$，则 A 为某压缩半群 $\{T(t):t\geqslant 0\}$ 的生成元。

定理 8.8 设 A 是 Banach 空间 X 中的稠定闭线性算子，如果 A 和 A^* 都是耗散的，则 A 为某压缩半群 $\{T(t):t\geqslant 0\}$ 的生成元。

定理 8.9 (**Lumer-Phillips 定理**) 设 A 是 Banach 空间 X 上的线性算子，则 A 是某一压缩半群 $\{T(t):t\geqslant 0\}$ 的生成元，当且仅当

(1) A 是稠定闭线性算子；

(2) A 为耗散算子，并且存在 $\lambda_0>0$ 使得 $R(\lambda_0 I-A)=X$。

推论 8.5 设 A 是 Banach 空间 X 上的稠定闭线性算子，则 A 为某压缩半群 $\{T(t):t\geqslant 0\}$ 的生成元，当且仅当 A 为耗散算子且 $R(I-A)=X$。

利用命题 8.1、定理 8.6 和定理 8.9 还可以得到如下 Hilbert 空间中的推论。

推论 8.6 设 X 是 Hilbert 空间，则线性算子 $A:D(A)\subset X\to X$ 为某压缩半群 $\{T(t):t\geqslant 0\}$ 的生成元的充要条件是：A 是 m 耗散算子。

例 8.7 (**对流算子**) 设 $X=L^2[a,b]$，ν 为正常数，定义算子 A：

$$Af=-\nu f',\quad f\in D(A)\triangleq\{f\in X:f'\in X,f(a)=0\}$$

其中的导数为弱导数 (分布意义下的导数)。

显然，A 是稠定的，并且满足 $\rho(A)=\mathbb{C}$。事实上，$\forall g\in X$，有

$$(\lambda I-A)f=g\Leftrightarrow f'+\frac{\lambda}{\nu}f=\frac{1}{\nu}g$$

它连同 $f(a)=0$ 一起推出

$$f(x)=\frac{1}{\nu}\int_a^x\exp\left(-\frac{\lambda}{\nu}(x-y)\right)g(y)\mathrm{d}y$$

并且得到

$$\|f\|\leqslant\eta(\alpha)\|g\|\quad(\forall\lambda=\alpha+\mathrm{i}\beta,\ \forall g\in X)$$

其中

$$\eta(\alpha)=\begin{cases}\dfrac{1}{\alpha}\left(1-\exp\left(-\dfrac{\alpha}{\nu}(b-a)\right)\right), & \alpha\neq 0\\(b-a)/\nu, & \alpha=0\end{cases}$$

所以 $\rho(A)=\mathbb{C}$，并且

$$\|R_\lambda(A)g\| \leqslant \frac{1}{\operatorname{Re}\lambda}\|g\| \quad (g\in X,\ \operatorname{Re}\lambda>0)$$

因此，由推论 8.3 知，对流算子 A 生成 $L^2[a,b]$ 上的一个压缩半群。

例 8.8 (**热传导算子**) 设 $X=L^2[a,b]$，k 为正常数，定义算子 A：

$$Af=kf'',\quad f\in D(A)\triangleq\{f\in X: f''\in X, f(a)=f(b)=0\}$$

其中的导数为弱导数。

显然 A 是稠定的，并满足 $(0,+\infty)\subset\rho(A)$ (详细证明可参阅文献 [15])。

此外，还可以得出结论：对于 $g\in X$，有

$$\|R_\lambda(A)g\| \leqslant \frac{1}{\operatorname{Re}\lambda+2k(b-a)^{-2}}\|g\| \quad \left(\operatorname{Re}\lambda>-\frac{2k}{(b-a)^2}\right) \tag{8.7}$$

事实上，设 $\lambda=\alpha+\mathrm{i}\beta$。对于 $f\in D(A)$，有 $f(x)=\int_a^x f'(y)\mathrm{d}y$，所以

$$\begin{aligned}\|f\|^2&=\int_a^b|f(x)|^2\mathrm{d}x\leqslant\int_a^b(x-a)\mathrm{d}x\,\|f'\|^2\\&=\frac{(b-a)^2}{2}\|f'\|^2\end{aligned}$$

另外，对于 $f\in D(A)$，有

$$\begin{aligned}\langle(\lambda I-A)f,f\rangle&=\lambda\|f\|^2-k\int_a f''(x)\overline{f(x)}\mathrm{d}x\\&=\lambda\|f\|^2+k\|f'\|^2\end{aligned}$$

设非零 $g\in X$，对于满足 $(\lambda I-A)f=g$ 的唯一 $f\in D(A)$，有

$$\begin{aligned}\|g\|\|f\|&\geqslant|\langle g,f\rangle|\geqslant\operatorname{Re}\langle(\lambda I-A)f,f\rangle\\&=\alpha\|f\|^2+k\|f'\|^2\\&\geqslant\left(\alpha+\frac{2k}{(b-a)^2}\right)\|f\|^2\end{aligned}$$

因此，当 $\alpha+2k(b-a)^{-2}\geqslant 0$ 时，有

$$\|R_\lambda(A)g\|=\|f\|\leqslant\left(\alpha+2k(b-a)^{-2}\right)^{-1}\|g\|$$

即式 (8.7) 得证。

于是，利用推论 8.3 知，热扩散算子 A 生成 $L^2[a,b]$ 上的一个压缩半群。

例 8.9 设 $X=L^2[0,1]$，考虑算子

$$Au=u',\quad u\in D(A)\triangleq\{u\in X:u'\in X,u(0)=0\}$$

因为$C_0^\infty[0,1]\subset D(A)$，而$C_0^\infty[0,1]$在$L^2[0,1]$中稠密，所以$A$是稠定的。此外，有

$$\begin{aligned}\mathrm{Re}\langle u,Au\rangle&=\frac{1}{2}\int_0^1\left(u(x)\overline{u'(x)}+u'(x)\overline{u(x)}\right)\mathrm{d}x\\&=\frac{1}{2}|u(1)|^2\geqslant 0\end{aligned}$$

对于 $f\in X$ 和 $\lambda\in\mathbb{C}$，定义 g 为

$$g(x)\triangleq\int_0^x \mathrm{e}^{-\lambda(x-y)}f(y)\mathrm{d}y\quad\forall x\in(0,1)$$

则有 $g\in D(A)$ 且 $\lambda g+g'=f$ $(\forall\lambda\in\mathbb{C})$。因此

$$(\lambda I+A)D(A)=X$$

由 Lumer-Phillips 定理知，$-A$ 生成 X 上的一个压缩半群 $T(t)$。

8.3 线性发展方程的解

设A在Banach空间X上生成一个C_0半群，考虑X中的齐次线性发展方程：

$$\begin{cases}\dfrac{\mathrm{d}u(t)}{\mathrm{d}t}=Au(t),\quad t>0\\ u(0)=u_0\end{cases}\tag{8.8}$$

根据定理 8.2(5) 的结论，对任何 $x\in D(A)$，方程 (8.8) 存在唯一经典解：

$$u\in C^1((0,\infty);D(A))$$

形如式 (8.8) 的发展方程 (算子方程) 的抽象 Cauchy 问题具有丰富的实际来源和物理背景，而当我们掌握了用算子半群求解抽象 Cauchy 问题的一般方法以后，反过来便可以去指导许多具体问题的求解。

下面的定理表明 C_0 半群生成的充要条件是方程 (8.8) 有经典解。

定理 8.10 (**解存在唯一性**) 设 A 是 Banach 空间 X 上的稠定线性算子，且$\rho(A)\neq\emptyset$，则以下结论等价：

(a) 对任何 $u_0\in D(A)$，方程 (8.8) 有唯一经典解。

(b) A 生成 C_0 半群 $\{T(t):t\geqslant 0\}$。

此时，问题式 (8.8) 的解为 $u(t)=T(t)u_0$。

证明　(b) $\Rightarrow$ (a)。直接来自定理 8.2(5)。

(a)$\Rightarrow$(b)。首先注意 $\rho(A)\neq\emptyset$,推知 A 是闭算子。设 $\forall u_0\in D(A)$,问题式 (8.8) 有唯一经典解 $u(t)$。记 $T(t)u_0=u(t)$，则由稳定性以及线性算子 A 稠定知

$$\{T(t)\}_{t\geqslant 0}\subset B(X)$$

(1) 证 $T(t)$ 为 C_0 半群。

由解的定义和 $T(t)$ 的定义便得到 $T(t)$ 的强连续性和 $T(0)=I$。半群性质由解的唯一性推出。事实上，对 $u_0\in D(A)$，$T(t+h)u_0$ 和 $T(t)T(h)u_0$ 均是初值为 $T(h)u_0$ 时问题式 (8.8) 的解，其中 $T(h)u_0\in D(A)(h\geqslant 0)$。由解的唯一性知，对于 $u_0\in D(A)$，有

$$T(t+h)u_0=T(t)T(h)u_0\quad (t,h\geqslant 0)$$

再由 $\overline{D(A)}=X$ 和 $T(t)$ 的有界性知，对于 $u_0\in X$，有 $T(t+h)u_0=T(t)T(h)u_0$。半群性质得证。

(2) 证 A 为 $T(t)$ 的生成元。

设 B 为 $T(t)$ 的生成元。对于 $u_0\in D(A)$，由 $T'(t)u_0=AT(t)u_0\ (t\geqslant 0)$ 知，$T'(t)u_0|_{t=0}=Au_0$，即有 $B\supset A$。此外，对于满足 $\mathrm{Re}\,\lambda>\omega$ 的 λ 和 $u_0\in D(A)\subset D(B)$，有

$$\begin{aligned}
(\lambda I-A)(\lambda I-B)^{-1}u_0&=(\lambda I-A)\int_0^{+\infty}\mathrm{e}^{-\lambda t}T(t)u_0\mathrm{d}t\\
&=\lambda\int_0^{+\infty}\mathrm{e}^{-\lambda t}T(t)u_0\mathrm{d}t-\int_0^{+\infty}\mathrm{e}^{-\lambda t}AT(t)u_0\mathrm{d}t\\
&=\lambda\int_0^{+\infty}\mathrm{e}^{-\lambda t}T(t)u_0\mathrm{d}t-\int_0^{+\infty}\mathrm{e}^{-\lambda t}\mathrm{d}T(t)u_0=u_0
\end{aligned}$$

由 A 的稠闭性知，此式对 $u_0\in X$ 成立，故

$$(\lambda I-A)^{-1}=(\lambda I-B)^{-1}$$

而 $(\lambda I-B)^{-1}$ 映射 X 到 $D(B)$ 上，所以 $D(B)\subset D(A)$。综上所述，$A=B$，即 $T(t)$ 的生成元为 A。■

定理 8.10 中的条件 $\rho(A)\neq\emptyset$ 不可去掉。否则，(1) 成立不一定能推出 (2) 成

立。显然，(2) 成立，则 $\rho(A) \neq \emptyset$，且导出 (1) 成立。因此，有如下推论。

推论 8.7 设 Banach 空间 X 上线性算子 A 生成 C_0 半群 $\{T(t): t \geqslant 0\}$，则对任何 $u_0 \in D(A)$，方程式 (8.8) 有唯一经典解 $u(t) = T(t)u_0$。

推论 8.8 设 A 是 Banach 空间 X 上的稠定闭线性算子，$(0, +\infty) \subset \rho(A)$，且 $\forall \lambda > 0$，$\|R_\lambda(A)\| \leqslant 1/\lambda$，则对任意 $u_0 \in D(A)$，方程式 (8.8) 有唯一经典解 $u(t) = T(t)u_0$。

证明 由推论 8.3 知，A 为某压缩半群 $\{T(t): t \geqslant 0\}$ 的生成元。于是，由推论 8.7 知，对任意 $u_0 \in D(A)$，方程式 (8.8) 有唯一经典解 $u(t) = T(t)u_0$。 ■

对于非齐次线性发展方程

$$\begin{cases} \dfrac{\mathrm{d}u(t)}{\mathrm{d}t} = Au(t) + f(t), \quad t > 0 \\ u(0) = u_0 \end{cases} \tag{8.9}$$

始终假定其相应的齐次方程式 (8.8) 在 $u_0 \in D(A)$ 时，存在唯一的经典解，并且始终假定 A 是 C_0 半群 $\{T(t): t \geqslant 0\}$ 的生成元。

定义 8.7 设 $u_0 \in X$, f 是由 $[0, \infty)$ 到 Banach 空间 X 的抽象函数。如果存在 $u \in C([0, \infty); X)$，使得 $u(t)$ 在 $(0, \infty)$ 上强连续可微，$u(t) \in D(A)$，$\forall t \in (0, \infty)$，且满足方程式 (8.9)，则称 u 是式 (8.9) 在 $[0, \infty)$ 上的**经典解**。

定理 8.11 设 A 是 C_0 半群 $\{T(t): t \geqslant 0\}$ 的生成元，如果 $u_0 \in D(A)$，$f \in C^1((0, \infty); X)$，则抽象 Cauchy 问题式 (8.9) 有唯一经典解

$$u(t) = T(t)u_0 + \int_0^t T(t-s)f(s)\mathrm{d}s$$

而且 $u \in C^1((0, \infty); X)$ 取值在 $D(A)$ 中。

定理 8.12 设 A 是 C_0 半群 $\{T(t): t \geqslant 0\}$ 的生成元，如果 $f \in C^1([0, \infty); X)$，则当 $u_0 \in D(A)$ 时，抽象 Cauchy 问题式 (8.9) 在 $[0, \infty)$ 上存在唯一的经典解。

定理 8.13 设 A 是 C_0 半群 $\{T(t): t \geqslant 0\}$ 的生成元，如果 $f \in C([0, \infty); X)$，并且当 $t \in (0, \infty)$ 时有 $f(t) \in D(A)$ 以及 $Af(t) \in C((0, \infty); X)$，则当 $u_0 \in D(A)$ 时，式 (8.9) 有唯一的经典解。

一般来说，如果 A 是 C_0 半群 $\{T(t): t \geqslant 0\}$ 的生成元，对于 $u_0 \in X$ 但 $u_0 \notin D(A)$ 时，抽象 Cauchy 问题式 (8.9) 可能没有经典解，这说明经典解对于应用来

说很不方便，因此应当对解的概念进行推广，使得它能适用于任意的初值 $u_0 \in X$。下面介绍一种最为常用的广义解。

定义 8.8　设 X 是 Banach 空间，如果 A 生成 C_0 半群，对任何 $u_0 \in X$，称 $u(t) = T(t)u_0$ 是式(8.8) 的**温和解**。

定义 8.9　设 X 是 Banach 空间，如果 A 生成 C_0 半群，$f \in L^p([0,\infty);X)$，$p \geqslant 1$，对任何 $u_0 \in X$，函数 $u \in C([0,\infty);X)$ 定义为

$$u(t) = T(t)u_0 + \int_0^t T(t-s)f(s)\mathrm{d}s, \quad t \geqslant 0$$

称函数 $u(t)$ 为方程 (8.9) 在 $[0,l]$ 上的**温和解**。

定理 8.14　设 A 是 C_0 半群 $\{T(t) : t \geqslant 0\}$ 的生成元，$f \in L^p([0,\infty);X)$，$p \geqslant 1$，u 是式 (8.9) 在 $[0,l]$ 上的温和解，则温和解 u 在 $[0,\infty)$ 上是连续的。

8.4　线性算子半群的应用

本节将介绍算子半群理论在热传导、弦振动、柔性结构系统等偏微分方程问题中的应用。通过几个例子说明如何适当选取函数空间把一个具体问题转化为抽象空间中微分方程的抽象 Cauchy 问题，然后利用算子半群理论给出与常微分方程形式上类似的偏微分方程的解。

为此，我们先介绍几个重要的 Sobolev 空间。Sobolev 空间是向量空间，其元素是定义于 n 维欧氏空间中的区域上的函数，这些函数的偏导数满足一定的可积性条件。这个以苏联数学家索伯列夫 (Sergei L. Sobolev, 1908—1989) 命名的空间，由于将泛函分析成功地应用于数学物理方程的研究，而获得深入发展，现在它已成为偏微分方程、计算数学、无穷维控制系统等领域中不可或缺的工具。关于 Sobolev 空间的详细介绍，有兴趣的读者可参阅文献 [16, 20]。

设 $\Omega \subset R^n$ 为开集，其边界 $\partial\Omega$ 充分光滑。本节主要考虑 $n = 1$, $\Omega = (a,b)$ 的情况。记

$$H^1(\Omega) = \{u \in L^2(\Omega) : u' \in L^2(\Omega)\} \tag{8.10}$$

定义范数

$$\|u\|_{H^1(\Omega)} = \left(\int_\Omega \|u(x)\|^2 + \|u'(x)\|^2 \mathrm{d}x\right)^{1/2} \tag{8.11}$$

集合 $H^1(\Omega)$ 在范数式 (8.11) 下构成的空间为 Sobolev 空间。

类似地，记

$$H^2(\Omega) = \{u \in L^2(\Omega) : u' \text{ 绝对连续},\ u'' \in L^2(\Omega)\} \tag{8.12}$$

定义范数

$$\|u\|_{H^2(\Omega)} = \left(\int_\Omega \|u(x)\|^2 + \|u'(x)\|^2 + \|u''(x)\|^2 \mathrm{d}x\right)^{1/2} \tag{8.13}$$

集合 $H^2(\Omega)$ 在范数式 (8.13) 下构成的空间也是 Sobolev 空间。

换言之，$H^k(\Omega)$ ($k \in \mathbb{Z}^+$) 表示区域 Ω 上具有 k 阶导数平方可积的绝对连续函数构成的 Sobolev 空间，属于 Hilbert 空间。$C_0^\infty(\Omega)$ 在 $H^1(\Omega)$ 下的闭包记为 $H_0^1(\Omega)$，例如 $H_0^1(0,1) \triangleq \{u \in H^1(0,1) : u(0) = 0\}$。$C_0^\infty(\Omega)$ 在 $H^2(\Omega)$ 下的闭包记为 $H_0^2(\Omega)$，例如 $H_0^2(0,1) \triangleq \{u \in H^2(0,1) : u(0) = u'(0) = 0\}$。本节为简便起见，记 $u_t(t,x) = \dfrac{\partial u(t,x)}{\partial t}$，$u_{tt}(t,x) = \dfrac{\partial^2 u(t,x)}{\partial t^2}$，$u_x(t,x) = \dfrac{\partial u(t,x)}{\partial x}$，$u_{xx}(t,x) = \dfrac{\partial^2 u(t,x)}{\partial x^2}$，$u_{xxx}(t,x) = \dfrac{\partial^3 u(t,x)}{\partial x^3}$，$u_{xxxx}(t,x) = \dfrac{\partial^4 u(t,x)}{\partial x^4}$。

8.4.1 热传导问题

考察一维热传导方程

$$\begin{cases} u_t(x,t) = \alpha u_{xx}(x,t), & t > 0,\ x \in (0,1) \\ u(x,0) = u_0(x), & x \in (0,1) \\ u(0,t) = u(1,t) = 0, & t > 0 \end{cases} \tag{8.14}$$

其中，$u(x,t)$ 表示温度 (它是关于时间 t 和位置 x 的函数)，$u_t(x,t)$ 表示温度变化率，$\alpha > 0$ 是热扩散系数 (取决于材料的热导率、相对密度与比热容)。$u(x,t)$ 可看成定义在 $[0,\infty)$ 上取值于某个向量空间中的函数；更确切地讲，对固定的 $t \geqslant 0$，用 $u(t)$ 来表示映射 $x \mapsto u(x,t)$。

选取实 Hilbert 空间为 $X = L^2(0,1)$，在此空间下的内积定义为

$$\langle u, v\rangle_X = \int_0^1 u(x)v(x)\mathrm{d}x$$

其中，$u, v \in X$。定义一个算子 A 为

$$(Au)(x) = \alpha u''(x), \quad x \in (0,1) \tag{8.15}$$

其定义域为

$$D(A)=\{u\in X:u',u''\in X,u(0)=u(1)=0\}$$

注意到式 (8.14) 中的边界条件归并在定义域 $D(A)$ 中。可以看出算子 A 是一个线性算子并且 $D(A)\in X$。于是，式 (8.14) 可写成抽象发展方程

$$\begin{cases}\dfrac{\mathrm{d}u(t)}{\mathrm{d}t}=Au(t), & t>0\\ u(0)=u_0\end{cases}\tag{8.16}$$

于是，求解偏微分方程式 (8.14) 的问题归结为求解抽象 Cauchy 问题式 (8.16)。

下面利用算子半群理论讨论抽象 Cauchy 问题式 (8.16) 的适定性。由于 X 是Hilbert空间，所以若定理 8.9 中条件 (2) 成立，则 A 是稠定算子 (利用定理8.6) 且 A 是闭算子 (利用命题8.1 (1))，进而可得定理8.9中条件 (1) 成立。因此，只要证明定理 8.9 中条件 (2)，就可得到 A 生成某 C_0 压缩半群 $\{T(t):t\geqslant 0\}$。

事实上，$\forall f\in D(A)$，通过简单计算

$$\langle f,Af\rangle_X=\alpha\int_0^1 ff''\mathrm{d}x=\alpha ff'\big|_0^1-\alpha\int_0^1(f')^2\mathrm{d}x=-\alpha\int_0^1(f')^2\mathrm{d}x$$

可以得到 $\langle f,Af\rangle_X\leqslant 0$。因此，算子 A 是耗散的。

要证明存在 $\lambda_0>0$ 使得 $R(\lambda_0 I-A)=X$，先证明逆算子 A^{-1} 存在。对任意 $g\in X$，通过求解方程 $Af=g$ 说明算子 A^{-1} 的存在性。求解可得

$$f(x)=-\frac{x}{\alpha}\int_0^1\int_0^s g(\xi)\mathrm{d}\xi\mathrm{d}s+\frac{1}{\alpha}\int_0^x\int_0^s g(\xi)\mathrm{d}\xi\mathrm{d}s\in D(A)$$

从而方程 $Af=g$ 的解是存在且唯一的。因此，算子 A^{-1} 存在。

取常数 $0<\lambda_0<\|A^{-1}\|^{-1}$，要证明算子 $R(\lambda_0 I-A)=X$，只要证明对任意 $w\in X$，方程 $(\lambda_0 I-A)f=w$ 存在唯一解 $f\in D(A)$。事实上，由于逆算子 A^{-1} 存在，故可将 $(\lambda_0 I-A)f=w$ 重写为 $(\lambda_0 I-A)f=A(\lambda_0 A^{-1}-I)f=w$。由于 $0<\lambda_0<\|A^{-1}\|^{-1}$，可得 $\|\lambda_0 A^{-1}\|<1$。进而，可知算子 $(\lambda_0 A^{-1}-I)^{-1}$ 存在。于是，方程 $(\lambda_0 I-A)f=w$ 存在唯一的解为 $f=(\lambda_0 A^{-1}-I)^{-1}A^{-1}w\in D(A)$。因此，$R(\lambda_0 I-A)=X$。

至此，证明了定理 8.9 中条件 (2) 成立。因此，结合上面的分析，由定理 8.9 知，算子 A 生成 X 上的 C_0 压缩半群。进而，由推论 8.7 知，对任何 $u_0\in D(A)$，式 (8.16) 有唯一经典解。

从此例可以看出，应用算子半群理论的一个优势在于无须直接求解问题便可得到其解的定性结论，即它对初值空间 $D(A)$ 是适定的。

8.4.2 弦振动问题

考察如下长度为 l 的弦振动问题

$$\begin{cases} w_{tt}(x,t)=w_{xx}(x,t), & x\in(0,l),\ t>0 \\ w(0,t)=0, & t>0 \\ w_x(l,t)=u(t), & t>0 \\ w(x,0)=w_0(x), & x\in(0,l) \\ u_t(x,0)=w_1(x), & x\in(0,l) \end{cases} \tag{8.17}$$

其中 $w(x,t)$ 表示 t 时刻弦上点 x 处的位移，$w_t(x,t)$ 表示在 t 时刻弦上点 x 处的速度，$(w_0(x),w_1(x))^\top$ 是初值，$u(t)$ 为边界控制力 (系统的输入)。工程上，通过设计 $u(t)$ 来抑制弦的振动，这里取 $u(t)=-kw_t(l,t)$，其中 $k>0$ 是调节参数。

选取实 Hilbert 空间为

$$\mathcal{H}=H_0^1(0,l)\times L^2(0,l) \tag{8.18}$$

其中，$H_0^1(0,l)=\{u\in H^1(0,l):u(0)=0\}$。空间 $\mathcal{H}$ 上赋予内积为

$$\langle(f_1,g_1),(f_2,g_2)\rangle_{\mathcal{H}}=\langle f_1'(x),f_2'(x)\rangle_{L^2}+\langle g_1(x),g_2(x)\rangle_{L^2} \tag{8.19}$$

其中，$(f_i,g_i)\in\mathcal{H}$, $i=1,2$。定义算子 A 为

$$A(f,g)=(g,f''),\quad \forall(f,g)\in D(A) \tag{8.20}$$

其定义域为

$$D(A)=\{(f,g)\in H^2(0,l)\times H^1(0,l):f(0)=g(0)=0,f'(l)=-kg(l)\} \tag{8.21}$$

注意到式 (8.17) 中的边界条件归并在定义域 $D(A)$ 中。

设 $W(t)=(w(\cdot,t),w_t(\cdot,t))$，则式 (8.17) 可写成如下在 $\mathcal{H}$ 中的一阶抽象发展方程

$$\begin{cases} \dfrac{\mathrm{d}W(t)}{\mathrm{d}t}=AW(t), & t>0 \\ W(0)=W_0 \end{cases} \tag{8.22}$$

其中 $W_0 = w_0(x), w_1(x)$。于是，求解偏微分方程式 (8.17) 的问题归结为求解抽象 Cauchy 问题式 (8.22)。

下面利用定理 8.9 中证明抽象Cauchy问题式 (8.22) 的适定性。由于$\mathcal{H}$是Hilbert空间，所以类似于 8.4.1 节中的讨论，只要证明定理 8.9 中条件 (2)，即可知 A 生成某 C_0 压缩半群 $\{T(t) : t \geqslant 0\}$。

事实上，$\forall (f, g) \in D(A)$，通过简单计算

$$\begin{aligned}\langle (f,g), A(f,g)\rangle_{\mathcal{H}} &= \int_0^l f'g'\mathrm{d}x + \int_0^l gf''\mathrm{d}x \\ &= \int_0^l f'g'\mathrm{d}x + gf'\big|_0^l - \int_0^l f'g'\mathrm{d}x \\ &= g(l)f'(l) - g(0)f'(0) \\ &= -kg(l)^2 \leqslant 0\end{aligned}$$

从而可知，算子 A 是耗散的。

接着，要证明存在 $\lambda_0 > 0$ 使得 $R(\lambda_0 I - A) = \mathcal{H}$，先证明逆算子 A^{-1} 存在。对任意 $(u, v) \in \mathcal{H}$，可通过求解方程 $A(f, g) = (u, v)$ 说明算子 A^{-1} 的存在性。由算子方程 $A(f, g) = (u, v)$ 得

$$\begin{cases} g(x) = u(x) \\ f''(x) = v(x) \end{cases} \tag{8.23}$$

对 $f''(x) = v(x)$ 两边关于 x 求积分可得

$$f'(x) = f'(0) + \int_0^x v(\xi)\mathrm{d}\xi \tag{8.24}$$

于是，利用边界条件 $f'(l) = -kg(l)$ 有

$$f'(0) = -ku(l) - \int_0^l v(\xi)\mathrm{d}\xi \tag{8.25}$$

对方程式 (8.24) 两边关于 x 再次求积分可得

$$f(x) = f(0) + xf'(0) + \int_0^x \int_0^s v(\xi)\mathrm{d}\xi\mathrm{d}s$$

进一步，利用式 (8.25) 以及边界条件 $f(0) = 0$ 可得

$$f(x) = -xku(l) - x\int_0^l v(\xi)\mathrm{d}\xi + \int_0^x \int_0^s v(\xi)\mathrm{d}\xi\mathrm{d}s \tag{8.26}$$

于是，联合式 (8.23) 和式 (8.26) 可得

$$\begin{cases} f(x) = -xku(l) - x\displaystyle\int_0^l v(\xi)\mathrm{d}\xi + \int_0^x \int_0^s v(\xi)\mathrm{d}\xi\mathrm{d}s \\ g(x) = u(x) \end{cases} \tag{8.27}$$

从而方程 $A(f,g) = (u,v)$ 的解 $(f,g) \in D(A)$ 是存在且唯一的。因此，算子 A^{-1} 存在。

取常数 $0 < \lambda_0 < \|A^{-1}\|^{-1}$，要证明算子 $R(\lambda_0 I - A) = \mathcal{H}$，即只要证明对任意 $U \in \mathcal{H}$，方程 $(\lambda_0 I - A)W = U$ 存在唯一解 $W \in D(A)$。事实上，由于逆算子 A^{-1} 存在，故可将 $(\lambda_0 I - A)W = U$ 重写为 $(\lambda_0 I - A)W = A(\lambda_0 A^{-1} - I)W = U$。由于 $0 < \lambda_0 < \|A^{-1}\|^{-1}$，可得 $\|\lambda_0 A^{-1}\| < 1$。进而，可知算子 $(\lambda_0 A^{-1} - I)^{-1}$ 存在。于是，方程 $(\lambda_0 I - A)W = U$ 存在唯一的解为 $W = (\lambda_0 A^{-1} - I)^{-1} A^{-1} U \in D(A)$。因此，$R(\lambda_0 I - A) = \mathcal{H}$。

至此，我们证明了定理 8.9 中条件 (2) 成立。因此，结合上面的分析，由 Lumer-Phillips 定理知，算子 A 生成 $\mathcal{H}$ 上的 C_0 压缩半群。进而，由推论 8.7 知，对任意 $W_0 \in D(A)$，方程式 (8.16) 有唯一经典解。

8.4.3 人口方程

人口发展是一种运动过程的反映，可以用某种数学模型来很好地描述它。决定人口发展过程的因素固然很多，但是随着时间变化，对人口状态的影响最终都表现在生、死和移民三个方面。基于此, 可以建立如下的人口发展方程:

$$\begin{cases} P_a(a,t) + P_t(a,t) = -\mu(a,t)P(a,t) + g(a,t), & a \in (0, a_{\mathrm{m}}),\ t > 0 \\ P(0,t) = \varphi(t) \triangleq \beta(t)\displaystyle\int_{a_1}^{a_2} k(a,t)h(a,t)P(a,t)\mathrm{d}a \\ P(a,0) = P_0(a) \end{cases} \tag{8.28}$$

其中，a 为年龄，t 是时间，$P(a,t)$ 为人口密度函数，$\displaystyle\int_{a_1}^{a_2} P(a,t)\mathrm{d}a$ 表示年龄在 a_1 与 a_2 之间的人口总数，$\mu(a,t)$ 为相对死亡率，$\beta(t)$ 为妇女平均生育率，$k(a,t)$ 为女性比例函数，$h(a,t)$ 为妇女生育模式，$[a_1, a_2]$ 为妇女育龄区间，$g(a,t)$ 为移民率，$\varphi(t)$ 为 t 时刻的生育率，a_{m} 为人类能活到的最高年龄。

t 时刻的生育率 $\varphi(t)$ 与同一时刻的人口状态 $P(a,t)$ 有直接联系，这在控制

理论中称为实时状态反馈，这种反馈称为闭环反馈。闭环反馈的存在是人口实际发展过程的根本特征。

为方便计，下面考虑一个简化的稳态人口方程：

$$\begin{cases} P_a(a,t)+P_t(a,t)=-\mu(a)P(a,t), \quad a\in(0,1),\ t>0 \\ P(0,t)=\int_0^1 b(a)P(a,t)\mathrm{d}a \\ P(a,0)=P_0(a) \end{cases} \tag{8.29}$$

其中，系数 $\mu(a)$ 和 $b(a)$ 是非负有界可测函数。取 $L^2(0,1)$ 为系统的状态空间, 并定义人口算子 A 如下：

$$Av=-\frac{\mathrm{d}v(a)}{\mathrm{d}a}-\mu(a)v(a)$$

$$D(A)=\left\{v\in L^2(0,1): Av\in L^2(0,l), v(0)=\int_0^1 b(a)v(a)\mathrm{d}a\right\}$$

于是，式 (8.29) 可写成 $L^2(0,1)$ 上的抽象形式，即

$$\frac{\mathrm{d}P(t)}{\mathrm{d}t}=AP(t)\ (t>0), \quad P(0)=P_0(a) \tag{8.30}$$

命题 8.2 人口算子 A 生成 $L^2(0,1)$ 上的 C_0 半群 $T(t)$。当 $P_0(a)\in D(A)$ 时，人口问题式 (8.29) 的解为 $P(t)=T(t)P_0(a)$。

证明 下面依次验证 Hille-Yosida 生成定理 (推论 8.7) 的条件。

(1) 人口算子 A 是一个闭算子。事实上，对于任意 $g\in D(A)$，有

$$\begin{aligned}(Ag,g)+(g,Ag)&=-\int_0^1 \left(\left(g'+\mu g\right)g+g\left(g'+\mu g\right)\right)da \\ &=-\int_0^1 \left(g'g+gg'\right)\mathrm{d}a-2\int_0^1 \mu g^2\mathrm{d}a \\ &=-\left.g^2\right|_{a=0}^{a=1}-2\int_0^1 \mu|g|^2\mathrm{d}a \\ &=|g(0)|^2-|g(1)|^2-2\int_0^1 \mu|g|^2\mathrm{d}a \\ &\leqslant |g(0)|^2=\left|\int_0^1 b(a)g(a)\mathrm{d}a\right|^2 \\ &\leqslant \omega\int_0^1 |g(a)|^2\mathrm{d}a=\omega\|g\|^2\end{aligned}$$

其中，$\omega = \int_0^1 b^2(a)\mathrm{d}a > 0$。所以，对于任意 $\lambda > \omega$ 和 $u \in D(A)$，有

$$\begin{aligned}\|(\lambda I - A)u\|^2 &= \lambda^2\|u\|^2 - \lambda(u, Au) - \lambda(Au, u) + \|Au\|^2 \\ &\geqslant \lambda^2\|u\|^2 - \lambda\omega\|u\|^2 \geqslant (\lambda - \omega)^2\|u\|^2\end{aligned} \tag{8.31}$$

(2) A 是稠定算子。事实上，定义算子 B：

$$Bu = \frac{\mathrm{d}u}{\mathrm{d}a} - \mu(a)u + b(a)u(0)$$

$$D(B) = \left\{u \in L^2(0,1) : Bu \in L^2(0,1), u(1) = 0\right\}$$

不难得知，算子 B 是闭稠定算子。直接验证可知，对于任意的 $u \in D(A)$，$v \in D(B)$，有 $\langle Au, v\rangle = \langle u, Bv\rangle$，从而 A 是稠定的。

(3) 由不等式 (8.31) 可知，当 $\lambda > \omega$ 时，有 $(\omega, +\infty) \subset \rho(A)$，且

$$\|R_\lambda(A)\| \leqslant \frac{1}{\lambda - \omega}$$

从而由半群生成定理 8.3 知，A 生成 $L^2[0,1]$ 上的 C_0 半群 $T(t)$。最后，由推论 8.7 知，对任意 $P_0 \in D(A)$，问题式 (8.29) 有唯一经典解。证毕。 ■

8.4.4 Euler-Bernoulli 梁方程

Euler-Bernoulli 梁方程是工程力学、机械力学中的一个重要方程，可以用来描述柔性海洋立管、柔性卫星帆板等许多柔性结构系统。考虑如下开环控制的 Euler-Bernoulli 梁振动系统

$$\begin{cases} w_{tt}(x,t) + w_{xxxx}(x,t) = 0, \quad x \in (0,1)\,,\ t > 0 \\ w(0,t) = w_x(0,t) = 0 \\ w_{xx}(1,t) = w_{xxx}(1,t) = 0 \end{cases} \tag{8.32}$$

其中 $w(x,t)$ 描述梁在位置 x 和时间 t 的挠度，$w_t(x,t)$ 为速度，$w_x(x,t)$ 为角度，$w_{xt}(x,t)$ 为角速度，$w_{xx}(x,t)$ 为弯矩，$w_{xxx}(x,t)$ 为剪切力。

为考虑系统式 (8.32) 解的存在唯一性，引入状态空间

$$\mathcal{H} \triangleq H_0^2(0,1) \times L^2(0,1)$$

其中，$H_0^2(0,1) = \{f \in H^2(0,1) : f(0) = f'(0) = 0\}$。

空间 $\mathcal{H}$ 上赋予内积为

$$\langle (f_1,g_1),(f_2,g_2)\rangle_{\mathcal{H}} = \langle f_1''(x), f_2''(x)\rangle_{L^2} + \langle g_1(x), g_2(x)\rangle_{L^2} \tag{8.33}$$

其中 $(f_i,g_i)\in\mathcal{H}, i=1,2$。由内积诱导出的范数定义为

$$\|(f,g)\|_{\mathcal{H}}^2 = \int_0^1 \Big(|f''(x)|^2 + |g(x)|^2\Big)\mathrm{d}x \quad \forall (f,g)\in\mathcal{H} \tag{8.34}$$

定义算子 $A:\mathcal{H}\to\mathcal{H}$ 为

$$A(f,g) = (g, -f''''), \quad \forall (f,g)\in D(A) \tag{8.35}$$

其定义域为

$$D(A) = \{(f,g)\in\mathcal{H}\cap(H^4(0,1)\times H^2(0,1)) : g(0)=g'(0)=0, f''(1)=f'''(1)=0\}$$

即

$$D(A) = \{(f,g)\in(H^4(0,1)\cap H_0^2(0,1))\times H_0^2(0,1) : f''(1)=f'''(1)=0\}$$

可以看出，算子 A 是一个线性算子并且 $D(A)\in\mathcal{H}$。注意到，系统式 (8.32) 的边界条件 $w(0,t)=w_x(0,t)=0$ 已归并在空间 $\mathcal{H}$ 中。同时，由边界条件 $w(0,t)=w_x(0,t)=0$ 知，$w_t(0,t)=w_{xt}(0,t)=0$。

设 $W=(w,w_t)$，则 Euler-Bernoulli 梁方程式 (8.32) 可写成如下在 $\mathcal{H}$ 中的一阶抽象发展方程

$$\frac{\mathrm{d}W(t)}{\mathrm{d}t} = AW(t), \quad W(0)\in\mathcal{H} \tag{8.36}$$

下面利用 Lumer-Phillips 定理证明算子 A 生成状态空间 $\mathcal{H}$ 上某个 C_0 压缩半群。这样，对任意初值 $(w(\cdot,0),w_t(\cdot,0))\in D(A)$，梁方程式 (8.32) 存在唯一的经典解 $(w(\cdot,t),w_t(\cdot,t))\in C((0,\infty);D(A))$。由于 $\mathcal{H}$ 是 Hilbert 空间，所以类似于 8.4.1 节中的讨论，只要证明定理 8.9 中条件 (2)，即可知 A 生成某 C_0 压缩半群 $\{T(t):t\geqslant 0\}$。

首先，证明算子 A 的耗散性。对任意的 $(f,g)\in D(A)$

$$\begin{aligned}\langle (f,g), A(f,g)\rangle_{\mathcal{H}} &= \langle (f,g),(g,-f'''')\rangle_{\mathcal{H}}\\ &= \int_0^1 f''(x)g''(x)\mathrm{d}x - \int_0^1 g(x)f''''(x)\mathrm{d}x\\ &= \int_0^1 f''(x)g''(x)\mathrm{d}x - g(x)f'''(x)\big|_0^1 + \int_0^1 g'(x)f'''(x)\mathrm{d}x\end{aligned}$$

$$
\begin{aligned}
&= \int_0^1 f''(x)g''(x)\mathrm{d}x + \int_0^1 g'(x)f'''(x)\mathrm{d}x \\
&= \int_0^1 f''(x)g''(x)\mathrm{d}x + g'(x)f''(x)\big|_0^1 - \int_0^1 g''(x)f''(x)\mathrm{d}x \\
&= g'(1)f''(1) - g'(0)f''(0) = 0
\end{aligned}
$$

上面最后一个等式利用了定义域 $D(A)$ 中的条件 $f''(1) = g'(0) = 0$。因此，算子 A 是耗散的。

接着，为了证明存在 $\lambda_0 > 0$ 使得 $R(\lambda_0 I - A) = \mathcal{H}$，先证明逆算子 A^{-1} 存在。为此，对任意 $(u, v) \in \mathcal{H}$，求解方程 $A(f, g) = (u, v)$，若有唯一解 $(f, g) \in D(A)$，则逆算子 A^{-1} 存在。

由算子方程 $A(f, g) = (u, v)$ 得

$$
\begin{cases} g(x) = u(x) \\ -f''''(x) = v(x) \end{cases} \tag{8.37}
$$

对 $f''''(x) = v(x)$ 两边关于 x 求积分可得

$$
f'''(x) = f'''(0) - \int_0^x v(\xi)\mathrm{d}\xi \tag{8.38}
$$

于是，利用边界条件 $f'''(1) = 0$ 有

$$
f'''(0) = \int_0^1 v(\xi)\mathrm{d}\xi \tag{8.39}
$$

对方程式 (8.38) 两边关于 x 再次求积分可得

$$
f''(x) = f''(0) + xf'''(0) - \int_0^x \int_0^s v(\xi)\mathrm{d}\xi\mathrm{d}s
$$

进一步，利用式 (8.39) 以及边界条件 $f''(1) = 0$ 可得

$$
f''(0) = \int_0^1 \int_0^s v(\xi)\mathrm{d}\xi\mathrm{d}s - f'''(0) = \int_0^1 \int_0^s v(\xi)\mathrm{d}\xi\mathrm{d}s - \int_0^1 v(\xi)\mathrm{d}\xi \tag{8.40}
$$

同样地，对方程式 (8.40) 两边关于 x 连续两次积分，并利用边界条件 $f(0) = 0$ 和 $f'(0) = 0$，可得

$$
f(x) = \frac{x^2}{2}f''(0) + \frac{x^2}{6}f'''(0) - \int_0^x \int_0^p \int_0^m \int_0^s v(\xi)\mathrm{d}\xi\mathrm{d}s\mathrm{d}m\mathrm{d}p \tag{8.41}
$$

其中 $f''(0)$ 和 $f'''(0)$ 定义在式 (8.40) 和式 (8.39) 中。于是，联合式 (8.37) 和式 (8.41) 可得方程 $A(f, g) = (u, v)$ 的唯一解 $(f, g) \in D(A)$。因此，算子 A^{-1} 存在。

取常数 $0 < \lambda_0 < \|A^{-1}\|^{-1}$，要证明算子 $R(\lambda_0 I - A) = \mathcal{H}$，即只要证明对任意 $U \in \mathcal{H}$，方程 $(\lambda_0 I - A)W = U$ 存在唯一解 $W \in D(A)$。事实上，由于逆算子 A^{-1} 存在,故可将 $(\lambda_0 I - A)W = U$ 重写为 $(\lambda_0 I - A)W = A(\lambda_0 A^{-1} - I)W = U$。由于 $0 < \lambda_0 < \|A^{-1}\|^{-1}$,可得 $\|\lambda_0 A^{-1}\| < 1$。进而,可知算子 $(\lambda_0 A^{-1} - I)^{-1}$ 存在。于是，方程 $(\lambda_0 I - A)W = U$ 存在唯一的解为 $W = (\lambda_0 A^{-1} - I)^{-1} A^{-1} U \in D(A)$。因此，$R(\lambda_0 I - A) = \mathcal{H}$。

至此，证明了定理 8.9 中条件 (2) 成立。因此，结合上面的分析，由 Lumer-Phillips 定理知，算子 A 生成 $\mathcal{H}$ 上的 C_0 压缩半群。进而，由推论 8.7 知，对任何 $W(0) \in D(A)$，方程式 (8.36) 有唯一经典解，从而对任意初值 $(w(\cdot,0), w_t(\cdot,0)) \in D(A)$，梁方程式 (8.32) 存在唯一的经典解 $(w(\cdot,t), w_t(\cdot,t)) \in C((0,\infty); D(A))$。

8.4.5 柔性吊车系统

通过上面几个例子理解了适定性证明步骤和精髓后，应该不难平移或推广处理控制工程中柔性吊车系统（或桥式起重机系统）解的适定性问题。如图 8.1 所示，柔性吊车系统广泛应用于码头、车间、仓库等，用于物料吊运作业，是现在物流装卸运输的重要设备之一。它通常由小车、柔性钢索以及底部负载组成，由于运动惯性或外界干扰的影响，吊车负载在运输过程中会产生摆动。这种摆动不仅会影响吊车运输的精确度，降低其运输效率，也会造成负载碰撞等安全隐患。因此，抑制柔性吊车系统的振动问题非常重要。

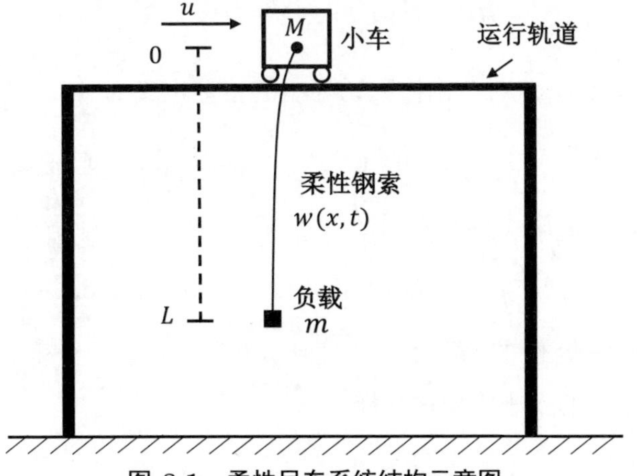

图 8.1 柔性吊车系统结构示意图

由于柔性钢索结构上每个质点相互独立，所以在分析系统的振动时，需要考察每个质点的振动，即建模过程中需考虑无穷维模态。通过变分法和 Hamilton 原理机理建模，该系统可由如下一组偏微分方程来描述

$$\begin{cases}\rho w_{tt}(x,t)=(a(x)w_x(x,t))_x, & x\in(0,L),\ t>0\\ Mw_{tt}(0,t)=a(0)w_x(0,t)+u(t)\\ mw_{tt}(L,t)=-a(L)w_x(L,t)\end{cases}\tag{8.42}$$

其中 $w(x,t)$ 描述柔性钢索在位置 x 和时间 t 的水平位移，$a(x)=g(\rho(L-x)+m)>0$，M 为小车质量，m 为底部负载质量，g 为重力加速度，L 为柔性钢索长度，ρ 为柔性钢索单位质量。$u(t)=-k_pw(0,t)-k_dw_t(0,t)$ 为作用于小车的控制力，这里采用的是比例微分控制，可抑制钢索的摆动，其中 $k_p>0$ 和 $k_d>0$ 是控制器参数。

控制作用下闭环系统的稳定性属于控制系统分析范畴，这里不做讨论。下面着重讨论闭环系统解的存在唯一性。为简单起见，取系统参数为 $\rho=1\text{kg/m}$，$m=M=1\text{kg}$，以及控制器参数为 $k_p=k_d=1$。于是，式 (8.42) 可重写为

$$\begin{cases}w_{tt}(x,t)=(a(x)w_x(x,t))_x & x\in(0,L),\ t>0\\ w_{tt}(0,t)=a(0)w_x(0,t)-w(0,t)-w_t(0,t)\\ w_{tt}(L,t)=-a(L)w_x(L,t)\end{cases}\tag{8.43}$$

引入状态空间

$$\mathcal{H}\triangleq H^1(0,1)\times L^2(0,1)\times\mathbb{R}^3$$

对任意的 $(f,g,\alpha,\beta,\gamma)\in\mathcal{H}$，由内积诱导出的范数定义为

$$\|(f,g,\alpha,\beta,\gamma)\|^2=\int_0^L\Big(a(x)|f'(x)|^2+|g(x)|^2\Big)\mathrm{d}x+\alpha^2+\beta^2+\gamma^2\tag{8.44}$$

容易证明，空间 $\mathcal{H}$ 上的自然范数

$$\|(f,g,\alpha,\beta,\gamma)\|_{\mathcal{H}}^2=\int_0^L\Big(|f(x)|^2+|f'(x)|^2+|g(x)|^2\Big)\mathrm{d}x+\alpha^2+\beta^2+\gamma^2$$

与范数式 (8.44) 是等价的 (留给读者证明)，所以在这两个范数下产生的空间 $(\mathcal{H},\|\cdot\|)$ 和 $(\mathcal{H},\|\cdot\|_{\mathcal{H}})$ 中收敛性一样。

定义算子 $A:\mathcal{H}\to\mathcal{H}$ 为

$$A(f,g,\alpha,\beta,\gamma)=\Big(g(x),a'(x)f''(x),g(0),a(0)f'(0)-f(0)-g(0),\\ -a(L)f'(L)\Big),\quad \forall(f,g,\alpha,\beta,\gamma)\in D(A)$$

其定义域为

$$D(A)=\{(f,g,\alpha,\beta,\gamma)\in H^2(0,L)\times H^1(0,L)\times\mathbb{R}^3:\alpha=f(0),\beta=g(0),\gamma=g(L)\}$$

设 $W(t)=(w(\cdot,t),w_t(\cdot,t),w(0,t),w_t(0,t),w_t(L,t))$，则柔性吊车系统 (8.43) 可写成如下在 $\mathcal{H}$ 中的一阶抽象发展方程

$$\frac{\mathrm{d}W(t)}{\mathrm{d}t}=AW(t),\quad W(0)\in\mathcal{H}\tag{8.45}$$

下面利用 Lumer-Phillips 定理证明算子 A 生成状态空间 $\mathcal{H}$ 上某个 C_0 压缩半群。这样，对任意初值 $W(0)\in D(A)$，系统式 (8.45) 存在唯一的经典解 $W(t)\in C((0,\infty);D(A))$。由于 $\mathcal{H}$ 是 Hilbert 空间，所以类似于 8.4.1 节中的讨论，只要证明定理 8.9 中条件 (2)，即可知 A 生成某 C_0 压缩半群 $\{T(t):t\geqslant 0\}$。

首先，证明算子 A 的耗散性。对任意的 $(f,g,\alpha,\beta,\gamma)\in D(A)$

$$\begin{aligned}&\Big\langle(f,g,\alpha,\beta,\gamma),A(f,g,\alpha,\beta,\gamma)\Big\rangle_{\mathcal{H}}\\ =&\int_0^L a(x)f'(x)g'(x)\mathrm{d}x+\int_0^L g(x)a'(x)f''(x)\mathrm{d}x+\\ &f(0)g(0)-g(L)a(L)f'(L)+g(0)\big(a(0)f'(0)-f(0)-g(0)\big)\end{aligned}\tag{8.46}$$

注意到，利用分部积分可得

$$\begin{aligned}\int_0^L g(x)a'(x)f''(x)\mathrm{d}x&=g(x)a(x)f'(x)\big|_0^L-\int_0^L g(x)a(x)f'(x)\mathrm{d}x\\ &=g(L)a(L)f'(L)-g(0)a(0)f'(0)-\int_0^L g(x)a(x)f'(x)\mathrm{d}x\end{aligned}\tag{8.47}$$

将式 (8.47) 代入式 (8.46) 化简后，可得

$$\big\langle(f,g,\alpha,\beta,\gamma),A(f,g,\alpha,\beta,\gamma)\big\rangle_{\mathcal{H}}=-g^2(0)\leqslant 0\tag{8.48}$$

因此，算子 A 是耗散的。

接着，为了证明存在 $\lambda_0>0$ 使得 $R(\lambda_0 I-A)=\mathcal{H}$，先证明逆算子 A^{-1} 存在。为此，对任意 $(\hat{f},\hat{g},\hat{\alpha},\hat{\beta},\hat{\gamma})\in\mathcal{H}$，求解方程 $A(f,g,\alpha,\beta,\gamma)=(\hat{f},\hat{g},\hat{\alpha},\hat{\beta},\hat{\gamma})$。若有

唯一解 $(f,g,\alpha,\beta,\gamma)\in D(A)$，则逆算子 A^{-1} 存在。

由算子方程 $A(f,g,\alpha,\beta,\gamma)=(\hat{f},\hat{g},\hat{\alpha},\hat{\beta},\hat{\gamma})$ 得

$$\begin{cases} g(x)=\hat{f}(x) \\ a'(x)f''(x)=\hat{g}(x) \\ g(0)=\hat{\alpha} \\ a(0)f'(0)-f(0)-g(0)=\hat{\beta} \\ -a(L)f'(L)=\hat{\gamma} \end{cases} \tag{8.49}$$

对 $a'(x)f''(x)=\hat{g}(x)$ 两边关于 x 求积分可得

$$a(x)f'(x)-a(0)f'(0)=\int_0^x \hat{g}(\xi)\mathrm{d}\xi \tag{8.50}$$

将 $a(0)f'(0)-f(0)-g(0)=\hat{\beta}$ 代入上式，可得

$$a(x)f'(x)=f(0)+g(0)+\hat{\beta}+\int_0^x \hat{g}(\xi)\mathrm{d}\xi \tag{8.51}$$

从而有

$$a(L)f'(L)=f(0)+g(0)+\hat{\beta}+\int_0^L \hat{g}(\xi)\mathrm{d}\xi \tag{8.52}$$

结合式 (8.49) 中条件 $-a(L)f'(L)=\hat{\gamma}$ 有

$$-\hat{\gamma}=f(0)+g(0)+\hat{\beta}+\int_0^L \hat{g}(\xi)\mathrm{d}\xi$$

即

$$f(0)=-\hat{\gamma}-g(0)-\hat{\beta}-\int_0^L \hat{g}(\xi)\mathrm{d}\xi$$

再将式 (8.49) 中条件 $g(0)=\hat{\alpha}$ 代入上式得

$$f(0)=-\hat{\alpha}-\hat{\beta}-\hat{\gamma}-\int_0^L \hat{g}(\xi)\mathrm{d}\xi \tag{8.53}$$

注意到，将式 (8.49) 中条件 $g(0)=\hat{\alpha}$ 代入式 (8.51) 得

$$f'(x)=\frac{1}{a(x)}\big(f(0)+\hat{\alpha}+\hat{\beta}\big)+\frac{1}{a(x)}\int_0^x \hat{g}(\xi)\mathrm{d}\xi$$

对上式两边关于 x 求积分可得

$$f(x)=f(0)+\big(f(0)+\hat{\alpha}+\hat{\beta}\big)\int_0^x \frac{1}{a(s)}\mathrm{d}s+\int_0^x \frac{1}{a(s)}\int_0^s \hat{g}(\xi)\mathrm{d}\xi\mathrm{d}s \tag{8.54}$$

于是，由式 (8.49)、式 (8.54) 以及算子 A 的定义域可得

$$\begin{cases} f(x)=f(0)+\big(f(0)+\hat{\alpha}+\hat{\beta}\big)\int_0^x \frac{1}{a(s)}\mathrm{d}s+\int_0^x \frac{1}{a(s)}\int_0^s \hat{g}(\xi)\mathrm{d}\xi\mathrm{d}s \\ g(x)=\hat{f}(x) \\ \alpha=f(0) \\ \beta=\hat{\alpha} \\ \gamma=\hat{f}(L) \end{cases} \tag{8.55}$$

其中 $f(0)$ 定义在式 (8.53) 中，即方程 $A(f,g,\alpha,\beta,\gamma)=(\hat{f},\hat{g},\hat{\alpha},\hat{\beta},\hat{\gamma})$ 存在唯一解 $(f,g,\alpha,\beta,\gamma)\in D(A)$。因此，算子 A^{-1} 存在。

进一步地，取常数 $0<\lambda_0<\|A^{-1}\|^{-1}$，类似于上一节的证明，可知算子 $R(\lambda_0 I-A)=\mathcal{H}$。至此，证明了定理 8.9 中条件 (2) 成立。因此，结合上面的分析，由 Lumer-Phillips 定理知，算子 A 生成 $\mathcal{H}$ 上的 C_0 压缩半群。进而，由推论 8.7 知，对任意 $W(0)\in D(A)$，方程式 (8.45) 存在唯一的经典解 $W(t)\in C((0,\infty);D(A))$，从而柔性吊车系统式 (8.43) 是适定的。

习题 8

8-1 定义 Banach 空间

$$C_0^1[0,\infty)\triangleq\{f\in C^1[0,\infty):\lim_{s\to\infty}f(s)=\lim_{s\to\infty}f'(s)=0\}$$

赋予范数

$$\|f\|=\sup_{s\geqslant 0}|f(s)|+\sup_{s\geqslant 0}|f'(s)|$$

考虑左平移半群 $T_l:[0,\infty)\to C_0^1[0,\infty)$，定义如下

$$(T_l(t)f)(s)\triangleq f(s+t)\quad (f\in C_0^1[0,\infty),\ s\geqslant 0,\ t\geqslant 0)$$

证明 $T_l(t)$ 在 $C_0^1[0,\infty)$ 上是强连续的。

8-2 对于 $f\in X\triangleq C[0,1]$，定义有界算子 $T(t)$ $(t>0)$ 如下

$$(T(t)f)(s)\triangleq\begin{cases}\mathrm{e}^{t\ln s}[f(s)-f(0)\ln s], & s\in(0,1]\\ 0, & s=0\end{cases}$$

并令 $T(0) \triangleq I$。证明下列结论

(1) $T(t)$ 满足半群性质，但仅在 $(0,\infty)$ 内强连续；

(2) $\lim\limits_{t\to 0^+} \|T(t)\| = \infty$。

8-3 设 X 是 Banach 空间，$T, S \in B(X)$，证明

$$TS = ST \Leftrightarrow \mathrm{e}^{t(T+S)} = \mathrm{e}^{tT} \cdot \mathrm{e}^{tS}\ (t \in \mathbb{R})$$

8-4 设算子 A 是 Banach 空间 X 上的 C_0 半群 $\{T(t) : t \geqslant 0\}$ 的生成元，A_λ 是 A 的 Yosida 逼近，证明

$$T(t)x = \lim_{\lambda\to\infty} \mathrm{e}^{tA_\lambda} x \quad (x \in X)$$

8-5 考察一阶偏微分方程

$$\begin{cases} \dfrac{\partial u(x,t)}{\partial t} = \dfrac{\partial u(x,t)}{\partial x} + f(x,t), & t > 0, \quad x \in (0,+\infty) \\ u(x,0) = u_0(x), & x \in (0,+\infty) \\ u(0,t) = 0, & t > 0 \end{cases} \tag{8.56}$$

取空间 $X = L^2(0,\infty)$，$f \in C^1((0,\infty); X)$，定义空间 X 上的无界线性算子 A 为

$$(Au)(x) = u'(x), \quad x \in (0,+\infty)$$

其定义域为

$$D(A) = \{u \in X : u' \in X, u(0) = 0\}$$

证明 A 是 X 中的稠定闭算子，且对任意 $u_0 \in D(A)$，方程式 (8.56) 有唯一经典解。

参 考 文 献

[1] 许天周. 应用泛函分析 [M]. 北京: 科学出版社, 2002.

[2] 孙明正, 李迺岸, 张建国, 等. 工科泛函分析基础 [M]. 北京: 清华大学出版社, 2019.

[3] 姚泽清, 苏晓冰, 郑琴, 等. 应用泛函分析 [M]. 北京: 科学出版社, 2007.

[4] 孙炯, 贺飞, 郝晓玲, 等. 泛函分析 [M]. 2 版. 北京: 高等教育出版社, 2018.

[5] 程其襄, 张奠宙, 胡善文, 等. 实变函数与泛函分析基础 [M]. 4 版. 北京: 高等教育出版社, 2019.

[6] 宋叔尼, 张国伟, 王晓敏. 实变函数与泛函分析 [M]. 2 版. 北京: 科学出版社, 2023.

[7] 张恭庆, 林源渠. 泛函分析讲义 (上册) [M]. 2 版. 北京: 北京大学出版社, 2021.

[8] 王公宝, 徐忠昌, 何汉林. 应用泛函分析基础 [M]. 北京: 科学出版社, 2016.

[9] 江泽坚, 孙善利. 泛函分析 [M]. 2 版. 北京: 高等教育出版社, 2005.

[10] 康淑瑰, 郭建敏, 崔亚琼, 等. 泛函分析 [M]. 北京: 科学出版社, 2017.

[11] 薛小平, 张国敬, 孙立民, 等. 应用泛函分析 [M]. 4 版. 哈尔滨: 哈尔滨工业大学出版社, 2023.

[12] 纪友清, 郭华, 曹阳, 等. 应用泛函分析 [M]. 北京: 科学出版社, 2018.

[13] 冯红银萍. 线性系统动态补偿理论 [M]. 北京: 科学出版社, 2022.

[14] 郭宝珠, 王军民. 无穷维线性系统的 Riesz 基理论 [M]. 北京: 科学出版社, 2021.

[15] 黄永忠. 算子半群及应用 [M]. 武汉: 华中科技大学出版社, 2011.

[16] 蹇人宜. 应用数学中的泛函分析 [M]. 北京: 科学出版社, 2016.

[17] 夏道行, 吴卓人, 严绍宗, 等. 实变函数论与泛函分析 (上、下册) [M]. 2 版. 北京: 高等教育出版社, 2010.

[18] 赵焕光. 现代分析入门 [M]. 北京: 科学出版社, 2015.

[19] 周鸿兴, 王连文. 线性算子半群理论及应用 [M]. 济南: 山东科学技术出版社, 1994.

[20] Brezis H. Functional Analysis, Sobolev Spaces and Partial Differential Equations [M]. Universitext. New York: Springer, 2011.

[21] Bühler T, Salamon D A. Functional Analysis [M]. Providence: AMS, Graduate Studies in Mathematics, 2018.

[22] Curtain R, Zwart H. Introduction to Infinite-Dimensional Linear Systems Theory: A State-Space Approach [M]. New York: Springer, 2011.

[23] Kreyszig E. Introductory Functional Analysis with Applications [M]. New York: John Wiley & Sons, 1978.

[24] Luenberger D G. Optimization by Vector Space Methods [M]. New York: John Wiley & Sons, 1997.

[25] Rahn C D. Mechatronic Control of Distributed Noise and Vibration: A Lyapunov Approach [M]. New York: Springer, 2001.